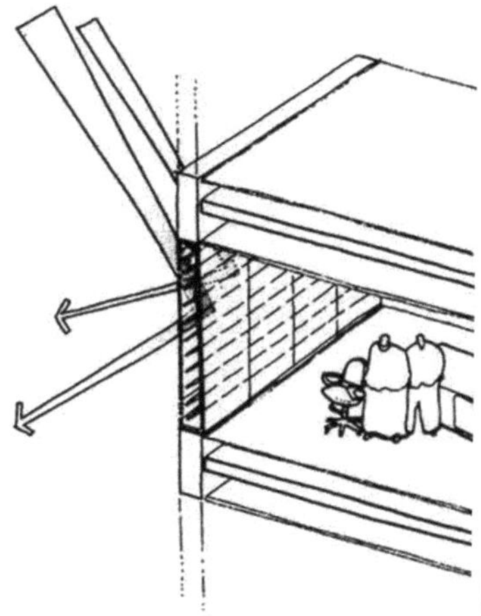

알기쉬운 건축환경

건축 텍스트 편집위원회 편

김유숙 · 김찬수 · 도진석 · 문기훈 · 안혁근 · 안현태
이면극 · 이영욱 · 정유근 · 정인영 · 최상현 · 최길동 편역

기문당

저자 서문

건축 텍스트 위원회에서는 건축과의 학생이 자주적으로 학습을 행하여 건축에 관한 기초지식의 습득을 위한 참고서가 되도록 편집위원회를 조직하여 『건축환경』 외 4권의 도서를 발간하였다.

이 책은 건축학과 학생들은 물론 전문학교, 전문대학, 대학교의 건축 관계의 학생 및 실무자에 이르기까지 폭넓은 독자층을 고려한 내용으로 구성되어 있다.

『건축 환경』은 건축물을 둘러싼 자연환경과 도시환경에 관한 기본적인 요소와 그 중에서 쾌적한 실내환경을 창조하기 위해 필요한 방법을 알기 쉽게 설명하고 있다.

따라서 건축 텍스트 위원회에서는 건축환경에 관한 많은 도면과 사진을 준비하여 건축을 처음 접하는 여러분들이 재미있게 배울 수 있도록 연구하여 편집하였으며, 여러분들이 최선의 노력으로 배운다면 건축환경에 관한 기초적 지식을 반드시 습득 가능하리라 확신하고 있다.

발간에 즈음하여 귀중한 자료 제공과 적절한 조언을 아끼지 않았던 관계자분들에게 깊은 감사를 드린다. 그리고 출판을 허락해 주시고 적극적으로 도움을 주신 (주)학예출판사 사장님을 비롯하여 편집부의 여러분들에게 깊이 감사를 드린다.

건축 텍스트 편집위원회

역자 서문

이 책은 건축을 공부하는 초보자에게 건축환경을 이해하는 데 필요한 지식을 간단하고 명료하게 전달하기 위해 구성되었다. 이를 위해 건축환경에 관한 전반적인 내용을 바탕으로, 건물 외피 및 내부를 자연형 수법(passive control)으로 조절하여 쾌적한 실내환경을 조성할 수 있는 기초적 방법을 알기 쉽게 다루고 있다.

이 책의 내용은 옥외의 기상기후에서부터 인체의 쾌적에 영향을 미치는 실내기후, 환기와 통풍, 일조와 일사, 자연채광 및 인공조명계획, 색채 등 건축물의 실내환경에 필요한 기초적인 내용을 서술하였다. 또한, 실내음향 및 소음 문제에서부터 대기오염에 이르기까지 전체 도시환경 측면에서 빛, 열, 음, 공기 등 환경요소가 건축 및 도시환경에 미치는 영향을 제시하였다.

이 책은 그림이나 기초 자료 등을 활용하여 독자들이 내용을 쉽게 이해할 수 있도록 노력하였다. 부디 이 책을 배우는 독자들은 건축환경을 별로 힘들이지 않고 이해하여 건축계획, 설계, 시공 및 설비분야에까지 응용하는 데 큰 도움이 되길 바란다.

다만, 시간적인 제약으로 인하여 일본 관련 법규 및 규정을 우리나라 실정에 맞도록 편집하지 못한 것을 미안하게 생각하며, 추후 개정판에는 충분히 반영될 수 있도록 노력할 것을 약속드린다.

2005. 1

역자 일동

차 례

4장 환기와 통풍

5장 일조와 일사

6장 채광 · 조명과 색채

8장 도시환경

I. 건축환경의 개요

1.1 자연 속의 건축

아프리카의 사바나에 사는 오오키노코시로아리는 높이 5m 이상이나 되는 점토의 둥지를 만들어, 둥지 안에서 버섯과 공생을 한다. 사바나의 기온은 하루에도 10℃에서 40℃로 변화하지만 둥지 안의 온도는 30℃, 탄소가스 농도도 일정하게 보존되어 시로아리의 생활과 버섯의 생육에 최적의 환경이 되고 있다. 흙 속의 둥지는 외부 공기의 영향을 받기 어렵지만 수십만 마리의 시로아리의 생활에 따라 발생하는 열은 둥지 외부로 방출하지 않으면 안 된다. 둥지 안에서 데워진 공기는 상승하여 배기관에서 차게 보관되는 것과 함께 신선한 외부 공기를 환기시키면서 둥지의 하층부분으로 순환시킨다. 또, 둥지 하부가 공동으로 되어 있어 거기에는 아래로 드리워진 판상의 얇은 흙에서 수분증발에 따른 제열도 이루어지고 있다(그림 1.1).

터키공화국의 캇파토키아 지방에는 화산암이 유출한 바위산을 풍우에 의한 침식으로 생겨난 탑이 숲처럼 빽빽하게 들어선 장소가 있다(그림 1.2). 여기에는 석기시대 때부터 동굴을 파고 사람들이 살았다. 4세기경에는 크리스트교 수도사들이 살기 시작하였으나 11세기경에 이슬람교도의 박해가 심해지자 지하에 숨어살기 시작함으로써 지하주거는 점점 확대되어 집회소와 학교까지 있는 지하도시가 되었다. 데린크유의 지하도시는 지하 55m의 깊이까지 있어 6,000명이 살았다고 한다.

중국 내륙부 황하유역은 여름은 짧고 찜통더위의 날씨에 겨울은 길고 추위가 심하다. 그 지역에는 1천 년 전부터 지하주거에 사람들이 살았고, 현재에도 4,000만 명에 이르는 사람들이 살고 있다. 지하주거는 이탈리아, 스페인, 프랑스, 튀니지 등의 지중해 연안 석회암질의 구릉지대에도 있다. 거대한 열용량을 갖고 온도변화가 거의 없는 땅 속은 여름에는 서늘하고 겨울에는 따뜻한 매력적인 공간이기 때문이다.

그림 1.1 오오키노코시로아리의 둥지

그림 1.2 터키공화국 캇파토키아 지방

사막에 가까운 고온건습지대에는 햇볕에 건조시킨 벽돌로 지은 집이 많다. 개구부가 작고, 말린 벽돌로 조성된 두꺼운 벽은 단열적이고, 하루 중에 외부 공기를 완전히 단절하며, 야간에는 개구부를 개방해 냉기를 들여온다(그림 1.3). 캐나다 에스키모(이누이트)가 사냥을 할 때 사용하는 눈으로 만든 집은 공기를 포함한 눈의 단열성 때문에 극한 속에서도 생활을 가능하게 하고 있다(그림 1.4). 극서지방과 극한지방에서는 열의 이동을 적게 하기 위해 벽을 두껍게 하여 단열 역할을 하도록 만들고, 환기에 따른 열의 손실을 적게 하기 위해서 기밀하게 되어 있다.

고온고습의 지방에서는 여름의 더위를 막는 방법으로 일사 방지와 통풍이 있다. 파키스탄의 하이데라바드신드는 한여름의 기온이 50℃ 이상이나 되며 습도도 높다. 각 주택의 지붕에는 방의 수만큼 바드기아라고 불리는 채풍장치가 설치되어 있어 오후의 서늘한 바람이 부는 방향을 향해 바람을 받아들인다(그림 1.5). 같은 모양의 장치는 아프가니스탄, 이란, 페루 등에서도 볼 수 있다. 동남아시아, 북아프리카, 남아메리카의 열대우림지대에서는 주거를 마루가 높은 식으로 한 경우가 많아 수상생활을 하는 집락도 있다.

이상에서 알아본 것과 같이 인간은 과거에서부터 현재에 이르기까지 세계의 어느 지역에서나 험한 자연으로부터 몸을 지키기 위해 또는 쾌적한 자연을 생활 속에 접목시키며 살아 왔다. 지구환경의 파괴가 심각해져 대량소비형의 생활스타일을 수정할 필요가 있는 요즈음, 이러한 토착건축의 많은 부분을 본받지 않으면 안 된다. 자연과 함께 있는 주거, 또 풍경은 다시 한번 풍경을 끌어들여 우리에게 아름다움과 향수감을 느끼게 하기 때문이다.

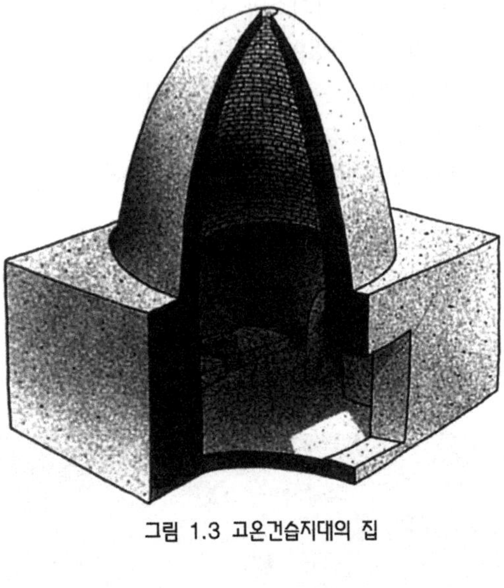

그림 1.3 고온건습지대의 집

그림 1.4 에스키모의 눈의 집

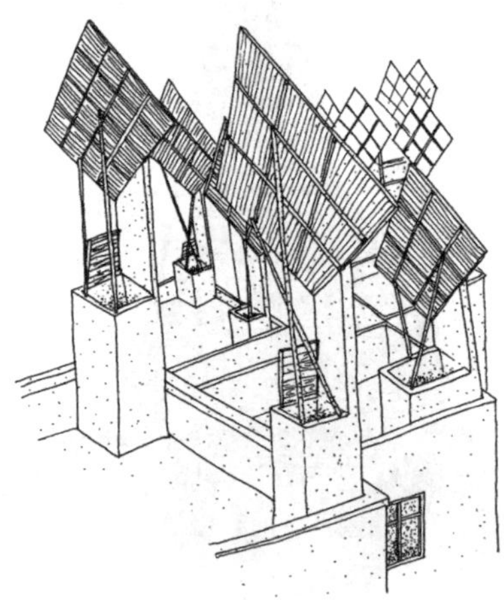

그림 1.5 파키스탄의 바드기아

1.2 도시 속의 건축

우리나라의 건축물 중에서 대부분은 도시지역에 집중되어 지어져 있어서 건축 및 도시환경의 중요성에 대한 인식은 널리 알려져 있다.

1970년대 이후에는 도시로 인구가 집중되고, 중화학공업 중심의 산업이 전에 없이 활발히 진행되면서, 이 고도성장기에는 대기오염, 수질오염, 소음, 진동 등의 공해가 최악의 상황이 되어 큰 사회문제가 되었다.

도시공해 중에서도 대기오염은 광범위하게 인명에 직접적인 영향을 미친다는 점이 매우 중요하다. 산업혁명의 발군지, 영국에서는 공장과 가정용 난방인 석탄의 연소에 의해 발생하는 매연이 심각하여 1952년 런던에서는 약 4,000명이 매연과 아황산가스 때문에 사망하였다. 우리나라에서도 공업시설의 아황산화물에 따른 공해, 자동차 배기가스에 따른 질소탄화물과 광화학스모그의 발생 등 대기오염은 심각한 피해를 가져왔다(그림 1.6). 오늘날 공장의 탈류장치와 자동차의 저공해화에 따른 대기오염의 정도는 저하되는 경향이 있지만 아직 만족스러운 수준이라고는 할 수 없다. 또, 쓰레기 소각장에서 다이옥신의 발생이라는 새로운 문제도 발생하여 공기환경은 아직 쾌적한 것이라고도 할 수 없다.

물의 오염도 심각하다. 고도성장기의 전국의 하천과 항만은 공장배수와 생활배수에 의해 오염되어 악취가 진동을 했다. 도시의 물가는 우뚝 선 콘크리트의 보호벽(그림 1.7)이 되어 상부를 덮어 지하배수로가 되어 물의 자정기능을 잃고 말았다. 이러한 도시에 거주하는 사람과 건축은 마음속의 편안함을 느끼는 수공간으로부터 점점 멀어지고 있다.

그림 1.6 일상화된 교통정체

그림 1.7 우뚝 선 콘크리트 보호벽

주택에 일조를 받는 것은 기본적인 권리이다. 1980년대 초반부터 저층주택의 주변은 도시로의 인구집중 속에서 급속히 고층화되어 저층주택의 일조를 방해하기 시작했다. 또한 도시 속에 입체교차로와 고가도로를 건설함으로써 주변 건물에 일조를 저해하고 경관을 파괴하고 있다(그림 1.8). 주민의 일조를 인정하는 일조권이 당연한 권리로 인정되어 건축법에도 일조기준에 관한 사항이 삽입되었다.

소음공해는 도시화와 함께 발생한 것으로 각종 규제와 환경기준이 정해져 있으나 좀처럼 기준에는 달성되지 못하고 있다. 오늘날 라이프스타일의 다양화 속에서 도로와 상업시설로부터 소음이 밤의 고요함을 파괴하고 있다.

도시에는 인구가 집중되어 있고, 도시의 표면은 콘크리트와 아스팔트로 뒤덮여 흙과 녹색(식물)은 줄어들고 있다. 도로에는 자동차가 흘러넘치고, 인간의 활동에 따른 막대한 에너지가 소비되고 있다. 이 때문에 도시에는 주변보다 기온이 높아져 히트 아일랜드를 형성하고 있다. 이에 따라 더위를 방지하기 위해 통풍을 하지만 별로 효과가 없고, 냉방으로 인한 폐열을 집 밖으로 방출하는 악순환을 되풀이하고 있다(그림 1.9).

도시 안의 건축은 점점 외부세계로부터 단절되어 폐쇄적인 공간이 되지 않을 수 없게 되었다. 그러나 이는 건축 본래의 모습이 아니다. 도시환경을 조금이라도 살기 좋은 환경으로 바꾸어 밝고 건강한 건축을 도시 속에 자리잡게 하는 것이 우리의 역할이다.

그림 1.8 동서에 개설된 고가도로

그림 1.9 각 호에 공기조절 실외기가 나란히 있는 집합주택

1.3 건축환경계획의 사고와 수법

세계보건기구(WHO)는 도시환경의 조건으로서 안전성, 건강성, 편이성, 쾌적성을 주장하고 있으나 이는 다양한 건축물이 갖추어야만 하는 조건이기도 하다. 이 건축의 건강성과 쾌적성을 이용하는 것이 건축환경계획의 분야이다. 앞에서 언급한 것과 같이 선인의 지혜를 새로운 기술로서 현대에 되살려내어 건축을 포함하는 환경 – 자연과 도시의 열, 공기, 빛, 소리, 물 – 에 대해서 필요한 것은 적극적으로 받아들이고 유해한 것은 차단, 배제하지 않으면 안 된다. 이를 위해서는 우선 가장 먼저 외부환경을 알아야 하며, 둘째는 인간에게 있어서의 쾌적한 조건을 알아야 하며, 셋째는 그 위에 적절한 환경계획을 추진하는 것이 중요하다(그림 1.10).

쾌적한 환경을 조성하는 수법에는 두 가지가 있다. 예를 들어 겨울에는 쾌적한 실내온도를 유지하기 위한 방법으로 벽의 단열을 강화하고 창문으로 일사를 많이 받아들이는 방법 및 난방기구를 이용하여 실내에 필요한 열을 발생시킬 수도 있다. 전자는 건축물의 형태와 재료에 따라서, 후자는 설비에 따라서 외부조건에 대처하는 방법이다. 전자를 자연형 조절(passive control)이라 하고 후자는 설비형 조절(active control)이라 한다. 태양열 시스템에 있어서도 온실과 축열체를 이용하는 등 건축적으로 대처하는 패시브 솔라와 집방열기로 물과 공기의 열매를 순환시키는 등의 설비를 이용하는 액티브 솔라가 있다(그림 1.11). 에너지 절약은 단순히 경제적인 문제뿐만 아니라 생태계 밸런스를 무너뜨리지 않고 지구의 부하를 저감시키는 에콜로지한 관점에서 매우 중요하다고 할 수 있다. 따라서 건축생산에 있어서는 기본적으로 패시브 수법으로 접근하고, 부족할 경우에는 액티브 수법으로 보강하려는 자세가 요구된다.

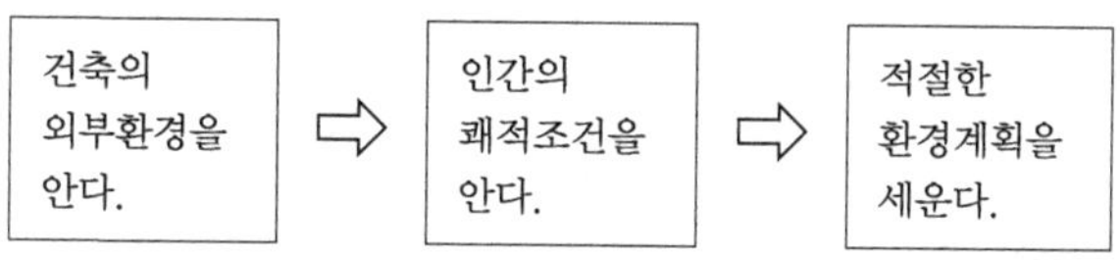

그림 1.10 환경계획의 기본

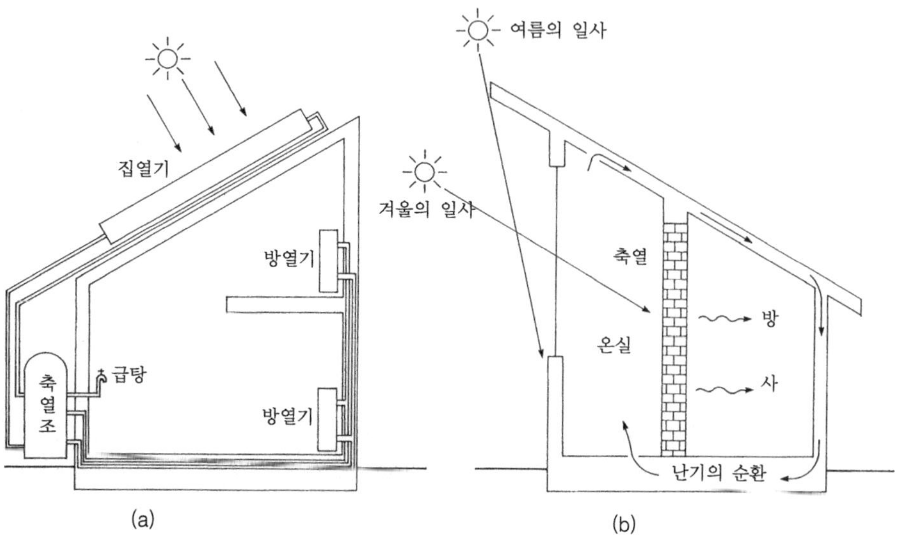

그림 1.11 솔라하우스의 개념도

II. 기 후

2.1 외부 기후

건축물을 둘러싼 외부 기상요소에는 강수량, 바람, 온도, 습도, 일조(일사), 증발량, 기압 등이 있다. 이들 중 건축물 내부의 열부하와 온열환경, 공기환경 및 빛환경 등에 큰 영향을 미치는 기상요소로는 일사와 기온, 습도, 바람과 비도 고려할 수 있다.

일본의 경우는 1974년부터 전국적으로 약 1,300여 곳에 지역기상관측시스템이 설치되어 풍향, 풍속, 기온, 강수량 등을 관측하고, 전화선을 통해 자동적으로 동경에 있는 지역기상관측센터로 데이터가 보내지도록 되었다. 이들 데이터는 컴퓨터로 정리되어 관측 후 단시간에 전국의 기상대로 보내져 기상예보 등에 이용된다.

기후란 각 토지의 장기간에 걸친 고유의 대기현상을 총합한 것을 말한다. 따라서 기후는 대기 중에 발생하는 다양한 현상(예를 들어 기온, 기압, 바람, 강우 등)을 각각 별도로 분리하여 생각하는 것이 아니라 전체적으로 통합시킨 것으로 보아야 하는 것이다.

기후는 각각의 관측지에서 기후의 연간 변화를 여러 해에 걸쳐 집적한 평균적인 현상이며, 그 토지 환경과 상호 영향을 주고, 풍토로서의 지상환경을 형성하고 있다. 이같은 환경 속에서 건축물이 만들어지고 그 안에서 사람들이 생활해 나가는 것이다. 즉 그림 2.1과 같이 건축물은 외부 기후로부터 많은 영향을 받고 있다. 인간이 외부 기후로부터의 영향을 잘 조절하고 건축물의 실내 기후를 쾌적한 상태로 유지하기 위한 환경계획을 고려하여 외부 기후의 성립과 특징을 배우고, 건축과 자연과의 관계에 대하여 연구하는 것은 매우 중요한 일이다.

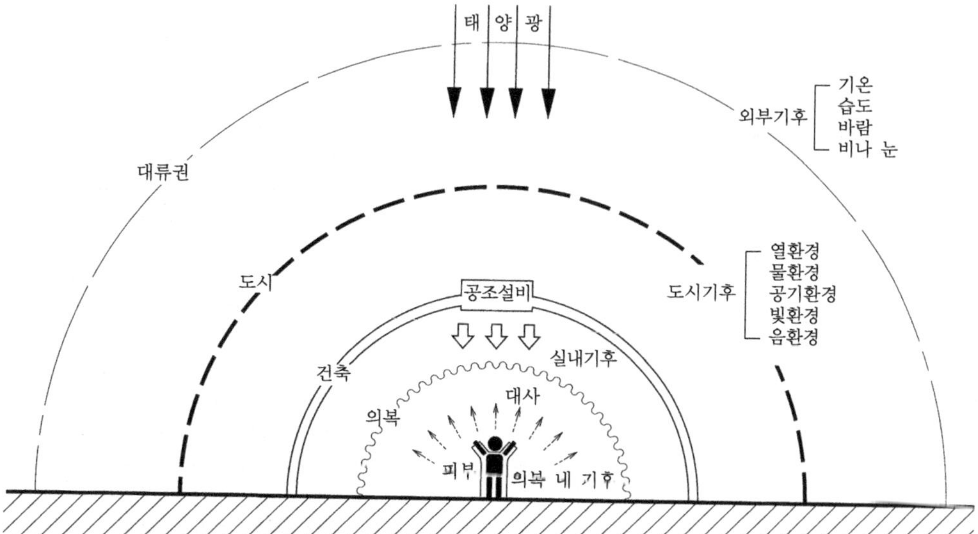

그림 2.1 인간을 둘러싼 기후

1. 기후와 건축

1) 기후의 구분

전세계의 다양한 기후를 공통점과 유사점 등으로 분류하여 유형화한 것을 기후구분이라 한다. 분류 방법은 다음과 같은 3가지 방법이 주로 사용된다.

① 기후환경을 반영하는 여러 가지 현상으로부터 기후를 구분하는 방법

② 평균기온과 평균강수량 등에 기초하여 기후를 구분하는 방법

③ 대기 대순환과 기단(氣團), 전선(前線)을 이용하여 기후를 구분하는 방법

이 중 ①의 방법에 의한 W. P. Kőppen과 ②의 방법에 의한 C. W. Thornthwaite의 방법이 잘 알려져 있다.

Kőppen의 기후구분은 그림 2.2와 같이 크게 각지의 식생으로부터 수목이 생육하는 기후(수목기후)와 수목이 생육하지 않는 기후(무수목기후)로 나누어 기후에 기호를 부여하고 있다. 수목기후는 생육에 필요한 온열(기온으로 표현)과 수분(강수량으로 표현)을 충분히 가지고 있는 기후이며, 기온에 의해 A(열대), C(온대), D(냉대 · 아한대)로 구분된다. 무수목기후는 온열이나 수분 중 어느 한쪽 또는 양쪽 모두 부족한 기후로, 비가 너무 적게 내려 수목이 생육하지 않는 B(건조) 기후, 기온이 너무 낮아 수목이 생육하지 않는 E(한대) 기후로 크게 구분된다.

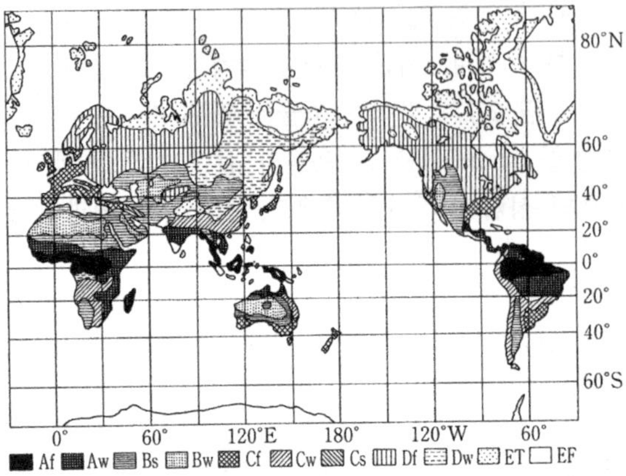

그림 2.2 케펜의 기후구분

기호	기후형		
Af Aw	열대우림기후 열대사바나기후	열대기후	A
Bs Bw	초원기후 사막기후	건조기후	B
Cf Cw Cs	온대다우(多雨)기후 온대하우(夏雨)기후 온대동우(冬雨/지중해식)기후	온대기후	C
Df Dw	아한대다우기후 아한대하우기후	아한대기후	D
ET EF	툰드라기후 빙설(영구동결)기후	한대기후	E

A : 가장 추운 날의 월평균기온이 18℃ 이상

C : 가장 추운 날의 월평균기온이 -3~18℃

D : 가장 추운 날의 월평균기온이 -3℃ 이하, 또는 가장 더운 날의 월평균기온이 10℃ 이상

E : 가장 더운 날의 월평균기온이 10℃ 이하

f : 1년 내내 강수가 있고 뚜렷한 건기가 없다.

w : 여름에는 우기가 있고, 겨울에는 건조하다.

s : 여름에는 우기가 있고 여름에는 건조하다.

B : 강수가 적은 지역에서 연강수량을 P, 연평균기온 t℃로 할 때 다음 조건으로 줄 수 있다.

$P<20(t+7)$: 1년 내내 비가 많을 때

$P<20(t+14)$: 여름, 비가 많을 때

$P<20t$: 겨울, 비가 많을 때

그리고 그 반이 되면 사막으로 된다.

2) 세계의 기후와 주거

건축은 인간의 생활공간을 자연의 위협으로부터 지키기 위한 주거로서 발생한 것이다. 주거는 각 지역의 기후와 풍토 및 구하기 쉬운 건축 재료의 특성 등을 고려하여 발전되어 왔다.

- **a 한랭지의 주거**　한대기후(E)에서는 두꺼운 재료를 사용하여 외부와 차단하고 폐쇄적인 주거를 만드는 것이 특징이다. 극한지에서는 재료가 제한되고 대부분 눈과 얼음으로 뒤덮여 있기 때문에 눈이 굳어 딱딱해진 블록 형태로 된 것을 잘라서 돔 모양으로 쌓는 얼음집(에스키모인의 이글루)과 같은 형태가 있다. 또한 북유럽과 같이 한랭하고 침엽수림이 많은 지역에서는 목재를 사용한 로그하우스 주거도 볼 수 있다. 또한 눈이 많이 오는 지역에서는 지붕구배가 중요하며, 창이 비교적 작고 벽돌이나 돌 같은 재료와 목재를 병용하고 각 집마다 난로가 설치되어 있다.
- **b 건조지의 주거**　흙이나 돌처럼 열용량이 큰 재료로 두꺼운 벽을 만들고 외부로부터의 열적 영향을 적게 받기 위해 창을 작게 하거나 건축물과 담 등으로 가로와 마당에 가능한 한 많은 응달을 만드는 것이 특징이다. 즉 건축물과 담 등은 생활공간을 둘러싸서 바람과 모래먼지를 막으며 응달은 낮 동안의 심한 고온 속에서 생활공간을 제공하는 역할을 하게 된다. 또한 건조지에서는 수목이 부족하지만 흙이나 돌 등을 비교적 손쉽게 얻을 수 있으며, 비도 적게 내리므로 햇볕에 말린 벽돌로 지어진 조적조도 많이 볼 수 있다.
- **c 습윤지의 주거**　습기가 많고 더운 지역에서는 지붕과 벽에 열이 받지 않도록 단열성이 풍부한 재료를 사용하며, 무엇보다 통풍을 확보하는 것이 주거의 기본이 된다. 이는 바람에 의해 발한작용을 도모하고, 조금이라도 체감온도를 낮추기 위한 것이다. 재료는 주로 가볍고 얇은 것이 사용되며, 그 지역에서 구하기 쉬운 대나무나 목재, 나뭇잎 등이 많이 사용된다. 일반적으로 배수가 잘 되는 언덕 위나 높은 곳에서는 토방(土間) 주거가 많고, 저지대에서는 높은 마루가 많은 것이 특징이다. 단, 곡물을 저장하기 위한 창고는 습윤지역뿐만 아니라 세계 각지에서 높은 마루방식으로 된 것을 많이 볼 수 있다.

그림 2.3 세계의 기후와 주거

3) 한국의 기후와 주거

우리나라는 아열대 기후와 대륙성 기후 및 해양성 기후의 접경을 이루면서 계절의 구분이 명확하다. 겨울에는 한랭한 북서풍이, 여름에는 태평양에서 불어오는 습윤한 남동풍이 불어오는 계절에 따라 상반되는 특징을 보이고 있어 기후의 차이에서 오는 건물배치계획 등에 있어서 대비되는 개념이 필요하다.

우리나라의 전통민가 건축을 볼 때, 역사적으로 자연에 순응하며 환경조절의 수단으로 자연에너지를 효과적으로 사용해 왔음을 알 수 있다. 겨울의 한대성 기후에 대처하기 위하여 온돌구조가 발달하였으며, 일부 지역에서는 겹집 및 양통집의 평면 형태가 나타나고 있다. 여름의 고온다습한 기후에 대해서는 맞통풍에 유리한 개방적인 마루공간과 완전개방이 가능한 분합문과 같은 구조를 발달시켰다.

그림 2.4에서와 같이 지역에 따라 각각 구별되는 평면형을 보여주고 있다. 즉 동절기의 평균기온이 특히 낮은 함경도지방의 민가는 마루 없이 각 공간이 밀집된 겹집형이며, 남부지방으로 갈수록 개방적인 평면형이 나타나고 있다. 제주도의 민가는 겨울에도 비교적 온난한 기후특성을 반영하여 온돌구조 자체도 매우 원시적이며, 겹집형의 평면은 열손실이 아니라 강풍을 고려한 것이다.

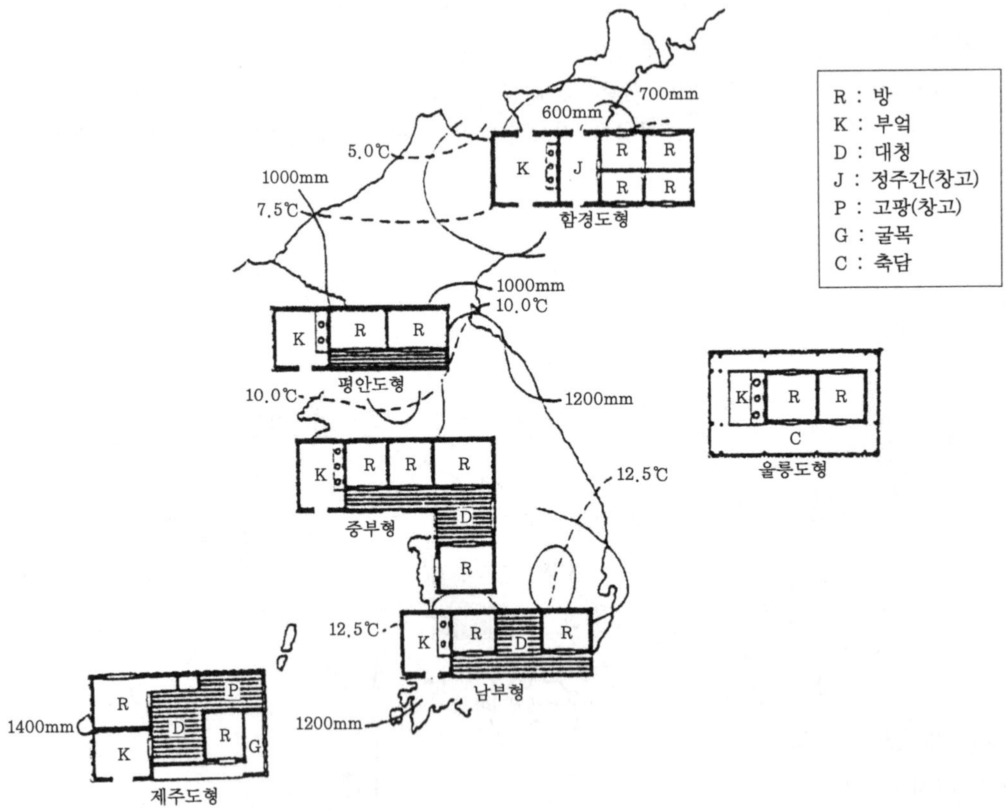

그림 2.4 한반도의 지역에 따른 주거 평면형 분포

2. 기 온

1) 기온의 형성

기온이란 일반적으로 지상 1.2~1.5m 높이에 있는 외기의 온도를 말한다. 지구상의 기온은 대부분의 지역에서 -20℃부터 +25℃ 정도의 범위에 있고, 동물이나 식물 등의 생물이 생활하는 데 적합한 환경으로 되어 있다. 이와 같이 지구만이 생물의 생존에 있어서 가장 적합한 상태의 기온으로 되어 있는 것은 다른 혹성에 비해 태양으로부터의 거리가 가장 좋은 위치에 있기 때문이다. 태양으로부터의 일사와 물의 순환에 의해 지표 및 대기의 온도는 일정 범위로 유지되고 있다.

기온은 태양고도에 의한 수평면 일사량에 영향을 받기 때문에 통상 위도가 낮은 곳일수록 높고, 위도가 높은 곳일수록 낮은 경향이 있다. 그러나 같은 위도라도 내륙지방에서는 기온의 변화가 크지만 해안지방에서는 작으며, 더욱이 지형이나 해류 등에 의한 영향도 있으므로 기온의 분포가 매우 복잡하다. 또한 기온은 일반적으로 고도가 높아지면 낮아지고, 100m 높아질 때마다 0.5~0.6℃ 정도 저하된다. 이는 일사가 먼저 지면에 흡수되어 열전도에 의해 공기가 간접적으로 따뜻해짐으로써 기온이 상승되기 때문이다.

대기 중에는 다량의 수증기와 함께 구름입자가 존재하고 있어 주간에는 일사를 완화시키고 지면의 온도가 급격히 상승하는 것을 막으며, 반대로 야간에는 지면으로부터의 방사냉각을 약화시키고 보온 작용에 의해 밤낮의 온도차를 작게 하는 역할을 하고 있다.

기온에 영향을 미치는 일사량이나 일조시간은 주로 위도에 의해 결정되지만 지형 · 운량(雲量) · 강수 등 다른 요인의 영향이 미치기 때문에 같은 위도에서도 일사량과 일조시간의 분포는 지역적으로 상이하며, 그 원인을 밝히는 일은 쉽지 않다(그림 2.5).

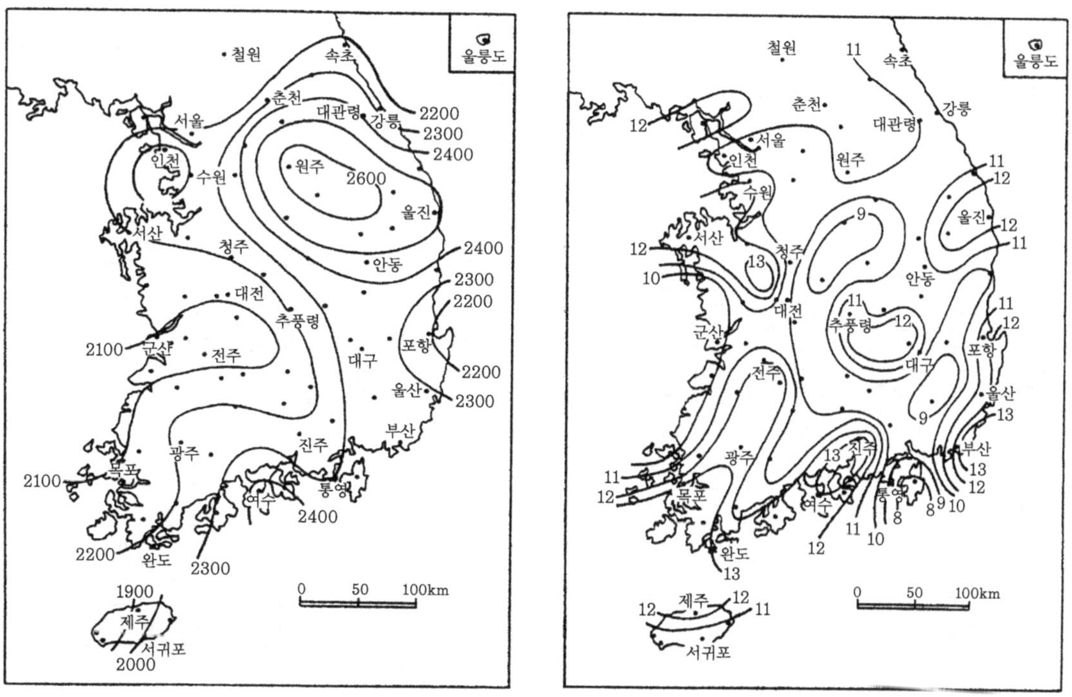

연간 일조시간(이현영)　　연평균 전천일사량(MJ/m⁻²)(이현영)

그림 2.5 연간 일조시간 및 전천일사량(이현영, 법문사)

표 2.1 주요도시의 기온, 일조량, 일사량 비교

(a) 기온 (월평년값(℃))

기상청 한국기후표(1971~2000년)

	1월	2월	3월	4월	5월	6월	7월	8월	9월	10월	11월	12월	평균
서울	-2.5	-0.3	5.2	12.1	17.4	21.9	24.9	25.4	20.8	14.4	6.9	0.2	12.2
인천	-2.4	-0.5	4.5	10.7	15.9	20.4	24.0	24.9	20.7	14.5	7.2	0.6	11.7
춘천	-4.5	-1.8	4.2	11.4	16.8	21.5	24.5	24.3	18.9	12.1	4.8	-1.7	10.9
강릉	0.3	1.4	5.9	12.6	17.6	20.6	24.1	24.4	20.1	15.1	9.0	3.3	12.9
청주	-2.8	-0.5	5.0	12.1	17.5	22.1	25.3	25.4	20.1	13.3	6.1	-0.2	12.0
대전	-1.9	0.2	5.4	12.4	17.6	22.0	25.3	25.5	20.3	13.8	6.8	0.7	12.3
전주	-0.6	0.9	5.9	12.6	17.8	22.2	25.8	26.1	21.1	14.7	7.9	1.9	13.0
광주	0.5	1.9	6.5	12.9	17.8	22.0	25.5	26.1	21.4	15.4	8.7	2.8	13.5
목포	1.8	2.6	6.5	12.3	17.0	21.1	24.8	26.0	22.0	16.6	10.2	4.4	13.8

(b) 일조량 (월평년값(hr))

기상청 한국기후표(1971~2000년)

	1월	2월	3월	4월	5월	6월	7월	8월	9월	10월	11월	12월	평균
서울	158.4	163.3	197.5	210.7	224.3	187.8	130.7	155.3	184.5	200.5	151.3	149.9	2114.2
인천	175.6	179.5	208.3	219.2	240.0	206.2	166.1	195.1	205.5	209.8	166.3	165.6	2337.2
춘천	164.2	175.6	206.3	220.6	233.4	208.4	161.4	176.4	181.0	179.9	142.3	148.3	2197.8
강릉	185.5	171.6	183.9	206.9	221.4	164.1	148.7	153.9	161.5	186.3	168.7	183.6	2136.1
청주	159.8	167.8	200.7	224.6	241.5	202.4	173.3	189.7	186.9	200.7	153.4	154.9	2255.7
대전	156.7	161.0	196.4	220.6	237.7	200.3	168.2	188.0	186.5	201.3	153.2	151.1	2221.0
전주	148.8	152.2	190.2	214.6	226.2	176.4	149.3	175.7	178.5	198.7	151.4	143.5	2105.5
광주	162.1	164.9	197.9	216.8	232.1	177.4	163.1	188.2	181.8	205.9	163.7	160.0	2213.9
목포	144.6	149.4	185.0	203.2	222.7	174.4	167.0	213.6	186.7	207.6	163.7	145.8	2163.7

(c) 일사량 (월평년값(MJ/m^2))

기상청(1984~2003년)

	1월	2월	3월	4월	5월	6월	7월	8월	9월	10월	11월	12월	평균
서울	7.04	9.58	12.37	15.19	16.49	15.53	12.11	12.43	12.16	10.33	7.08	5.88	136.19
인천	6.60	9.18	11.83	14.32	15.76	15.70	13.26	13.66	12.92	10.64	7.26	6.08	137.21
춘천	6.95	9.55	12.47	15.35	16.97	16.81	14.69	14.64	13.11	10.39	7.06	5.83	143.82
강릉	7.38	9.39	11.27	14.47	16.17	14.23	12.87	12.05	11.10	9.49	7.22	6.55	132.19
청주	7.07	9.28	11.39	14.30	16.25	15.27	13.27	13.25	12.02	10.54	7.23	6.26	136.13
대전	7.83	10.93	13.56	17.24	17.64	16.08	14.71	15.25	13.40	11.98	8.39	7.13	154.14
전주	7.31	9.63	12.36	15.58	16.74	16.11	14.51	14.26	13.04	11.50	7.75	6.61	145.04
광주	8.80	10.79	13.08	16.57	18.28	16.23	14.74	15.26	13.76	12.23	8.66	7.30	154.98
목포	8.10	10.77	13.77	16.75	18.36	16.72	15.64	17.05	14.71	12.90	9.07	7.37	161.21

2) 기온의 일변화와 연변화

◆ a **일변화** 기온은 해가 뜨기 전에 가장 낮고, 정오를 지난 2시경에 최고를 나타낸다. 이와 같은 변화를 기온의 일변화라 하며, 하루의 최고온도와 최저온도 차이를 일교차라 한다(그림 2.6). 일교차는 해안보다 내륙지방이 더 크고, 위도가 낮을수록 크다. 또한 구름이 많거나 비가 오는 날에는 맑은 날보다 적은 편이다.

◆ b **연변화** 북반구에서는 절기로 '하지'경에 일사가 가장 강한데 지면이 완화되는 데 시간이 소요되므로 7월이나 8월에 가장 기온이 높아진다. 또한 지면이 차가워지는 데도 시간이 걸리므로 가장 기온이 낮은 것은 일사량이 가장 적어지는 동지가 아닌 1월이나 2월이 된다(그림 2.7).

연간 기온의 최고치와 최저치의 차를 연교차라 한다. 연교차는 위도가 높을수록 크고, 적도 부근에서는 매우 작다. 지구는 자전면이 공전면에 대하여 23°27′ 정도 경사진 상태에서 자전하면서 태양의 주위를 1년 주기로 공전하고 있기 때문에 지구표면으로의 일사가 1년 주기로 변화하며, 계절이 생기게 된다. 단, 이러한 일사의 변화는 위도에 따라 다르며, 위도가 23°27′ 에서 적도쪽으로 가면 변동폭이 비교적 적으나 일사가 연간 2회 강해지는 시기가 있고, 기온도 마찬가지로 2회 높은 시기와 낮은 시기가 나타난다. 위도가 66°33′ 보다 높은 곳에서는 겨울철에 하루 종일 태양이 나오지 않는 시기가 있고 반대로 여름철에는 하루 종일 밤이 없는 백야 기간이 있으므로 연변화는 매우 커진다.

또한 해안가에서는 바다의 열용량이 크기 때문에 변화가 완화되며, 따라서 여름과 겨울의 기온차는 작아진다. 반면 내륙지방에서는 변화가 커서 최고 기온과 최저 기온이 생기는 시기가 1개월 정도 늦어진다.

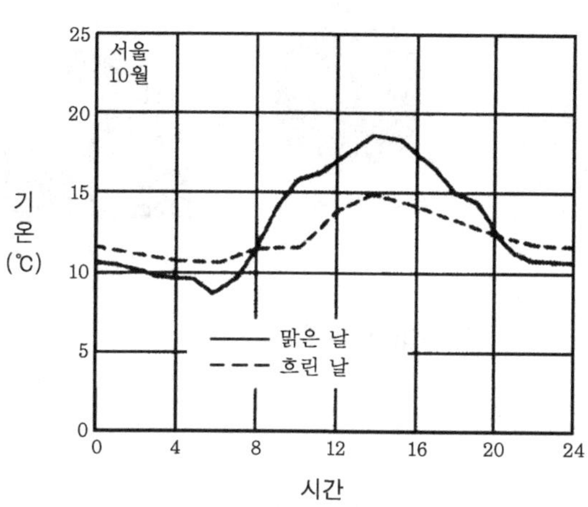

그림 2.6 기온의 일변화

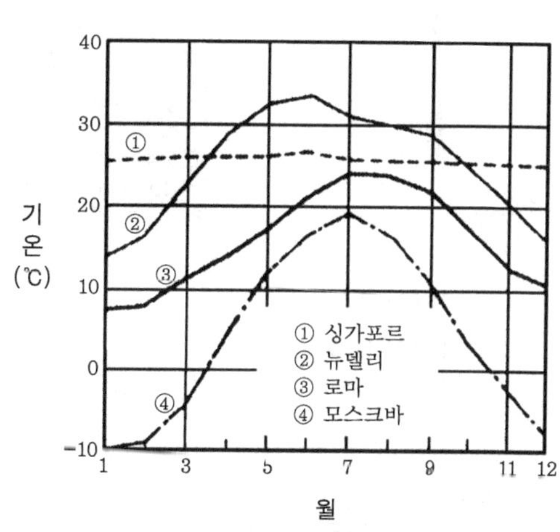

그림 2.7 기온의 연변화

3) 기온의 측정

온도의 단위는 일반적으로 물이 어는 온도를 0도, 1기압에서 물이 비등하는 온도를 100도라고 규정한 섭씨[1](℃)온도와 양(羊)의 체온을 100도 정도, 얼음과 소금을 혼합하여 얻어지는 온도를 0도로 한 화씨[2](°F)온도 및 섭씨온도에 273.15℃를 더한 절대온도(K : 켈빈[3]이라 함)가 있다.

기온의 측정에는 격측(隔測)온습도계, 통풍건습계 등이 사용되고 있다. 격측온습도계는 지표면에서 약 1.5m에 일사의 영향을 막기 위한 통풍통을 설치하고, 이 안에 기온감지부를 넣어 통 아래에서 외기를 흡입하여 기온을 측정한다. 운모(雲母) 등의 얇은 판에 가는 백금선을 감은 구조의 기온감지부는 온도에 따라 백금선의 전기저항 변화를 감지하여 떨어져 있는 실내에서 기온을 측정할 수 있다.

통풍건습계는 2개의 수은온도계로 이루어진 건구온도계와 습구온도계 및 그 기온감지부에 통풍하기 위한 팬과 통풍관으로 구성된다. 이 건구온도계에 의해 기온이 측정되며, 임의의 장소에서 기온을 측정할 수 있는 휴대형도 있다(그림 2.9).

그 밖에 열팽창이 다른 2개의 금속판을 맞대어 온도에 의한 변형을 이용한 바이메탈 온도계, 반도체의 전기저항온도에 의한 변화를 이용한 서머스탯 온도계, 또한 응답이 빠른 국부적인 측정에 적합한 열전대온도계, 적외선의 방사에너지를 먼 거리로부터 측정하는 방사온도계 등이 있다.

4) 디그리데이(도일)

디그리데이(degree day) 또는 도일(度日)이란 일평균기온이 기준 온도를 초과한 것만큼 그 기간에 걸쳐 합산한 적산온도이다. 기준이 되는 온도는 목적에 따라 여러 가지가 있으며, 난방이나 냉방에 필요한 열량 또는 경비를 견적하기 위한 지표가 된다.

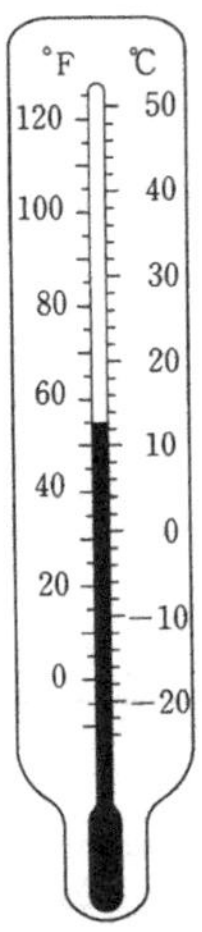

화씨온도 t_1 [°F],
섭씨온도 t_2 [°C] 일 경우
$t_1=\frac{9}{5}t_2+32$

건구온도계(Dry Bulb)

그림 2.8 섭씨온도와 화씨 온도의 대응

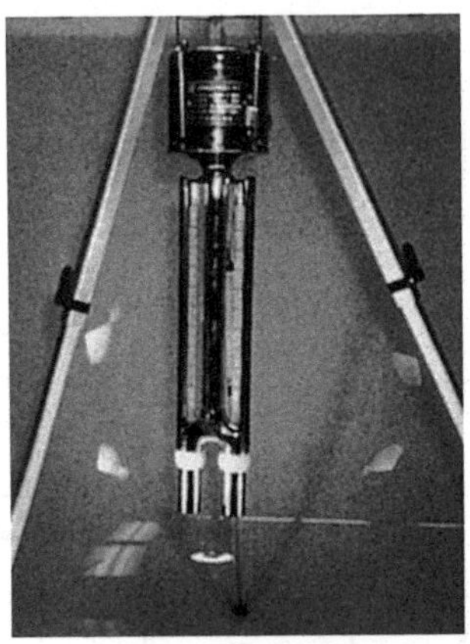

(a) 아스만 건습계

(b) 글로브 온도계

(c) 휴대용 디지털 온습도계

그림 2.9 각종 온습도계

---

*1 섭씨 : Celsius Degrees
*2 화씨 : Fahrnheit Degrees
*3 켈빈 : Kelvin

◆ **a 난방 디그리데이(HD : heating degree day)** 난방 디그리데이는 난방기간 중의 매일 평균기온과 기준이 되는 난방온도와의 차이를 적산한 것이다(그림 2.10(a)).

n일 동안의 난방 디그리데이 D_h는 다음 식으로 나타낼 수 있다.

$t_i = t_o$일 때 $D_h = \sum(t_i - t_o)$ ······ (2-1)

$t_i > t_o$일 때 $D_h = \sum(t_o' - t_o) + n(t_i - t_o')$ ······ (2-2)

여기서, t_o : 일평균기온, t_i : 기준실온(室溫)

t_o' : 난방한계온도(난방을 개시 또는 정지하는 일평균 외기온)

일반적으로 기준실온(t_i)을 18℃ 정도, 난방한계온도(t_o')를 10℃ 정도로 하는 경우가 많다. 우리나라 주요도시의 난방도일은 그림 2.11과 같다.

◆ **b 냉방 디그리데이(CD : cooling degree day)** 냉방 디그리데이는 냉방기간 중의 매일 평균기온과 기준이 되는 냉방온도와의 차이를 적산한 것이다(그림 2.10(b)).

n일 동안의 냉방 디그리데이 D_c는 다음 식으로 나타낼 수 있다.

$t_o' = t_i$일 때 $D_c = \sum(t_o - t_i)$ ······ (2-3)

$t_o' > t_i$일 때 $D_c = \sum(t_o - t_o') + n(t_o' - t_i)$ ······ (2-4)

여기서, t_o : 일평균기온, t_i : 기준실온

t_o' : 냉방한계온도(냉방을 개시 또는 정지하는 일평균 외기온)

냉방기간 중에는 실내·외의 기온차가 비교적 적고, 냉방부하에 대한 영향은 일사쪽이 크므로 냉방 디그리데이는 별로 유효하지 못하다.

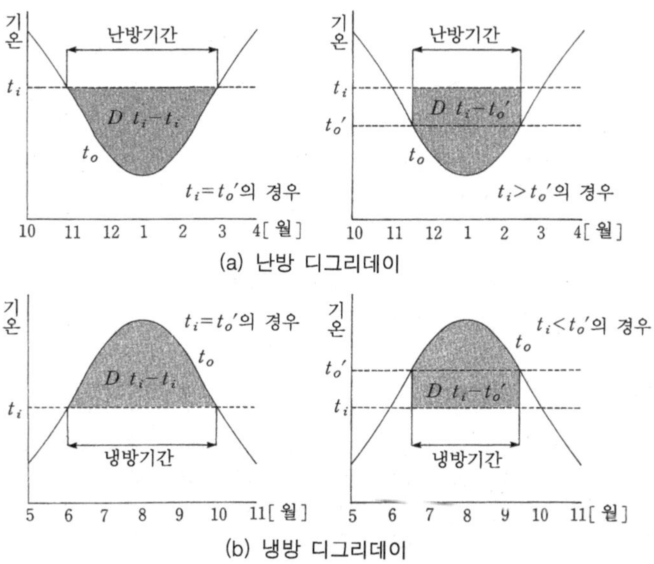

그림 2.10 디그리데이의 정의

지역 구분	해당 시·도	기준연간 난방도일 (K·d/yr)
Ⅰ지역	서울, 경기, 인천, 충북, 강원	3,250
Ⅱ지역	충남, 전북, 전남, 경북, 경남, 대구, 부산	2,500
Ⅲ지역	제주	1,750

(건설부 고시 제86-464호 에너지의 합리적 이용 기준, 1986년 10월 16일 제정)

난방도일은 에너지 해석에서 가장 간단한 방법으로 건물의 에너지 사용과 공조설비의 효율이 일정할 때 적합한 방법이다.

그림 2.11 국내 지역별 연간 난방도일

3. 습 도

1) 습도 표시방법

습도란 대기 중에 포함되어 있는 수증기량의 비율을 말하며, 대기 중의 수증기 압력과 공기의 단위 질량 중의 수증기 질량으로 나타낸다. 수증기를 포함하는 공기를 습공기라 하고, 일반적으로 공기 중에는 반드시 수증기가 포함되며, 기상상태에 따라 그 양이 다르다. 또한 대기 중에는 일정 용량의 수증기밖에 포함되어 있지 않으므로 그 한도 이상이 되면 응결하여 물 또는 얼음이 된다. 이를 포화상태라 하고, 이때 포함된 수증기량은 기온이 높을수록 커진다.

◆ **a 절대습도(absolute humidity)** 그림 2.12와 같이 수증기를 포함하지 않는 공기(건공기) 1kg과 수증기 $x$kg을 포함하는 습공기 1+$x$kg이 있을 때 그 공기는 절대습도(또는 질량절대습도) $x$kg/kg′이라 한다. 또한 단위체적 중의 수증기 질량으로 나타낸 것을 용적절대습도라 하고, 공기 1m^3 안에 포함된 수증기의 질량(kg/m^3)으로 나타낸다.

◆ **b 상대습도(relative humidity)** 대기 중의 수증기 비율은 어느 일정 용량의 공기가 포함되어 있는 수증기압과 이때 기온에 대해 최대 함유된 포화수증기압과의 비로 나타내는데, 이를 상대습도라 한다. 보통 줄여서 습도라고 하는 경우는 상대습도를 말하는 것이다.

$$\phi = \frac{f}{f_s} \times 100$$

ϕ : 상대습도(%)
f_s : 포화수증기압(mmHg)
f : 어느 공기의 수증기압(mmHg)

2) 습도의 측정

대기 중의 습도를 측정하기 위해서는 건습구온도계(그림 2.13)와 모발습도계가 사용된다. 건습구온도계는 보통 온도계와 젖은 거즈를 감온부에 부착한 온도계의 2개에 의해 그 온도차를 읽어 표 2.2에서 상대습도를 구한다.

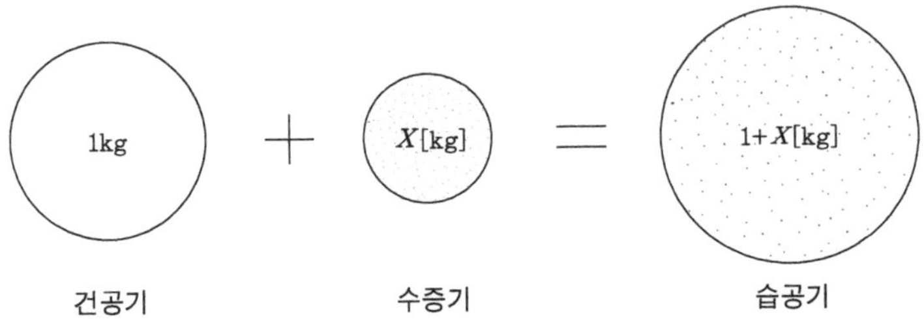

그림 2.12 습공기(절대습도 x [kg/kg′])

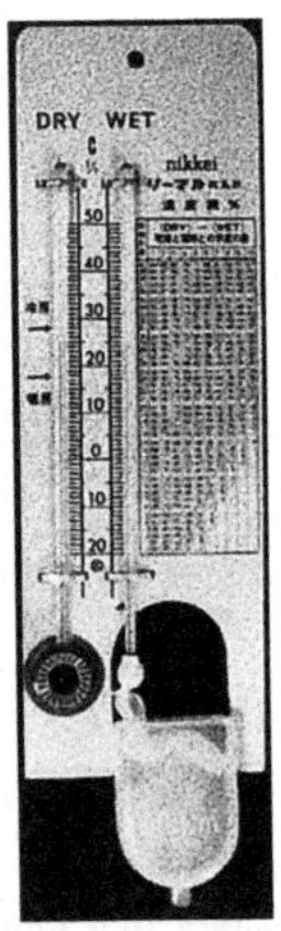

그림 2.13 건습구온도계

표 2.2 건습구온도계에서 상대습도를 구하는 표

건구가 얼지 않는 경우

건구의 온도	건구와 습구와의 온도차									
	0	1	2	3	4	5	6	7	8	[℃]
40[℃]	100	94	88	82	76	71	66	61	56	[%]
30	100	92	85	78	72	65	59	53	47	
20	100	91	81	73	64	56	48	40	32	
10	100	87	74	62	50	38	27	16	5	
0	100	80	60	40	21	3				
−10	100	64	29							

3) 습도의 변화와 영향

수증기는 그 양이 때와 장소에 따라 크게 변하여 물이나 얼음 등으로 바뀐다. 습도는 최고 100%에서 최저 10% 이하로 되는 경우도 있고, 기상의 변화에 중요한 역할을 한다. 세계 각지의 연평균습도는 일반적으로 해안지역에서는 높고, 내륙지방에서는 낮다. 우리나라는 겨울에는 저온건조하고, 여름에는 고온다습하다.

- **a 습도의 연변화와 일변화** 우리나라는 여름에는 습도가 높고 겨울에는 낮다. 즉 계절풍의 영향으로 여름철 남쪽의 해양에서 많은 수분을 함유한 고온의 남풍이 불고, 겨울철에는 북서풍이 북부의 산맥에 막혀 눈으로 내림으로써 건조해지기 때문이다. 또한 습도의 일변화는 기온과는 반대로 낮에는 낮고 밤에는 높아진다. 이는 수증기량의 일변화가 작은 것에 대하여 포화수증기압은 기온이 높을수록 커지며 기온이 낮을수록 작아지기 때문이다.
- **b 습도의 변화에 의한 영향** 습도는 풍속이나 온도 등의 기상요인과 함께 복합적으로 건강에도 영향을 미친다. 겨울철 낮은 습도가 계속되면 피부가 거칠어지거나 목이 건조해져 감기에 걸리기 쉬우며, 또한 건조한 날씨가 계속되면 화재도 발생하기 쉽다. 그리고 여름철에 습도가 낮으면 온도가 높아져도 신체 표면으로부터의 증발이 활발해져 그만큼 더위를 느끼지 않는다. 반대로 고온다습할 경우에는 땀이 나도 증발되기 어려우므로 훨씬 더 무덥게 느껴지며 심하면 열사병에 걸리는 경우도 있다.

  또한 무더위를 나타내는 지표로서 기온에 습도를 가미한 불쾌지수 DI가 이용되며, 다음과 같은 식으로 나타낸다. 일반적으로 불쾌지수(discomfort index)는 75~80이 한계로 여겨진다.

$$DI = 0.72(t_d + t_w) + 40.6 \quad \cdots\cdots (2.5)$$

  여기서, t_d : 건구온도, t_w : 습구온도

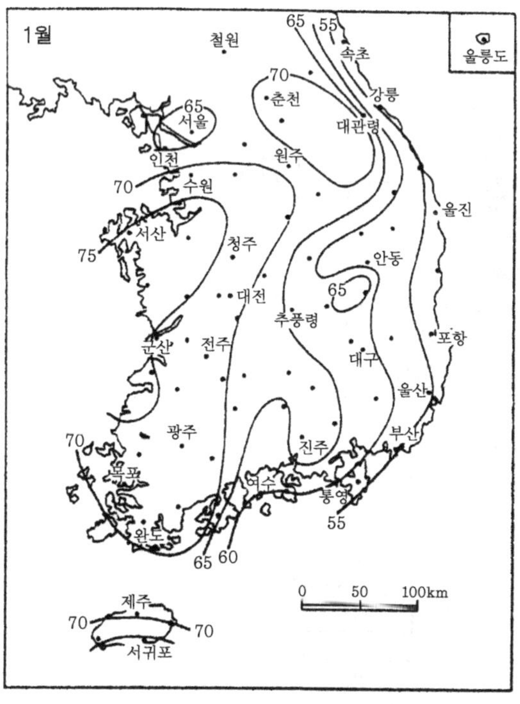

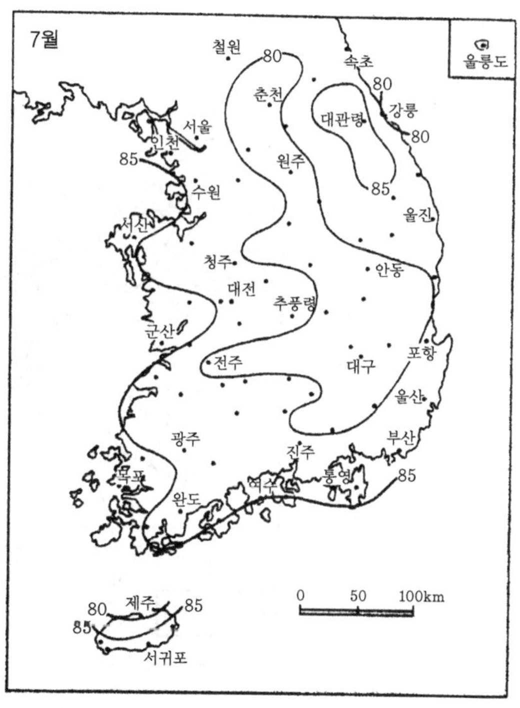

그림 2.14 1월, 7월의 상대습도 분포(이현영)

그림에서 보듯이 서울의 기후는 파리 등 유럽의 도시에 비해 여름은 무덥고 겨울은 건조하여 춥다는 특징이 있는데, 이는 별로 바람직한 조건은 아니다. 샌프란시스코는 연간 온습도의 변화가 거의 없는 쾌적한 기후로 미국인들이 퇴임 후 살고 싶은 곳으로 첫손 꼽히는 도시이다.

그림 2.15는 서울의 기후도와 쾌적대 및 곰팡이 발생관계도로 가로와 세로축에 여러 기후요소를 넣어 그릴 수도 있다.

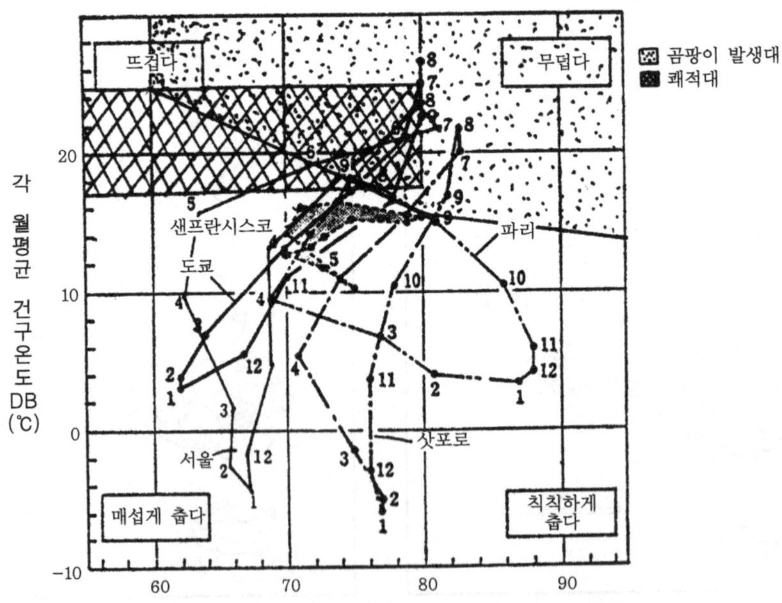

그림 2.15 각 월평균 상대습도 RH[%] (박병전 ; 기문당)

3) 공기선도

일반적으로 공기 중에는 반드시 수증기가 포함되어 있다는 점에서 습공기라고 한다. 습공기의 상태는 습도(건구온도)와 수증기압 등 두 가지 요소가 정해지면 다른 양은 대부분 결정된다. 포화상태에서는 건구온도만으로 정해지고, 그림 2.16의 공기선도로 나타나는 것이 대부분이다. 이 그림은 가로축이 건구온도이고 세로축은 절대습도와 수증기압, 오른쪽 위의 곡선이 상대습도를 나타내고 있다. 또한 상대습도가 100%인 곡선을 포화곡선이라 하며, 이 곡선 위에서 비스듬히 오른쪽 아래로 이어지는 점선이 습구온도를 나타낸다.

공기의 상태는 두 요소의 교점으로 정해지는데, 이 점에서 수증기압을 일정하게 하고, 건구온도만을 내리는, 즉 왼쪽으로 평행이동하고 포화곡선과 만나는 점을 노점이라 하며, 이때의 건구온도를 노점온도라고 한다.

예를 들면 건구온도가 20℃이고, 상대습도가 60%인 경우에는 A점으로 나타내며, 이때의 절대습도는 A점에서 오른쪽으로 수평이동하여 눈금을 읽으면 0.009kg/kg′가 된다. 이 공기를 냉각하면 왼쪽으로 평행이동한 B점에서 포화상태가 되며, 이 점을 노점이라 한다. 따라서 노점온도는 B점에서 바로 아래의 눈금을 읽어 12℃가 된다(D점).

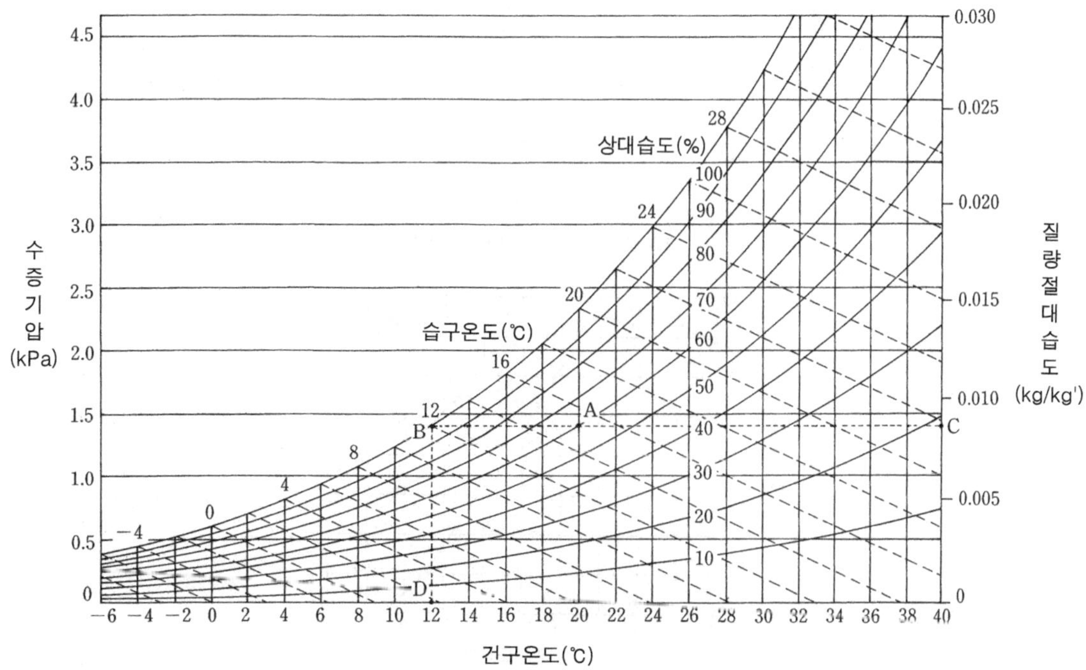

그림 2.16 공기선도

4) 클라이모 그래프

기온과 습도의 관계는 기후요소 중에서도 인간생활의 위생면이나 쾌적성에 큰 영향을 미친다. 이 기온과 습도와의 관계를 나타내는 데는 클라이모 그래프(climograph, 기후도)가 있다. 클라이모 그래프는 그림 2.17과 같이 직교좌표의 가로축에 상대습도, 세로축에 기온[℃]을 나타내며, 각 달(月)의 평균값을 각각 꺾은선으로 연결한 그림이다. 클라이모 그래프는 비교적 작도가 용이하고, 기온과 습도의 조합에 의해 계절의 추이를 한눈에 이해할 수 있다.

클라이모 그래프의 오른쪽 윗부분은 무더위를 나타내고, 왼쪽 윗부분은 건조하고 더운 상태를 나타낸다. 또한 오른쪽 아랫부분은 습하고 추우며, 왼쪽 아랫부분은 아주 심한 추위상태를 나타낸다. 예를 들면 우리나라와 같이 오른쪽으로 위로 올라가는 지역에서는 여름철 고온기에 습도가 높아 매우 무더우며, 겨울철 저온기에는 습도가 낮아 실제 기온보다 더 많은 추위를 느끼는 특색이 있다. 반대로 뉴욕과 같이 오른쪽 아래로 내려가는 지역에서는 여름철 고온기에는 습도가 낮아 비교적 견딜만하고, 겨울철 저온기에는 습도가 높아 실제보다 추위를 덜 느끼게 완화시키는 기후상태가 된다. 이와 같이 클라이모 그래프의 형태가 왼쪽 아래에서 오른쪽 위로 기울어지는 지역은 여름철과 겨울철의 기후가 별로 쾌적하지 않음을 나타내고 있다.

클라이모 그래프는 1915년 테일러(G. Taylor)가 기후 적응에 대하여 체감기후를 표현하기 위해 고안한 것으로서, 계절에 따른 기후의 추이를 알기 쉽게 표현하는 데 매우 유효한 수단이 되고 있다. 그 후 그림 2.18과 같이 가로축에 강수량, 세로축에 기온을 취한 우온도(雨溫度)로서 하이더 그래프(hythergraph)가 많이 이용되게 되었다. 그리고 오늘날에는 이들 모두를 포함한 기후의 두 가지 요소를 그래프화한 것을 클라이모 그래프라 한다.

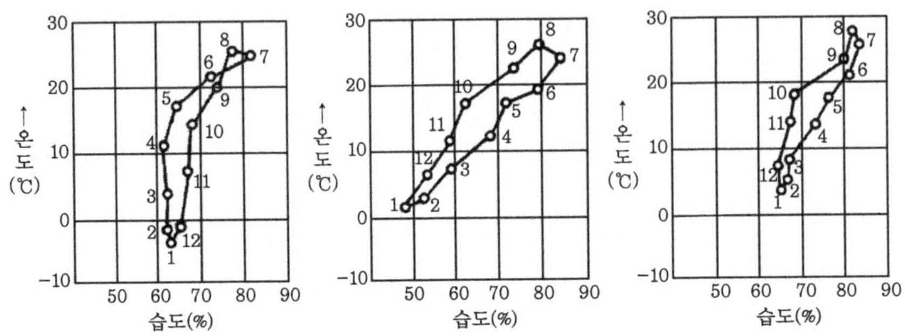

(a) 서울 (b) 부산 (c) 제주

그림 2.17 한국 클라이모 그래프

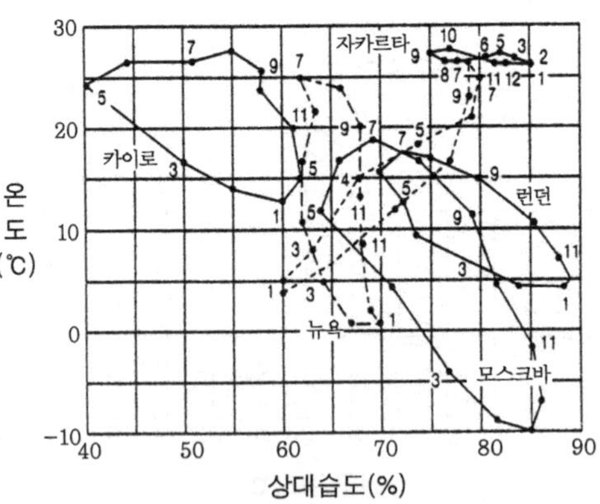

그림 2.18 세계의 클라이모 그래프

4. 바 람

1) 바람의 형성과 종류

◆ **a 바람의 형성** 바람은 공기의 이동에 의해 생긴다. 지표면 위의 기압이 일정하다면 공기의 이동은 일어나지 않지만, 기압이 다를 경우 공기는 기압이 높은 곳에서 낮은 곳으로 흐른다. 이와 같이 공기의 이동현상을 바람이라 한다. 이때 작용하는 힘을 기압경도(氣壓傾度)라 하는데, 일정 거리가 떨어진 2점의 기압 차이에 비례한다. 기압경도에 의해 일어나는 바람을 경도풍(傾度風)이라 한다. 바람은 지구의 자전에 의한 영향으로 북반구에서는 오른쪽으로, 남반구에서는 왼쪽으로 각각 다르게 불게 된다. 저기압인 경우에는 바람이 강하게 불지만 고기압인 경우에는 바람이 약하며, 풍속은 거의 중심으로부터의 거리에 비례한다. 단, 저기압이나 고기압의 상공에서는 대부분 경도풍이 된다.

◆ **b 해풍과 육풍** 바다와 육지는 온도의 일변화가 다르기 때문에 바람이 생긴다. 열용량은 바다 위에서 크고, 육지에서는 작으므로 낮에는 육지의 온도가 바다보다 높아지며, 따뜻한 공기는 상승기류가 되어 바다에서 육지로 바람이 분다. 이것이 해풍이다. 밤에는 바다가 육지보다 따뜻하기 때문에 육지에서 바다를 향해 바람이 부는데 이를 육풍이라 한다. 이를 합하여 해륙풍이라 한다.

◆ **c 곡풍과 산풍** 산 주위에는 낮 동안 산맥이 따뜻해져 골짜기에서 산으로 향하는 곡풍(谷風)이라는 바람이 분다. 또한 밤이 되면 산맥이 차가워져 산에서 골짜기로 향하는 산풍(山風)이라는 바람이 불며, 이를 합하여 산곡풍(山谷風)이라 한다.

◆ **계절풍** 계절마다 정해진 방향에서 부는 바람이 있는데, 이를 계절풍 또는 몬순(monsoon)이라 한다. 이는 대륙과 해양의 열용량 차이와 태양 일사량의 연변화에 의해 생기는 현상이다. 여름철에는 대륙쪽이 해양에 비해 고온저압이 되어 바다에서 육지로 바람이 불고, 겨울철에는 대륙쪽이 저온고압이 되므로 육지에서 바다로 바람이 분다. 1년 주기로 변화하는 이러한 계절풍이 가장 두드러지게 나타나는 곳은 전세계에서도 아시아 대륙의 동쪽에서 남쪽에 이르는 지방이다.

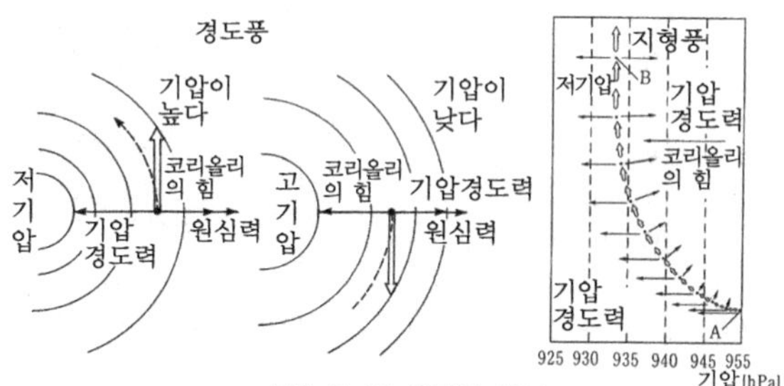

그림 2.19 바람의 형성

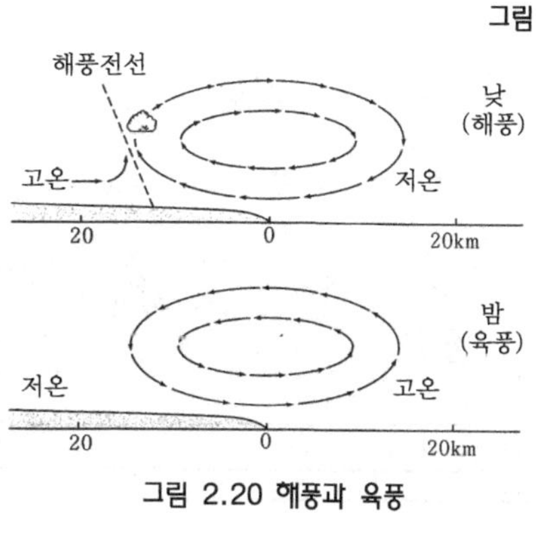

그림 2.20 해풍과 육풍

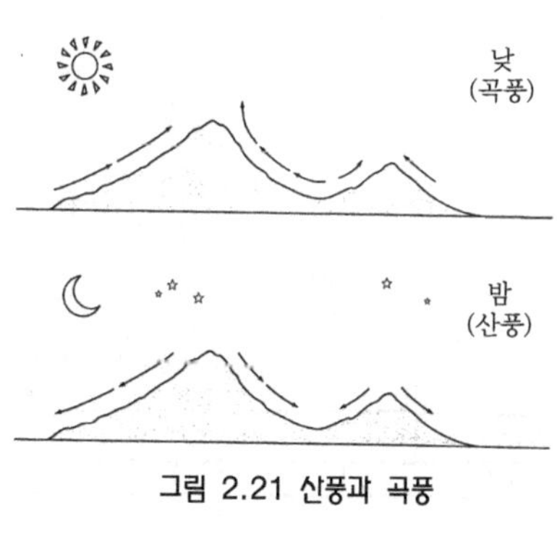

그림 2.21 산풍과 곡풍

2) 바람의 표시방법

바람을 나타내는 데는 풍속, 풍력, 풍향 등이 사용된다.

◆ **a 풍속** 　바람은 빠르게 불거나 느리게 부는 바람의 속도에 따라 변동이 크고 불어오는 방향도 변화되고 있다. 이러한 풍속의 변화와 풍향의 변화를 바람의 호흡이라 한다. 풍속의 단위는 일반적으로 m/s나 km/h, 노트 등이 사용된다. 풍속 중 순간적인 값을 순간풍속, 어느 일정 시간의 평균치를 평균풍속이라 하며, 간단히 풍속이라고 하는 경우는 일반적으로 이전의 10분 동안의 평균풍속을 말한다. 일정 시간 간격을 두고 최대 순간풍속과 그 사이의 평균풍속과의 비를 돌풍률(突風率) 또는 바람의 호흡의 크기라 한다. 지표 부근의 바람은 지표면의 상태에 따라 그 마찰력의 영향을 받으므로 난류가 발생하고 높이와 함께 풍속도 커진다.

◆ **b 풍력** 　바람의 강도, 즉 바람이 가지고 있는 에너지를 풍력이라 한다. 이는 풍속의 상태에 따라 작은 것부터 점차 0, 1, 2, 3, …로 하고, 바람의 강도를 눈으로 보고 알 수 있도록 편리하게 나타낸 것이 있는 데 일반적으로는 19세기 초 영국의 해군 제독인 뷰포트(Francis Beaufort)가 고안한 뷰포트풍력계급을 사용한다(표 2.3).

표 2.3 뷰포트풍력계급과 인체에 대한 영향

	뷰포트 계급	표 현	풍속*	영 향
Calm	0	정온	0~0.2	
Light Air	1	아주 가벼운 바람	0.3~1.5	전혀 눈에 띄지 않는 바람
쾌적 Slight breeze	2	가벼운 바람	1.6~3.3	얼굴로 바람이 부는 것을 느낀다. 나뭇잎이나 옷이 살랑살랑 소리를 낸다.
Gentle breeze	3	연풍	3.4~5.4	바람이 어지럽고 옷이 펄럭인다. 신문을 읽기 어렵다.
Moderate breeze	4	화풍	5.5~7.9	작은 나뭇가지를 일정한 움직임으로 흔들어주고 깃발이 가볍게 펄럭거린다. 먼지가 떠다니며, 종이가 날아간다. 머리모양이 망가지고 작은 나뭇가지가 움직인다.
Fresh breeze 불쾌	5	질풍	8.0~10.7	몸으로 바람의 힘을 느낀다. 강풍지역에 들어가면 몸이 비틀거리기도 한다.
불쾌하지만 참을 만하다 Strong breeze	6	웅풍	10.8~13.8	나뭇잎이 붙어 있는 작은 나무가 흔들리기 시작한다. 우산을 쓰기 어렵다. 머리카락이 뒤로 넘어간다. 똑바로 걷기가 어렵다.
Moderate gale	7	강풍	13.9~17.1	횡풍의 힘이 전진하는 힘과 같아진다. 바람소리가 귀에 들리고 불쾌함을 느낀다. 걷는데 불편함을 느낀다.
Fresh gale	8	치강풍	17.2~20.7	일반적으로 전진을 막는다. 돌풍 때문에 밸런스를 잡기 어렵다.
위험 Strong gale	9	매우 강한 바람	20.8~24.4	사람들이 넘어진다.

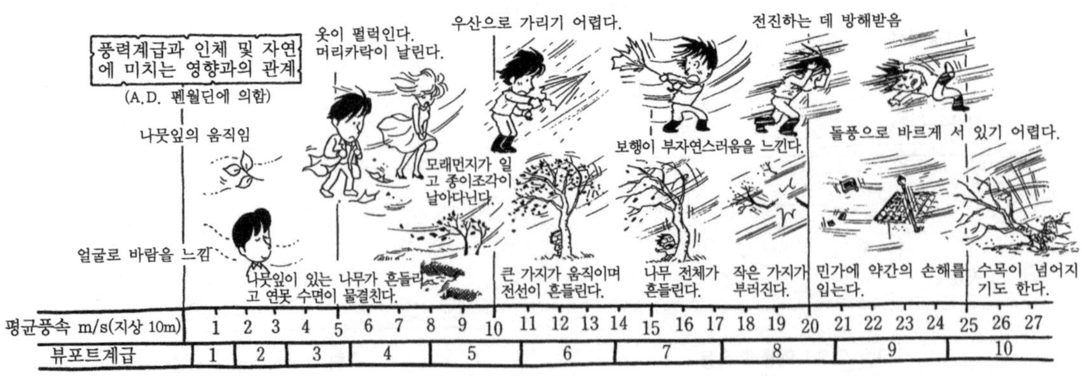

◆ c 풍향　바람이 불어오는 방향을 풍향이라 한다. 풍향은 북쪽을 기준으로 16방향으로 나타내며, 예를 들어 남서에서 북동으로 불어오는 바람을 남서풍이라 한다. 좀더 상세하게 표시할 경우에는 시계방향으로 북쪽에서 360°까지의 각도를 사용한다. 또한 풍향도 풍속과 마찬가지로 끊임없이 변화하기 때문에 관측상으로는 평균풍속과 마찬가지로 이전 10분 동안의 평균풍향으로 나타낸다. 단, 풍속이 0.2m/s 이하인 경우에는 정온(또는 평온)으로 보고 측정하지 않기로 한다. 현재 이들 측정에는 풍향과 풍속을 동시에 계측하는 프로펠러형 풍향풍속계인 에어로본(aero-vone)이 많이 사용된다. 또한 바람은 구조물이나 지형에 따라 영향을 받기 쉬우므로 풍향풍속계는 원칙적으로 지상 10m의 평평하고 개방된 장소에 설치한다.

3) 바람의 영향

바람은 인간, 새 외에도 꽃가루나 씨가 날리는 등 자연계에서도 널리 이용되며, 인간생활에도 매우 밀접한 관계를 유지해 왔다. 인간은 탈곡이나 양수 등에 풍차를 이용하고, 최근에는 클린 에너지로 인식하여 풍력발전이 주목을 받고 있다.

9월 초순에 많이 오는 태풍이나 겨울에서 봄에 걸친 계절풍에 의해 건축물에 피해가 발생하는 경우도 있지만, 일상적으로 볼 때 바람은 환기와 통풍에 중요한 역할을 하고 있다. 따라서 건축물을 설계할 때는 풍압력에 대한 구조적인 배려가 필요하며, 더 나아가서는 바람이 빗물 침입의 원인이 되므로 빗물방지 마감에 대한 고려도 해야 한다.

어느 지역의 계절마다 부는 풍향의 빈도를 원그래프로 나타낸 것을 풍배도(그림 2.22)라 하고 가장 빈도가 많은 방향을 상풍향이라 한다.

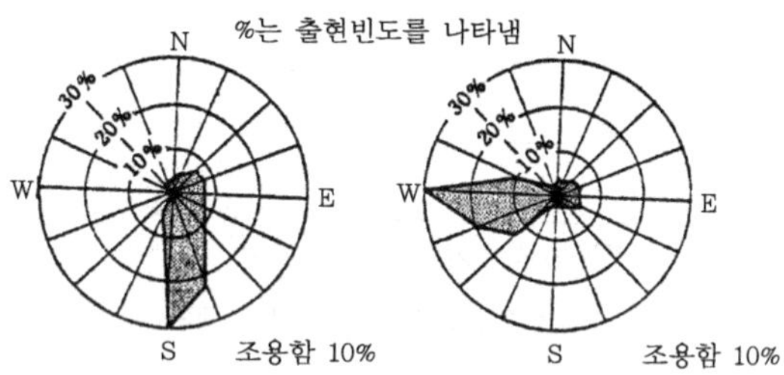

(a) 풍배도

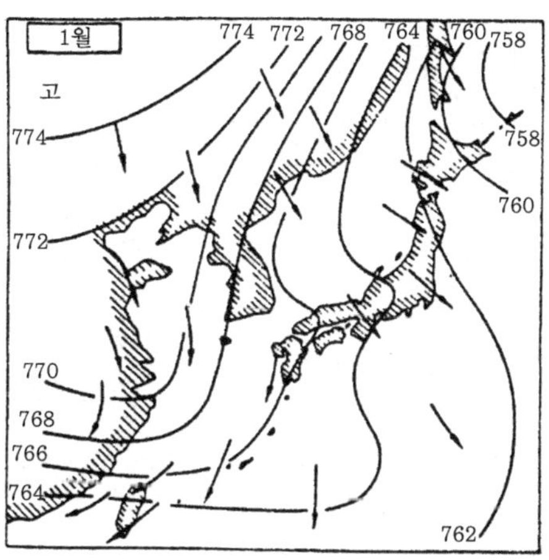

(b) 1월의 풍향과 기압

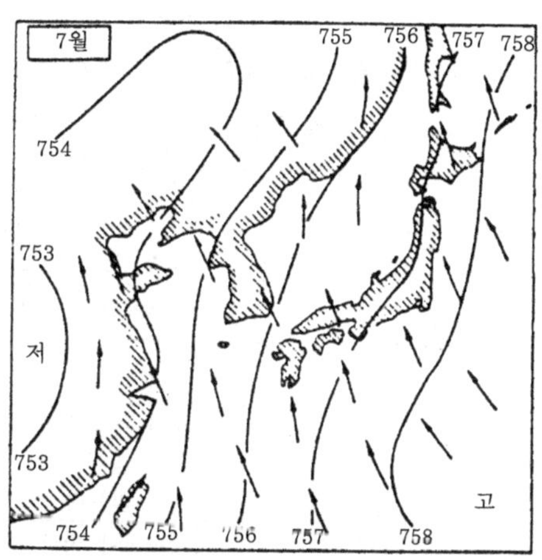

(c) 7월의 풍향과 기압

그림 2.22 풍배도 및 풍향과 기압(박병전, 기문당)

5. 비와 눈

1) 비와 눈의 형성

비와 눈은 대기 중의 상승기류가 고공에 도달할 때 온도가 저하되어 수증기가 응결되면서 내리는 것이다. 구체적으로는 다음과 같은 경우에 비와 눈이 내리기 쉽다(그림 2.23).

① 저기압에서 주위의 공기가 소용돌이가 되어 모여서 상승해 갈 때

② 바람이 산의 경사면을 올라갈 때

③ 상승기류가 생기는 전선 부근에서 따뜻한 공기가 차가운 공기와 충돌할 때

①을 수속성(收束性) 강우라 하고, 저기압에서는 주위로부터 유입된 공기가 상층으로 피하기 위해 상승기류가 생겨 비를 내리게 한다. ②는 지형성 강우라고도 하며, 산처럼 지형의 기복에 의해 기류가 상승하고 구름이 발생하기 쉽게 되었을 때 내린다. ③을 대류성 강우라 하며, 전선(前線) 등과 같이 불안정한 기류가 혼합된 대류에 의해 구름이 발생하여 비가 내린다.

2) 비 · 눈의 측정

강우량은 내린 비가 전혀 흘러나가지 않았다고 가정했을 때 모인 물의 깊이로 나타내며 mm로 표시한다. 적설량은 쌓인 눈의 깊이로 나타내며 cm로 표시한다. 또한 눈이나 싸라기눈, 우박 등 얼음 형태로 내린 것은 녹은 물의 깊이를 측정하여 강수량으로 한다. 강수량은 계절이나 지역에 따라 크게 다르다. 강우의 강도는 단위시간당 강우량으로 나타내며, 적설의 강도는 단위시간당 적설량으로 나타낸다(표 2.4).

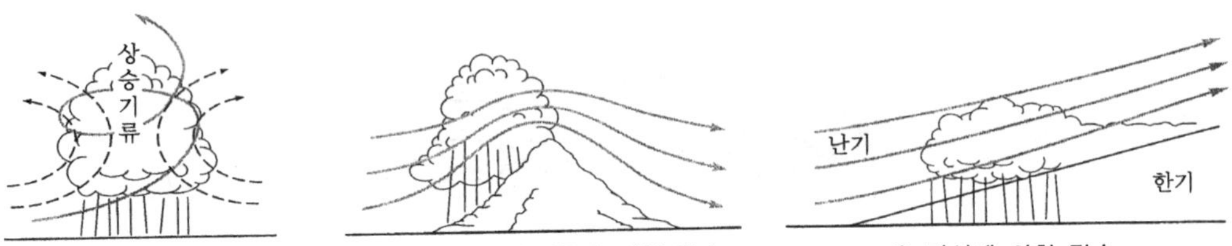

① 상승기류, 저기압에 의한 강수 ② 지형성 상승기류에 의한 강수 ③ 전선에 의한 강수

그림 2.23 강수가 발생하는 경우

표 2.4 비와 눈의 강도

(a) 비의 강도

비의 강도	1시간 강우	1일 강우량	비가 내리는 상태
약간 내림	1mm 이하	5mm 이하	비가 천천히 내리는 것을 알 수 있다. 지면이 잘 젖지 않는다.
조금 내림	1~3	10	빗방울이 떨어지는 것이 보이며, 지면에서 튀기지 않는다. 아주 작게 빗소리가 들린다.
계속 내림	4~7	30	지면에서 비가 튀기고 물고임이 생긴다. 빗소리가 확실하게 들린다.
많이 내림	8~15	50	비가 주룩주룩 내리고 빗방울이 커서 많이 튀긴다. 빗방울은 보이지 않는다.
아주 많이 내림	16 이상	80 이상	하수도나 빗물받이통의 물이 넘칠 정도로 많이 내리며 수해가 우려된다.

(b) 눈의 강도

눈의 강도	1시간 강수량	적설량	시 야	비 고
약설	0~1.0mm	5cm	1km	
병설	1~3	5~15	0.2~1	평소 눈이 적게 내리는 지방에서는 피해가 생긴다.
강설	3 이상	15	0.2 이하	눈의 피해가 생기게 된다.

3) 강수의 특징과 순환

우리나라의 강수량은 남쪽에서 북쪽으로 감에 따라 점차 감소한다. 연강수량은 남동해안지방이 1,500mm 정도로 많은데, 가장 많은 곳은 제주도의 남동해안으로 1,800mm에 달한다. 울릉도도 1,400mm 정도로 강수량이 많은데 여름보다는 겨울에 많은 것이 특이하다. 연강수량이 가장 적은 지역은 두만강 유역의 한국과 만주의 국경지대로서 500~600mm이다. 강수량이 많은 지역의 1/3에 지나지 않는다.

우리나라의 연강수량은 500~1,700mm이며, 전국의 평균치는 1,190mm이다. 그리고 우리나라는 지리적으로 남북방향으로 길게 뻗어 있고, 지형이 복잡하기 때문에 면적이 좁음에도 불구하고 강수량의 지역적 차이가 비교적 크다. 하천유역별 연강수량은 대체로 1,000~1,200mm의 범위 안에 든다. 그러나 섬진강 · 안성천 · 삽교천 · 만경강 · 동진강 유역은 1,200mm를 넘는 반면에 형산강 유역은 1,000mm에 미치지 못한다.

한반도에서 연강수량이 많은 지역인 제주도(1,600~1,700mm)와 지리산 남서쪽의 남서해안지역(1,500~1,700mm)은 다습한 여름몬순의 영향을 많이 받는데, 특히 이 지역에서는 여름몬순에 태풍이 결부되어 큰 비가 자주 내린다.

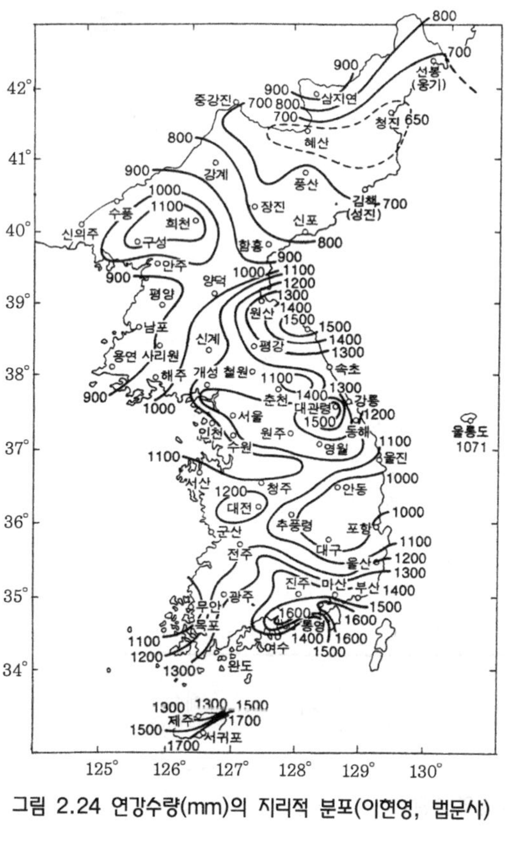

그림 2.24 연강수량(mm)의 지리적 분포(이현영, 법문사)

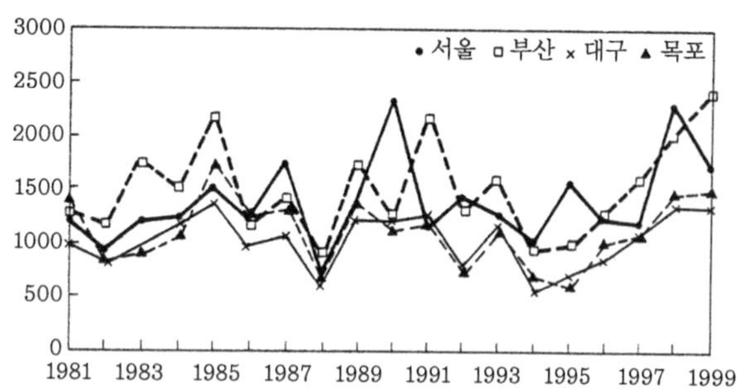

그림 2.25 강수량의 연변화(이현영, 법문사)

4) 비와 눈의 영향

비와 눈은 공기 중의 습도 상승과 일조시간의 감소 등에 의해 일상생활과 건축물에 큰 영향을 미치고 있다. 또한 건축물의 지붕구배나 지붕 재료에도 적지 않은 영향을 미치고 있다. 특히 북한 일부 지방이나 일본에서는 지붕 등에 $1m^2$당 100kg에서 200kg의 눈이 내려 쌓이는 경우도 있다. 이와 같이 적설에 의해 지붕과 기둥에는 평상시의 하중보다 몇 배에 이르는 하중을 받음으로써 건축계획시 적설하중을 고려하도록 규정되어 있다.

또한 눈이 많이 내리는 지방에서는 급경사로 된 철판 지붕이 좋으며, 겨울철의 적설에 대응하는 것이 좋다.

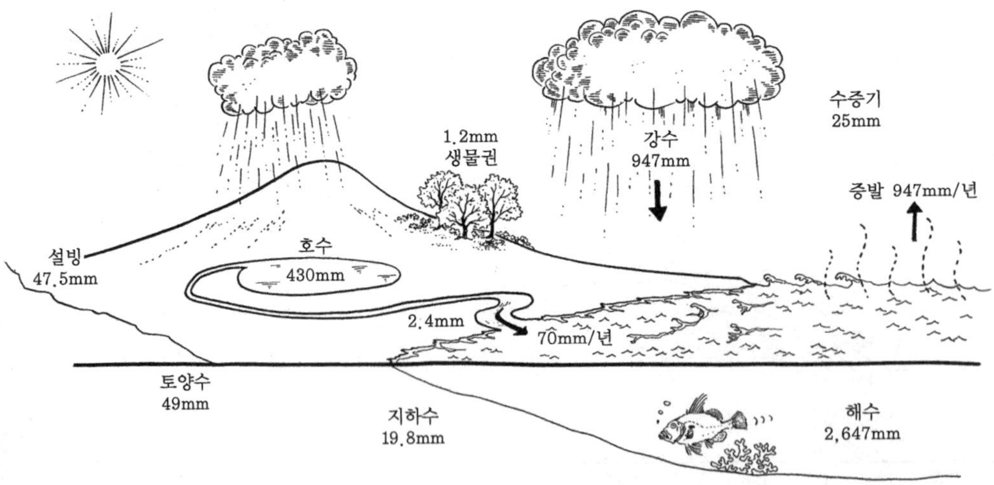

그림 2.26 지구상의 물의 순환

2.2 실내 기후

1. 인체의 생리와 온열요소

1) 인체의 생리

인체는 음식물에 포함되어 있는 당질(糖質), 지질(脂質), 단백질 등을 산화하여 그 에너지의 20%를 소비하고, 작업 정도에 따라 열에너지를 발생한다. 이를 에너지대사라 한다. 공복시나 똑바로 누운 상태에서 안정을 취하고 있을 때의 에너지소비량을 기초대사라 하며, 신체의 표면적에 비례한다. 성별이나 연령 등에 따라 개인차는 있지만 에너지대사량을 신체표면적당 열량으로 나타내면 의자에 앉은 상태에서 안정을 취하고 있을 때에는 58.2W/㎡(50kcal/㎡·h) 정도*1이고, 성인의 평균 체표면적을 1.6㎡로 가정하면 약 93.12W/인이 된다. 이 값에 대한 어느 작업시의 에너지대사량의 비를 에너지대사율(Met)*2이라 한다.

한편 열발산 경로는 그림 2.27과 같이 복사, 수분증발, 대류에 의해 이루어지며, 피부면으로부터의 발산이 약 90%를 차지하고 있다. 열발산량과 비율은 의복, 계절, 주위환경 등에 따라 다르다. 대류에 의한 발산은 주위공기의 온도와 풍속에 의해 좌우되며, 복사에 의한 발산은 주위의 벽과 난방기구 등의 온도에 의해 좌우된다. 수분증발은 피부면 및 호흡에 의해 이루어지는데, 주위환경의 온도가 높아져 대류·복사에 의한 열발산이 부족하면 발한이 시작되고, 피부면에 수분(땀)이 나온다. 이 수분은 증발할 때 잠열*3을 취하고, 열발산이 매우 커지게 된다.

또한 각종 작업에 따른 에너지대사량과 각 실온에 따른 현열*4발열량, 잠열발열량(증발열)은 표 2.5와 같다.

그림 2.27 열방산의 경로

표 2.5 작업내용별 방열량

작업상태	적용건축물	에너지 대사율 [Met]	방열량[W] (여자는 0.85배, 어린이는 0.75배)					
			실내온도 20℃		실내온도 24℃		실내온도 28℃	
			현열	잠열	현열	잠열	현열	잠열
의자에 앉아서(안정시)	극장, 초·중학교	1.0	69	21	59	31	44	46
의자에 앉아서(가벼운 작업)	고등학교	1.1	75	30	62	425	45	58
사무작업	사무소, 호텔	1.2	77	40	63	4	45	71
서 있는 상태	은행, 백화점	1.4	79	51	66	64	45	84
의자에 앉아서(중작업시)	레스토랑	1.2	86	56	71	71	48	95
의자에 앉아서(중작업시)	공장	2.0	101	94	76	118	48	147
댄스(중 정도)	댄스홀	2.2	110	110	84	137	56	165
보행(4.8km/h)	공장	2.5	125	132	88	162	68	191
힘든 작업	공장, 볼링장	3.7	164	211	136	240	116	262

일본인과 미국인의 남자 표준 신체표면적의 비율 1.6:1.8[㎡]로 환산했다.

---

*1 열량 1kcal/h는 SI단위로는 1.16279W$\left(=\frac{1}{0.860}\right)$로 환산한다.

*2 Met : metabolic rate

*3 잠열 : 공기의 습도를 변화시키기 위해 사용되는 수증기의 정열 또는 응축에 필요한 열량

*4 현열 : 공기의 건구온도를 변화시키기 위한 열량

사람은 체온을 항상 36~37℃로 유지하는 항온동물이므로 온도, 습도, 기류, 복사열에 따라 열생산(에너지대사)과 열발산의 균형이 이루어지고 있다. 이 관계는 다음 식과 같이 나타낼 수 있다.

$$M = E \pm R \pm C \pm S \,[\mathrm{W/m^2}] \quad \cdots\cdots (2.6)$$

그림 2.28은 휴식 상태에서 옷을 입고 있을 때의 환경변화에 대한 인체의 열적 반응을 나타낸 것이다. R, C에서 +는 방열, −는 수열, S에서 +는 체온상승, −는 체온하강을 의미하며, 보통은 0이다. 그림 2.29는 노동시의 전발산열량, 복사, 대류 및 증발에 의한 발산열량과 실온과의 관계를 나타낸 것이다.

2) 온열요소

사람이 느끼는 춥고 더운 감각은 기온, 습도, 복사 및 기류(풍속)와 큰 관계가 있으며, 이를 온열 4요소라 한다. 주위의 온도가 낮고 사람의 열발산이 클 경우 사람은 춥다고 느낀다. 예를 들면 겨울철에 주위의 기온과 주벽온도가 낮을 경우 대류와 복사에 의해 열이 빼앗기게 되는데, 이 속도가 빠르면 춥다고 느끼며 느리면 덥다고 느끼는 것이다. 한편 여름철에는 주위의 온도가 높고 사람의 열발산이 적을 경우 더위를 느낀다. 즉 이들 요소는 사람의 온열에 대하여 단독으로 작용할 뿐만 아니라 4가지 요소의 조합에 의해 총합적으로 작용하고 있다.*

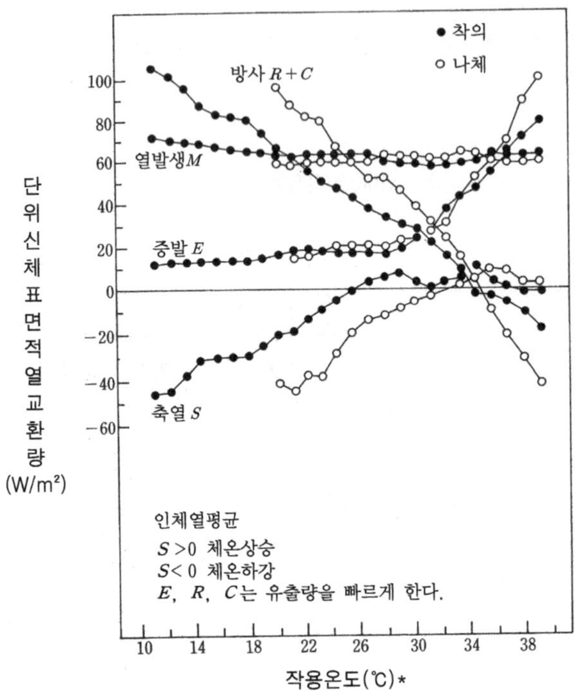

그림 2.28 환경변화와 인체의 열반응

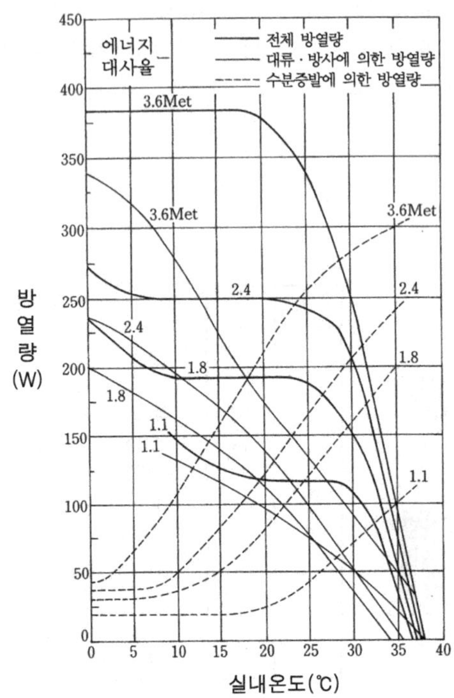

그림 2.29 인체의 방열

* 작용온도 : 인체가 실제 환경하에서 대류와 방사에 의해 열교환을 하고 있는 것과 동일한 열량을 교환하는 가상균일온도, 정온기류하에서 대부분 공기온도와 평균복사온도를 더한 평균이 된다.
  작용온도 $OT = \frac{(\theta + MRT)}{2}$

2. 온열환경의 지표

인체는 체내에서 생산된 열을 끊임없이 피부 및 호흡에 의해 대기 중으로 발산하고 있는데, 그 발산량이 체내생산량에 비해 적당하면 체온은 일정하게 유지되어 쾌적하다고 느낀다.

온열감각은 기온, 습도, 복사 및 기류의 4요소의 다양한 조합에 의한다. 주된 지표로는 유효온도, 수정유효온도, 신유효온도 등이 있다.

1) 유효온도

유효온도(ET☆)는 감각온도라고도 한다. 보통 실내의 열환경을 문제로 할 경우 주위의 벽이나 천장·바닥의 온도는 실내의 공기온도와 대부분 같으므로 유효온도는 주벽으로부터의 복사라는 요소를 제외하고 기온, 습도, 기류의 3요소를 총합하여 열환경을 평가하는 것이다. 1923년 미국의 야글로우와 휴그톤에 의해 제안되어 그림 2.30과 같은 피험자를 이용한 실험에 의해 통계적으로 구한 쾌적지표이며, 공기조화시의 평가에 널리 이용되어 왔다.

습도가 90% 이상이면 땀이 나와도 증발되지 않고, 20% 이하인 경우 목이 건조해져 기침이 나오면서 몸상태가 좋지 않게 되므로 유효온도는 극단적인 고습, 저습환경의 평가에는 적합하지 않다. 습도 40~60%, 풍속 0.5m/s 이하인 경우 유효온도는 겨울철에는 17~22℃, 여름철에는 19~24℃ 정도가 되면 실내기후로는 양호하다.

야글로우의 실험은 피험자가 입실한 후 짧은 시간에 이루어진 결과이기 때문에 유효온도가 저온인 곳에서는 습도의 영향이 크고, 고온인 곳에서는 너무 적다는 것을 스스로도 지적한 바 있다.

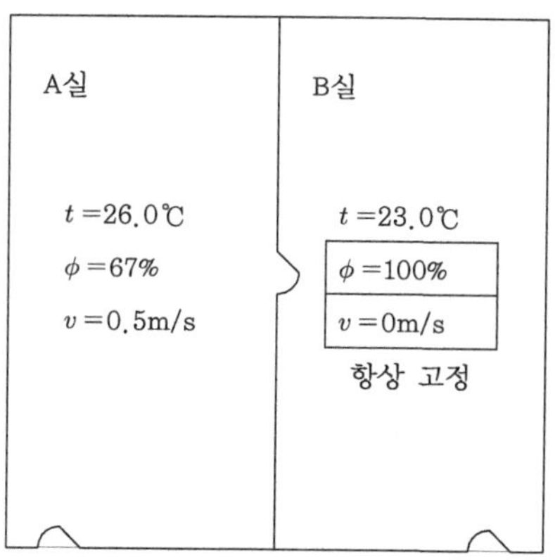

그림과 같은 기온, 습도, 풍속의 조합을 임의로 변화시키고 A실과 습도 100%, 무풍이 일정하고 기온이 임의설정하고 실과 연속한 2실에 있어서, 피험자를 처음에 B실에 들이고 A실로 이동하고, 다시 B실 방에서 양쪽 실에 있어서 동일한 온도를 가지는지를 알려주고 일련의 실험이 행해지고, 이것에 기초를 두고 A실의 상태와 동일한 온감을 살린 B실의 기온을 유효온도라 한다.

그림 2.30 유효온도를 구하는 실험

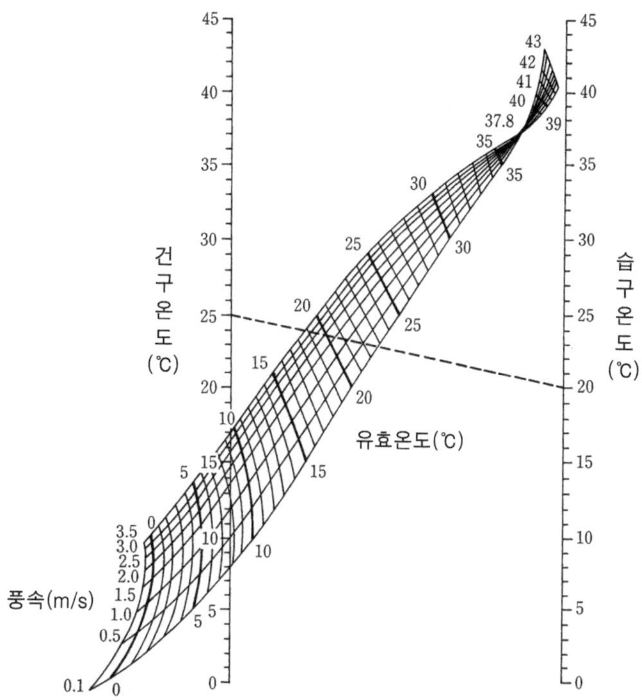

그림 2.31 유효온도도

☆ ET : effective temperature를 줄여서 ET라고 한다.

〈유효온도 구하는 방법〉 그림 2.31에서 건구온도를 25℃, 습구온도를 20℃로 하면 이 둘을 연결한 선과 풍속 0.5m/s인 선의 교점으로부터 유효온도는 약 22℃가 된다. 또한 풍속 1.0m/s인 경우에는 21.4℃가 되며, 풍속 2.0m/s인 경우에는 20℃로 하강한다. 이와 같이 37.8℃까지는 풍속이 증가됨과 동시에 유효온도가 떨어지지만, 37.8℃ 이상이 되면 반대로 풍속이 증가될수록 유효온도는 높아진다.

2) 수정유효온도

주위 벽면의 온도가 신체표면보다 낮으면 사람으로부터 주위 벽면으로 향하는 복사의 속도가 빨라져 춥게 느끼고, 반대로 주위 벽면의 온도가 높을 경우에는 그만큼 따뜻함을 느끼게 된다. 뜨거운 벽면과 찬 벽면이 체감에 미치는 영향은 크므로 벽면의 온도가 온열감에 영향을 미치는 계절이나 겨울철에는 유효온도에 복사를 더한 수정유효온도(CET*)가 이용된다. 수정유효온도는 글로브 온도를 건구온도 대신 사용하고, 상당습구온도를 습구온도 대신 사용하며, 그림 2.32(a)(b)에서 구해진다.

〈수정유효온도 구하는 방법〉 건구온도 25℃, 습구온도 20.5℃, 기류 0.5m/s, 글로브 온도 30℃일 때의 수정유효온도는 그림 2.32(a)에 의해 건구온도 25℃를 나타내는 선과 습구온도 20.5℃인 선의 교점을 오른쪽에 수평으로 잡고, 글로브 온도 30℃를 나타내는 직선과의 교점에서 상당습구온도 22℃를 구한다. 다음에 그림 2.32(b)에서 글로브 온도 30℃와 상당습구온도 22℃를 이은 직선과 기류 0.5m/s인 곡선의 교점에서 수정유효온도 25.3℃를 구한다.*

연습문제

〈2-1〉 여름철에 상의를 입은 상태에서 건구온도 23℃, 습구온도 19℃, 기류 0.5m/s일 경우 유효온도는 몇 ℃인가? 또한 쾌적범위인지 아닌지 판정하시오.

〈2-2〉 건구온도 20℃, 습구온도 18.5℃, 기류 0.5m/s, 글로브 온도 26℃일 경우 수정유효온도는 몇 ℃가 되는가?

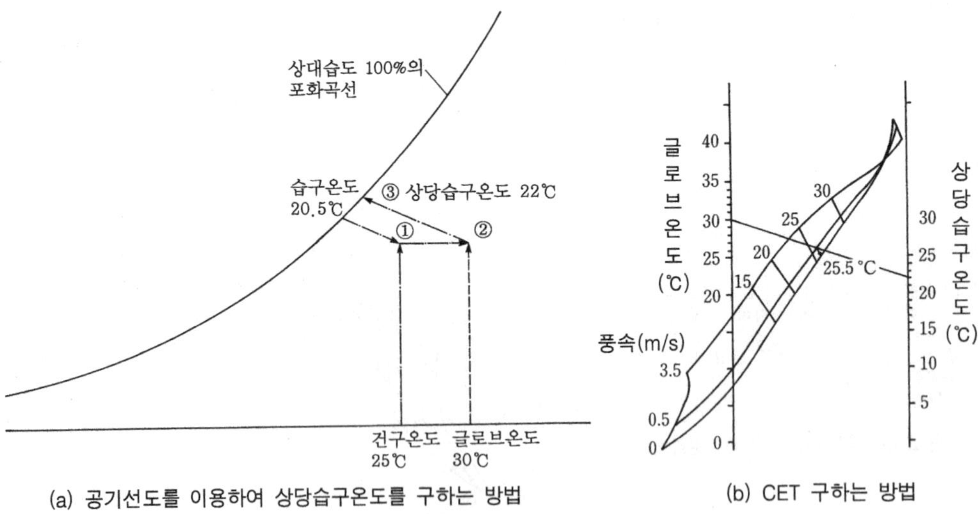

(a) 공기선도를 이용하여 상당습구온도를 구하는 방법　　(b) CET 구하는 방법

그림 2.32 수정유효온도를 구하는 그림

* CET : corrected effective temperature를 줄여서 CET라고 한다.

3) 신유효온도

신유효온도 ET*[☆1]은 1971년 게이지 등에 의해 제안되어 다음 해에 ASHRAE[☆2]에 채택된 지표로, 온열환경의 주요소인 기온, 습도, 복사, 기류에 인체의 착의량, 대사량을 더한 6가지 요소를 변수로 하고 있다. 신유효온도는 앉은 상태에서 착의량 0.6clo(클로[☆3]), 정온한 기류(0.5m/s 이하)를 기준으로 했을 경우 그림 2.33에 나타낸 방법으로 공기선도의 상대습도 50%일 때의 실온으로 나타낸다. 이를 표준신유효온도라 한다.

그림의 사선부분과 같이 ET*가 22.0~25.5℃, 절대습도 0.0042~0.012kg/kg', 즉 대략 실온이 22.9~25.2℃, 상대습도 20~60%의 범위가 쾌적범위이다.

겨울철에 단열성이 매우 좋지 않은 건축물, 여름철에 큰 열선흡수유리를 이용한 건축물 등에서 실온 t와 평균방사온도(MRT[☆4])가 크게 다를 경우에는 실온 대신 작용온도를 이용하여 ET*를 읽어내면 된다.

그림 2.34는 실온과 평균복사온도가 같은 환경에서 실온과 그에 대하여 필요한 착의량 관계가 나타나 있다. ASHRAE의 쾌적범위는 ET*22.2~25.7℃이다. 착의량 1clo일 경우 허용범위를 만족시키는 실온의 범위는 19.5~23.4℃이다.

그림 2.35는 작업량의 영향을 나타낸 것으로, 착의량 0.5clo, 상대습도 50%하에서 작업 정도에 따른 쾌적한 실온과 기류속도의 조합을 나타낸 것이다.

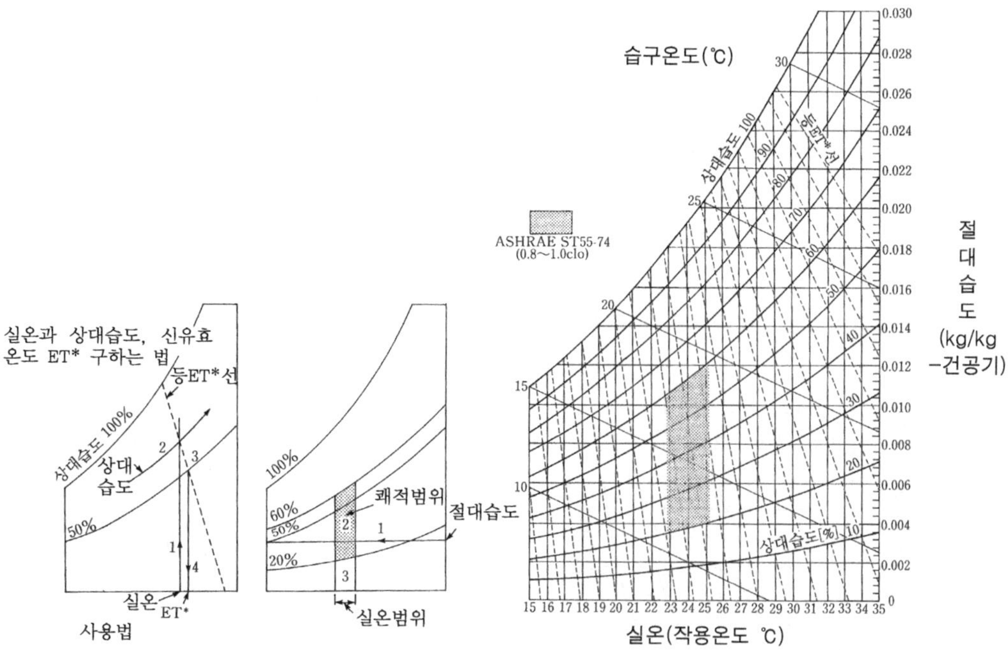

그림 2.33 신유효온도도 ET*

☆1 ET* : 종래의 ET와 구별하기 위해 ET*로 표시한다(*는 스타라고 읽음).

☆2 ASHRAE : American Society Heating Refrigerating and Air-conditioning Engineers(미국냉난방공조학회)

☆3 클로 : clo. 1 clo의 의복이란 기온 21.2℃, 상대습도 50%, 기류속도 0.1m/s의 조건으로 의자에 편안한 자세로 앉아 쾌적하다고 느끼는 의복의 열저항 상태를 나타낸다. 옷을 안 입은 상태는 0 clo이며, 남자가 양복을 입은 상태가 1.0 clo, 여름철 반소매 셔츠차림은 0.6 clo 정도이다.

☆4 MRT : Mean Radiant Temperature

4) PMV(예상평균온열감)

PMV*1은 1970년에 덴마크의 Fanger가 제안하여 1984년 국제규격(ISO-7730)이 된 온열지표이다. PMV는 온열환경의 4요소에 착의와 대사량을 더한 6가지 요소의 함수로서 다음 식으로 나타낸다.

$$\text{PMV} = (0.303e^{-0.036M} + 0.028)(M - E - R - C) \quad \cdots\cdots (2.7)$$

앞 식에서, M, E, R, C 는 식 (2-6)과 같은 것으로 온열 6요소를 반영하고 있다. 많은 피험자를 대상으로 한 실험에 의해 산출된 PMV의 값과 온열감각이 관련되어 있다. 어느 일정 PMV값에 대하여 몇 %의 사람이 불만을 느끼는지를 나타낸 것이 PPD*2이며, 그림 2.36에 PMV와 PPD의 관계를 나타낸다.

ISO-7730에서는 PMV가 피험자의 체감신고를 기초로 환경조건을 +2에서 -2까지의 5단계로 평가하여 -0.5<PMV<+0.5, 즉 PPD가 10% 이하인 경우를 쾌적권장범위로 하고 있다. 이는 사무작업을 가정한 작업량 0.2Met일 경우 여름철에는 착의량 0.5clo, 습도 60%에서 작용온도(OT) 23~26℃, 겨울철에는 착의량 1.0clo, 습도 40%에서 OT20~24℃에 해당한다.*3 PMV는 균일한 실내환경에 대하여 적용하고 있는 쾌적지표이다.

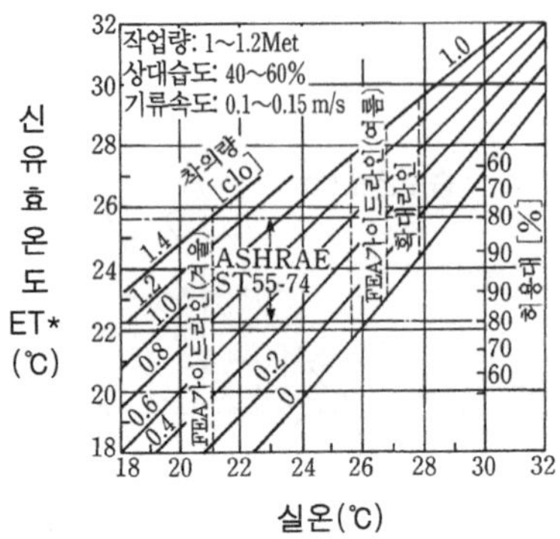

그림 2.34 신유효온도와 착의량의 영향

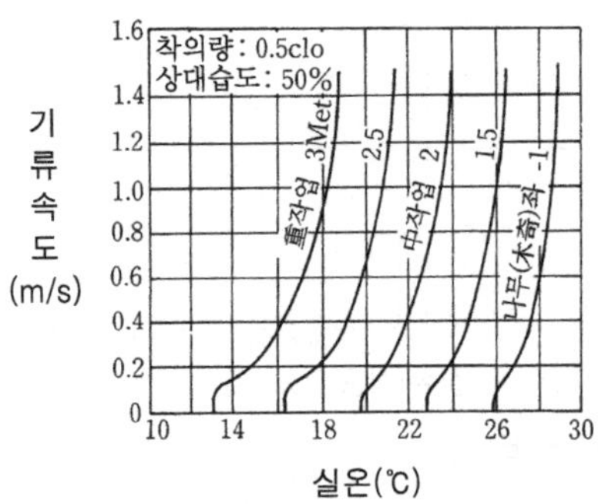

그림 2.35 신유효온도와 작업량의 영향

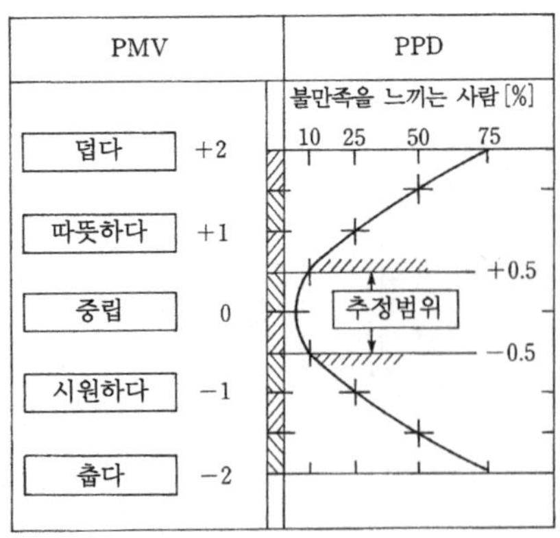

그림 2.36 PMV와 PPD의 관계

---

*1 PMV : Predicted Mean Vote

*2 PPD : Predicted Percent of Dissatisfied

*3 田中俊六 他 「最新 建築環境工學 改訂版」 (井上書院) p.45

III. 전열과 결로

3.1 전 열

1. 전열의 기초

열은 일반적으로 전도, 대류, 복사에 의해 온도가 높은 곳에서 낮은 곳으로 이동한다.

1) 전 도

전도란 물체 내의 열이동을 말한다. 어느 한 물체에 온도가 높은 물체가 접촉하면 온도가 높은 물체의 분자운동에너지가 온도가 낮은 물체의 분자에 에너지를 주며, 이것이 점차 인접한 분자운동을 자극하여 보다 높은 분자운동에너지 상태가 된다. 금속에는 그 안을 자유롭게 움직이는 전자(자유전자)가 있고, 열운동을 하고 있어 열을 잘 전도하는 특성이 있다(그림 3.1).

2) 대 류

대류란 유체가 자연적 또는 강제적으로 유동하는 것을 말한다. 전자를 자연대류라 하고, 후자를 강제대류라 하며, 일반적으로 열이동을 동반한다. 자연대류란 유체 내에 있는 온도차에 동반하여 발생하는 밀도차에 의한 유동이며, 강제대류란 자연풍이나 송풍기 등의 풍력에 의한 유동이다(그림 3.2).

3) 복 사

온도를 가지는 모든 물체는 열을 복사하고 있다. 이 복사열은 빛과 마찬가지로 전자파의 일종이며, 온도가 높아짐에 따라 파장이 짧은 복사선을 낸다. 물체는 방열에 의해 그 분자운동에너지를 잃으며, 그 결과 온도가 저하된다. 물체에서 복사되는 열량은 그 표면의 절대온도 4승에 비례한다는 스테판 · 볼츠먼(Stefan-Boltzmann)의 법칙이 있다. 온도차가 있는 두 물체의 복사에 의한 전달열량은 각각의 절대온도 4승의 차이에 비례하므로 온도차가 적어도 복사열의 전달은 크게 된다(그림 3.3).

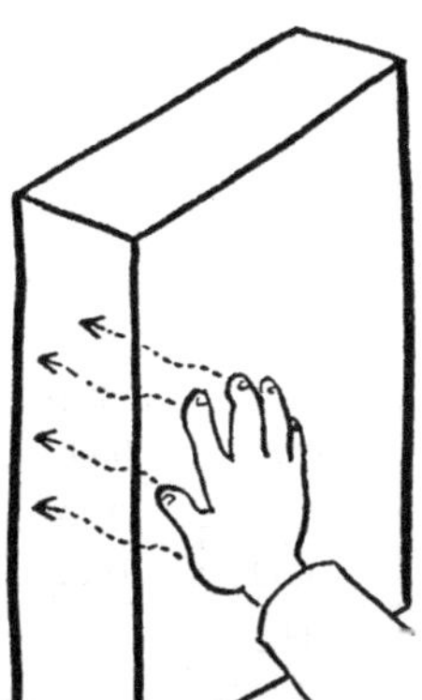

그림 3.1 전도

그림 3.2 대류

그림 3.3 방사

2. 열관류

열관류란 고온측의 공기로부터 벽체 표면으로의 열전달, 벽체 내의 열전도, 또한 벽체 표면에서 저온측 공기로의 열전달을 총합한 것이다. 따라서 건축물의 벽, 지붕, 바닥 등을 통한 열의 이동을 총합적으로 열관류라 한다(그림 3.4).

1) 열전도

열전도란 재료 내의 열의 이동을 말한다. 그림 3.5와 같이 두께 l[m]의 같은 재료로 만든 단층 평면벽 양면의 온도가 각각 t_1, t_2 [K]로 일정하게 유지되는 경우, 이 벽의 단위표면적[㎡]을 통해 면 1에서 면 2로 전도에 의해 전달되는 열류 q[w/㎡]는 다음과 같이 나타낼 수 있다.

$$q = \lambda \frac{t_1 - t_2}{l} \qquad (3\text{-}1)$$

비례정수 λ는 재료의 열전도율[W/(m · K)]이며, 재료의 열이 전달되기 쉬움을 나타내는 재료 고유의 값이고, 이것의 역수를 열전도비저항이라 한다. λ의 값은 표 3.1에 나타낸 바와 같이 재료의 밀도와 관계가 많다. 일반적으로 비중량이 클수록 λ의 값은 커지고, 열은 전하기 쉽게 된다.

재료의 열전도율은 온도에 따라 변화하고, 상온에서 100℃ 정도까지는 대부분의 재료에서 온도상승에 비례하여 열전도율이 증가하는 경향이 있다.

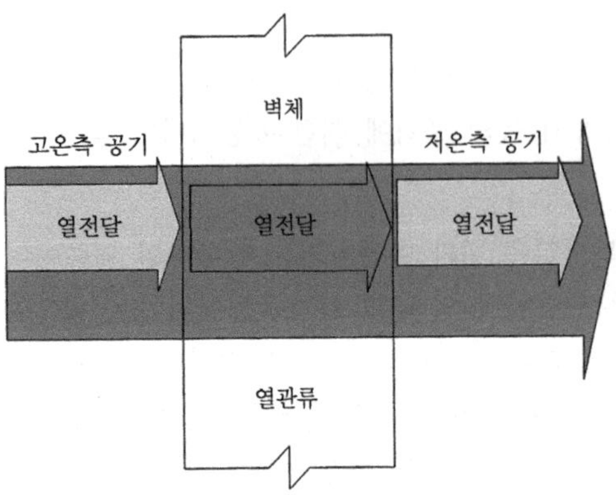

그림 3.4 전열과정

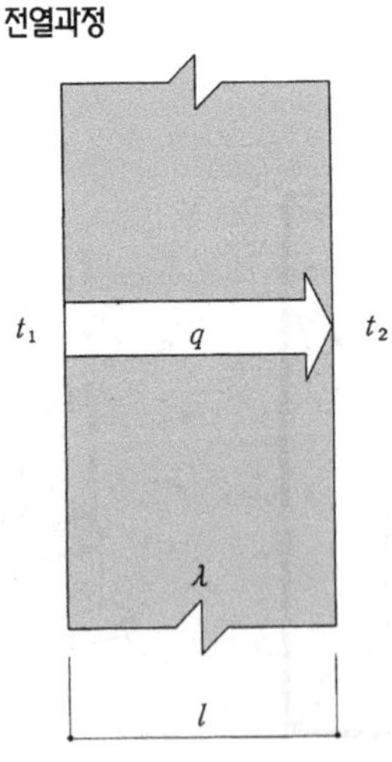

그림 3.5 단층평면벽의 열전도

표 3.1 건축재료의 열정수(λ값이 20℃인 경우로 한다.)

분 류	재 료	비중량 ρ [kg/㎥]	열전도율 λ [W/m·K] 건조	습윤 (80%)
금속 · 유리	강재	7860	45	45
	알루미늄 및 그 합금	2700	210	210
	판유리	2540	0.78	0.78
시멘트 · 돌	ALC철근인공경량	600	0.15	0.17
	골재콘크리트판	1600	0.65	0.80
	굵은자갈콘크리트	2200	1.1	1.4
	PC콘크리트	2400	1.3	1.5
	모르타르	2000	1.3	1.5
	플라스터	1950	0.62	0.8
	벽돌 · 슬레이트	2000	0.96	1.0
흙 · 다다미	경벽	1300	0.68	0.8
	섬유질마감재	500	0.12	0.15
	다다미	230	0.11	0.15
	카펫류	400	0.073	0.08
섬유재	글라스울 보온판	10~96	0.051~0.035	0.056~0.039
	암면보온대	40~160	0.038	0.042
	흡착석면	1200	0.46	0.051
목질재	합판	550	0.15	0.18
	목재	400	0.12	0.14
기타	물	998	0.6	–
	얼음	917	2.2	–
	눈	100	0.06	–
	공기	1.3	0.022	–

2) 열전달

고체의 표면과 이에 접하는 유체와의 사이에 일어나는 열의 이동, 다시 말해서 벽체 표면에서 공기로 또는 공기에서 벽체 표면으로의 전열현상을 열전달이라 한다(그림 3.6).

벽에 공기가 접촉하고 있는 경우 벽면은 어느 정도의 두께로 경계층이라 불리는 공기의 이동이 없는 층이 있다. 벽면으로부터 떨어짐과 동시에 속도가 증가하고, 경계층 외에서는 공기가 일정 속도로 대류한다. 따라서 벽 표면으로부터는 경계층 내의 공기 열전도와 경계층 외의 공기 대류 및 복사에 의해 열이 전달된다. 열전달에는 공기(유체)의 대류에 의한 대류열전달과 열복사에 의한 복사열전달이 있으며, 이를 총칭하여 총합열전달이라 한다. 일반적으로 열전달이라 하면 총합열전달을 뜻한다.

기온 t_1인 공기로부터 벽 표면온도 t_2로의 열이동에 의해 전달되는 열류 q는 공기와 표면의 온도차에 비례하며, 다음 식으로 나타낼 수 있다.

$$q = \alpha(t_1 - t_2) \quad \cdots\cdots (3\text{-}2)$$

윗 식의 비례정수 α를 열전달률[W/(m² · K)]이라 하고, α의 역수를 열전달저항이라 한다.

대류열전달률 α_c는 그림 3.7과 같이 경계층의 두께 d에 의해 정해진다. 유속 v[m/s]가 크면 d는 작아지고 α_c는 커진다. 예를 들어 $v = 0.5$m/s 인 실내기류에 접한 내표면의 α_c는 2.5~3.5W/(m² · K)인 것에 대해 $v = 3$m/s 의 바람을 받는 외표면은 18W/(m² · K) 전후가 된다.

복사열전달률 α_r은 5W/(m² · K) 정도의 값이므로 총합열전달률의 값은 평균온도에 따라 다르지만 대략 표 3.2와 같이 된다.

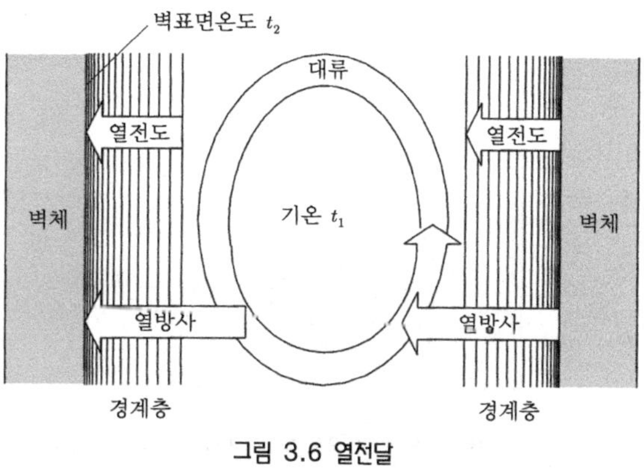

그림 3.6 열전달

표 3.2 설계용 열전도

		열전달률	열전달저항
실내측	수직면 · 수평면 (열류상향)	8.1~9.3	0.107~0.123
	수평면 (열류하향)	5.8	0.172
	전표면에 일정 값을 사용할 경우	8.1~9.3	0.107~0.123
외기측	풍속 3~6m/s	23.3~34.9	0.029~0.043

3) 열관류율과 열관류량

그림 3.8과 같이 3층 벽의 양측 기온을 각각 t_i, t_o, 열전달률을 α_i, α_o, 각층의 두께를 l_1, l_2, l_3, 각 열전도율을 λ_1, λ_2, λ_3 로 하면 다음과 같이 열류를 구할 수 있다.

$$\left.\begin{aligned} q_1 &= \alpha_i(t_i - t_1) && \text{①의 벽에 대한 열전달량} \\ q_2 &= \frac{\lambda_1}{l_1}(t_1 - t_2) && \text{①의 벽의 열전도량} \\ q_3 &= \frac{\lambda_2}{l_2}(t_2 - t_3) && \text{②의 벽의 열전도량} \\ q_4 &= \frac{\lambda_3}{l_3}(t_3 - t_4) && \text{③의 벽의 열전도량} \\ q_5 &= \alpha_o(t_4 - t_o) && \text{③의 벽으로부터의 열전달량} \end{aligned}\right\} \qquad (3\text{-}3)$$

정상 상태인 경우 각층을 통과하는 열류는 모두 같아야 하므로

$$q_1 = q_2 = q_3 = q_4 = q_5 = q$$

가 되어, $t_1 \sim t_4$ 를 소거하면 q는 다음 식과 같이 된다.

$$q = K(t_i - t_o) \qquad (3\text{-}4)$$

$$K = \cfrac{1}{\cfrac{1}{a_i} + \cfrac{l_1}{\lambda_1} + \cfrac{l_2}{\lambda_2} + \cfrac{l_3}{\lambda_3} + \cfrac{1}{\alpha_o}} \qquad (3\text{-}5)$$

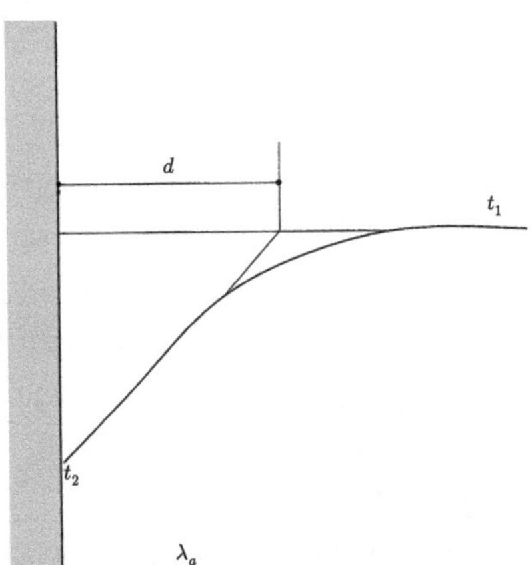

그림 3.7 열경계층

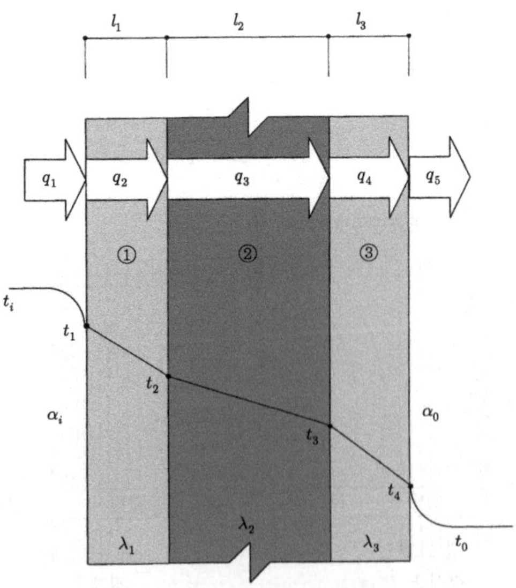

그림 3.8 벽의 온도분포와 열류

비례계수 K는 열관류율[W/(㎡ · K)]이라 한다.

벽이 n층에서 구성되어 있는 경우 열관류율은 3층 벽인 경우와 마찬가지로 다음 식과 같이 된다.

$$K = \frac{1}{\frac{1}{\alpha_i} + \sum_{k=1}^{n} \frac{l_k}{\lambda_k} + \frac{1}{\alpha_o}} \quad \cdots\cdots (3\text{-}6)$$

$\frac{l_k}{\lambda_k}$를 벽을 구성하는 각 재료부분의 열전도저항[㎡ · K/W], $\frac{1}{\alpha_i}$, $\frac{1}{\alpha_o}$를 각각 실내측 i의 열전달저항 [㎡ · K/W], 외기측 o의 열전달저항이라 한다.

여기서, $\frac{l_k}{\lambda_k} = r_k (k=1,\ 2,\ \cdots,\ n)$, $\frac{1}{\alpha_i} = r_i$, $\frac{1}{\alpha_o} = r_o$ 로 두면,

$$K = \frac{1}{r_i + \sum_{k=1}^{n} r_k + r_o} = \frac{1}{R} \quad \cdots\cdots (3\text{-}7)$$

$R = \frac{1}{K}$을 벽의 열관류저항[㎡ · K/W]이라 한다. 식 (3-3), (3-4)를 열저항으로 표현하면 다음과 같이 된다.

$$q = \frac{t_i - t_1}{r_i} = \frac{t_1 - t_2}{r_1} = \frac{t_2 - t_3}{r_2} = \frac{t_3 - t_4}{r_3} = \frac{t_4 - t_o}{r_o} = \frac{t_i - t_o}{R} \quad \cdots\cdots (3\text{-}8)$$

이는 벽을 열저항비로 표시하면 벽 내부의 온도분포가 직선이 되는 것을 나타내고 있다(그림 3.9(a)). 면적 S인 벽을 통하는 열류 Q[W]는 다음 식으로 구할 수 있다.

$$Q = KS(t_i - t_o) \quad \cdots\cdots (3\text{-}9)$$

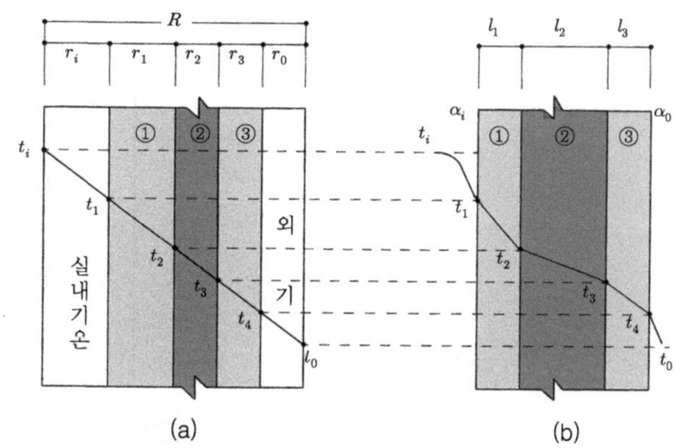

그림 3.9 벽의 열저항과 온도분포

【예제 1】 그림 3.10과 같은 벽의 열관류율을 구하고, 외기온 30℃, 실내기온 25℃, 벽면적을 40㎡로 했을 때의 열관류량을 구하시오(여름철 시가지인 경우로 한다).

【해 답】 표 3.2에서 $\alpha_i = 9\ \mathrm{W/(m^2 \cdot K)}$ $\alpha_o = 23\mathrm{W/(m^2 \cdot K)}$로 한다.

표 3.1에서 모르타르 : $\lambda_1 = 1.3\mathrm{W/(m{\cdot}K)}$ 재료두께 : $l = 0.04\mathrm{m}$

콘크리트 : $\lambda_2 = 1.1\mathrm{W/(m{\cdot}K)}$ 재료두께 : $l = 0.18\mathrm{m}$

플라스터 : $\lambda_3 = 0.62\mathrm{W/(m{\cdot}K)}$ 재료두께 : $l = 0.025\mathrm{m}$

이들을 식 (3-5)에 대입하면 열관류율 K는

$$K = \frac{1}{\frac{1}{9} + \frac{0.04}{1.3} + \frac{0.18}{1.1} + \frac{0.025}{0.62} + \frac{1}{23}}$$

$$= \frac{1}{0.111 + 0.031 + 0.164 + 0.04 + 0.043}$$

$$= 2.57\ \mathrm{W/(m^2 \cdot K)}$$

식 (3-9)에 $K = 2.57$ 을 대입하면 열관류량 Q는

$$Q = 2.57 \times 40 \times (30 - 25) = 514\mathrm{W}$$

연습문제

〈3-1〉 다음 그림의 외벽(면적 40㎡)에서 외기온을 0℃, 실내기온을 20℃로 했을 때의 열관류량을 구하시오.

$\alpha_i = 9\ \mathrm{W/(m^2 \cdot K)}$ $\alpha_o = 23\mathrm{W/(m^2 \cdot K)}$

모르타르 : $\lambda_1 = 1.3\mathrm{W/(m{\cdot}K)}$ $l = 0.04\mathrm{m}$

콘크리트 : $\lambda_2 = 1.1\mathrm{W/(m{\cdot}K)}$ $l = 0.18\mathrm{m}$

플라스터 : $\lambda_3 = 0.62\mathrm{W/(m{\cdot}K)}$ $l = 0.025\mathrm{m}$

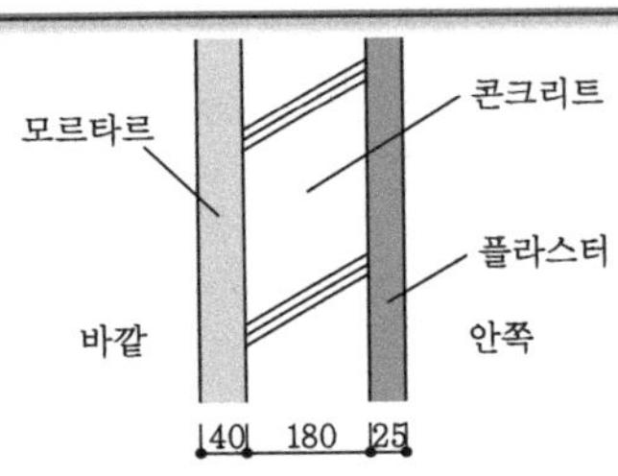

연습문제

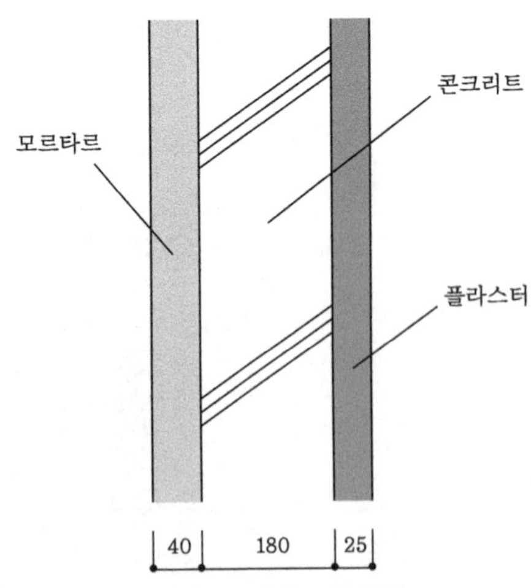

그림 3.10 예제 1의 그림

3. 단 열

1) 단열재와 그 효과

건축재료는 대부분의 실질부와 공극으로 구성된다. 공극을 채우는 정지공기의 열전도율은 상온에서 0.222W/(m · K)이므로 공기가 정지하고 있을 정도로 작은 공극이 많은 재료일수록 열전도율은 일반적으로 작아진다. 예를 들면 유리의 열전도율은 0.78W/(m · K)이지만, 유리섬유로 되어 있는 글라스울은 공극을 많이 포함하기 때문에 열전도율은 0.035~0.051W/(m · K)이다. 표 3.1의 섬유재료와 같이 열전도율의 값이 0.1W/(m · K) 미만인 것으로 벽 등의 열관류율을 낮추기 위해 사용되는 재료를 단열재라 한다.

열전도율은 재료의 함수율에 따라서도 크게 다르다. 물의 열전도율은 약 0.6W/(m · K)로 크고, 재료가 물을 흡수하면 재료 내의 공기가 물로 치환되므로 재료의 열전도율은 커지므로 단열효과가 나빠지게 된다.

단열재료에는 그림 3.11과 같은 사용온도 범위가 있으며, 적절한 재료선택과 시공이 이루어지지 않으면 수축 · 용융 등으로 열전도율이 증가한다.

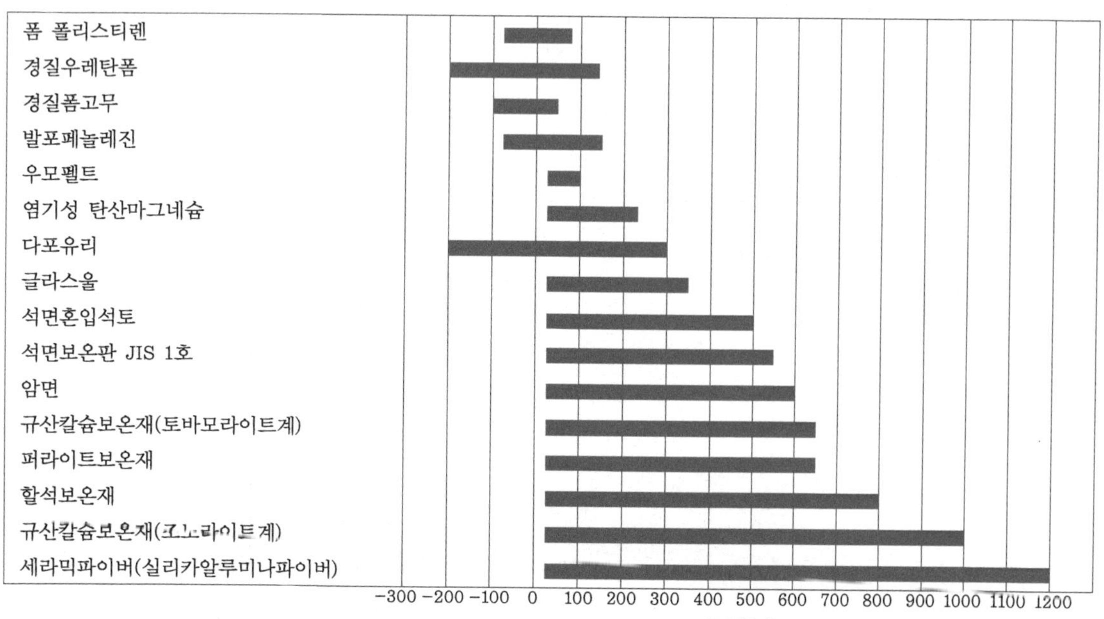

그림 3.11 각종 단열재의 사용온도범위(그림 안의 제목 순서대로)

【예제 2】 예제 1의 벽에 두께 30mm의 글라스울판과 5mm의 합판을 부착했다. 그림 3.12에 나타낸 벽의 열관류율과 열관류량은 어떻게 변화하는가?

【해 답】 표 3.2에서 $\alpha_i = 9\,\mathrm{W/(m^2 \cdot K)}$ $\alpha_o = 23\mathrm{W/(m^2 \cdot K)}$

표 3.1에서 모르타르 : $\lambda_1 = 1.3\mathrm{W/(m{\cdot}K)}$ 재료두께 : $l = 0.04\mathrm{m}$

콘크리트 : $\lambda_2 = 1.1\mathrm{W/(m{\cdot}K)}$ 재료두께 : $l = 0.18\mathrm{m}$

글라스울 : $\lambda_3 = 0.051\mathrm{W/(m{\cdot}K)}$ 재료두께 : $l = 0.03\mathrm{m}$

합 판 : $\lambda_4 = 0.18\mathrm{W/(m{\cdot}K)}$ 판두께 : $l = 0.005\mathrm{m}$

이들을 식 (3-5)에 대입하면 열관류율 K는

$$K = \frac{1}{\frac{1}{9} + \frac{0.04}{1.3} + \frac{0.18}{1.1} + \frac{0.03}{0.051} + \frac{0.005}{0.18} + \frac{1}{23}}$$

$$= \frac{1}{0.111 + 0.031 + 0.164 + 0.588 + 0.028 + 0.043}$$

$$= 1.04\ \mathrm{W/(m^2 \cdot K)}$$

식 (3-9)에 $K = 1.04$ 를 대입하면 열관류량 Q는

$$Q = 1.04 \times 40 \times (30 - 25) = 208\mathrm{W}$$

따라서 동일한 벽에 단열재를 대면 열관류량이 514W에서 208W와 1/2 이하가 된다.

연습문제

〈3-2〉 겨울철 교외에서 다음 그림의 외벽 열관류율 및 열관류량을 구하시오. 단, 외기온 2℃, 실내기온 20℃, 외벽면적 40㎡로 한다.

$\alpha_i = 9\,\mathrm{W/(m^2 \cdot K)}$ $\alpha_o = 41\mathrm{W/(m^2 \cdot K)}$

모르타르 : $\lambda_1 = 1.3\mathrm{W/(m{\cdot}K)}$ $l_1 = 0.04\mathrm{m}$

콘크리트 : $\lambda_2 = 1.1\mathrm{W/(m{\cdot}K)}$ $l_2 = 0.18\mathrm{m}$

글라스울판 : $\lambda_3 = 0.051\mathrm{W/(m{\cdot}K)}$ $l_3 = 0.03\mathrm{m}$

합 판 : $\lambda_4 = 0.18\mathrm{W/(m{\cdot}K)}$ $l_4 = 0.005\mathrm{m}$

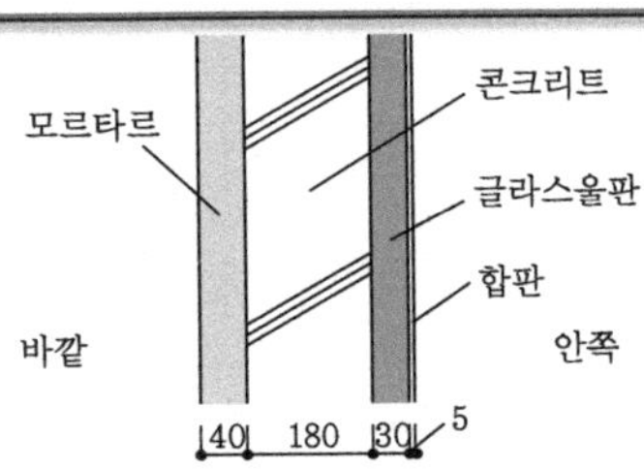

연습문제

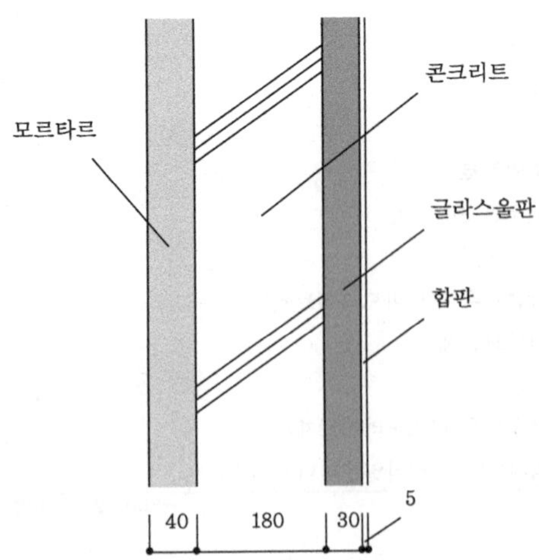

그림 3.12 예제 2의 그림

【예제 3】 그림 3.13에 나타낸 벽면의 열관류율 및 열관류량을 구하시오. 단, 창의 면적은 벽면적의 1/4이며, 열관류율 6W/(㎡ · K)인 유리를 끼워넣는 것으로 한다.

【해 답】 전체의 열관류율 K는

$$K = 1.04 \times \frac{3}{4} + 6 \times \frac{1}{4}$$
$$= 0.78 + 1.5$$
$$= 2.28 \text{ W/(m}^2 \cdot \text{K)}$$

식(3-9)에 $K = 2.28$, 외벽면적 40㎡(창을 포함), 외기온 30℃, 실내기온 25℃를 대입하면 열관류량 Q는

$$Q = 2.28 \times 40 \times (30 - 25) = 456\text{W}$$

전체 열관류율은 창이 없는 경우(예제 2)에 비해 약 2.2배가 되므로 보온을 중시하는 건축물은 가능한 한 작은 창으로 할 필요가 있다.

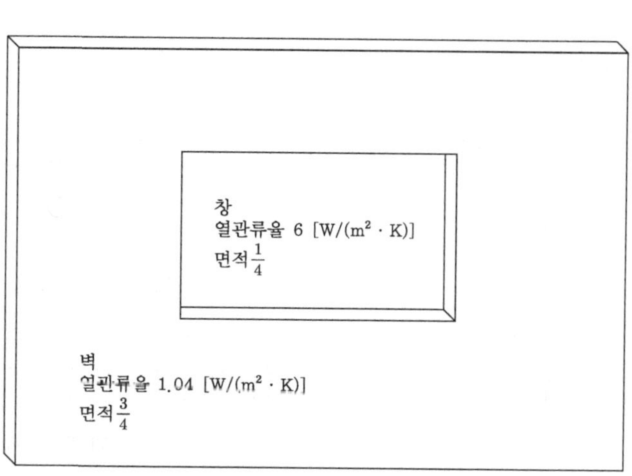

그림 3.13 예제 3의 그림

2) 중공층의 단열효과

구조체에 나무를 매개로 보드 등을 부착할 경우 구조체와 보드 사이에 몇 cm 정도의 공기층이 생긴다. 이러한 건축물의 주위벽 내에 생기는 공기층을 중공층이라 한다. 중공층은 그림 3.14에 나타낸 바와 같이 경계층과 대류층으로 구성된다. 경계층의 두께 δ는 공기의 점성과 유속으로 결정된다.

중공층 내의 열이동은 그림 3.14와 같이 경계층 내의 전도와 대류층 내의 대류 및 중공층 내 표면간의 복사에 의해 일어난다. 대류가 발생하기 어려운 중공층에서는 주로 복사와 전도로 전열하는데, 중공층내 표면간의 온도차가 작으므로 복사에 의한 전열량이 작고, 공기층의 열전도율이 적으므로 중공층의 열전달량이 작다. 중공층의 열저항은 대류가 일어나지 않는 범위의 두께에서는 매우 크고, 1cm 두께의 글라스울이나 석면의 열전도저항에 가까워진다. 그러나 중공층이 너무 좁으면 공기 자체의 열전도저항이 작아져 중공층의 열저항도 극도로 저하되므로 주의를 요한다. 반대로 중공층의 두께가 커져도 대류가 동반되어 열의 이동이 생기므로 그림 3.15와 같이 열저항값이 증가한다고는 할 수 없다.

중공층을 사용함으로써 벽의 단열성을 비교적 용이하게 높일 수 있는데, 중공층의 한 쪽 면에 알루미늄박을 부착하여 복사열을 차단하면 단열효과는 더욱 향상된다. 또한 1층의 중공층을 설치하는 것 보다는 그 반 정도 두께의 중공층을 2층 정도로 설치하는 것이 열저항이 약 2배가 되어 단열면에서도 더욱 유리해진다. 복층유리(페어글라스)는 중공층에 의한 단열효과를 기대한 것으로서, 유리는 일사를 통과시키므로 바깥측의 유리를 열선반사유리로 하거나, 루버나 블라인드를 사용함으로써 단열효과를 더욱 높일 수 있다.

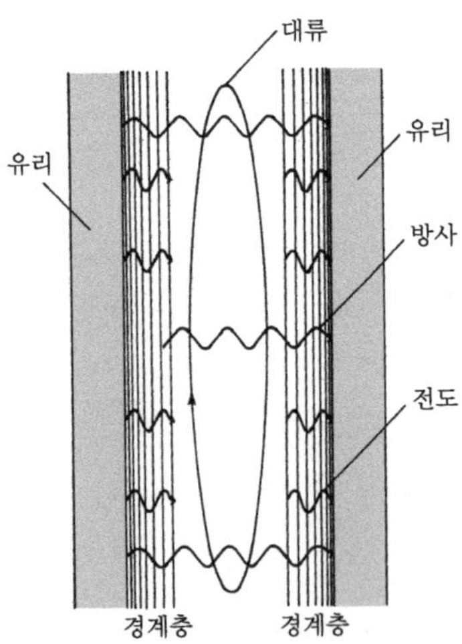

그림 3.14 중공층의 열의 이동

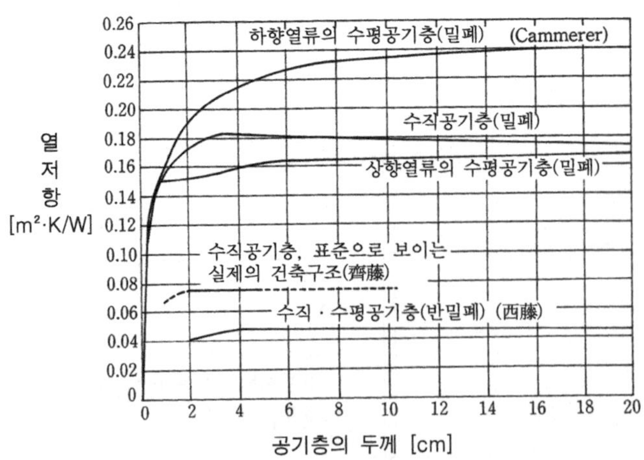

그림 3.15 공기층의 두께와 열저항의 관계

【예제 4】 예제 1의 내벽 플라스터 대신에 그림 3.16과 같은 공기층을 설치했을 때 열관류율 및 열관류량을 구하시오.

【해 답】 표 3.2에서 $\alpha_i = 9\,\mathrm{W/(m^2 \cdot K)}$ $\alpha_o = 23\mathrm{W/(m^2 \cdot K)}$로 한다.

표 3.1에서 모르타르 : $\lambda_1 = 1.3\mathrm{W/(m \cdot K)}$ 재료두께 : $l = 0.04\mathrm{m}$

콘크리트 : $\lambda_2 = 1.1\mathrm{W/(m \cdot K)}$ 재료두께 : $l = 0.18\mathrm{m}$

공기층의 열전도저항 : 0.075㎡ · K/W로 한다.

합 판 : $\lambda_4 = 0.18\mathrm{W/(m \cdot K)}$ 재료두께 : $l = 0.012\mathrm{m}$

이들을 식 (3-5)에 대입하면 열관류율 K는

$$K = \frac{1}{\frac{1}{9} + \frac{0.04}{1.3} + \frac{0.18}{1.1} + 0.075 + \frac{0.012}{0.18} + \frac{1}{23}}$$

$$= \frac{1}{0.111 + 0.031 + 0.164 + 0.075 + 0.067 + 0.043}$$

$$= 2.04\ \mathrm{W/(m^2 \cdot K)}$$

식 (3-9)에 $K = 2.04$ 를 대입하면 열관류량 Q는

$$Q = 2.04 \times 40 \times (30 - 25) = 408\mathrm{W}$$

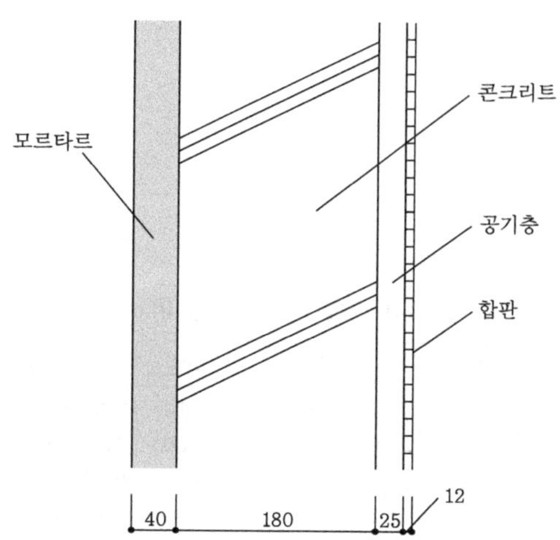

그림 3.16 예제 4의 그림

4. 축열과 실온변동

1) 열용량

건축재료는 외기온, 일사 등의 자연조건과 실내발생열에 의해 축열되어 실온에 큰 영향을 미친다. 여기에는 건축재료의 열용량이 크게 관련이 있다.

동일 질량의 물체에 같은 열량을 주어도 물질에 따라 상승온도는 다른데, 이는 물질의 비열 차이 때문이다. 비열이란 어떤 물질 1kg의 온도를 1K(1℃) 상승시키는데 필요한 열량을 말한다. 물(15℃)의 비열 4.19kJ/(kg · K)를 1로 가정하면 보통 콘크리트는 0.2~0.21이며, 아연도금철판은 0.11이다. 즉 같은 1kg의 온도를 1K 높이는 데 콘크리트의 경우 물의 약 1/5의 열량이면 충분하고, 아연도금철판의 경우는 약 1/10이면 충분해진다(표 3.3).

비열의 정의에서 알 수 있듯이 물체 전체의 온도를 1K 높이는 데 그 물체의 양(질량)이 관계된다. 질량 m[kg], 비열 c[kJ/(kg · K)]인 물체의 온도를 1K 높이는 데는 mc[kJ/K]의 열량이 필요하며, 이 열량을 그 물체의 열용량이라 한다. 열용량이 큰 물체의 온도를 높이는 데는 많은 열량이 필요한만큼 식힐 때도 많은 열을 발산시키게 된다. 따라서 열용량이 큰 물체는 뜨겁게 하기도 어렵고 식히기도 어렵다. 콘크리트의 비열은 별로 크지 않지만, 하나의 건축물에 사용되는 콘크리트의 양은 매우 많기 때문에 콘크리트조 건축물의 열용량은 매우 커진다.

표 3.3 각종 재료의 비열[kJ/kg · K]

재료	비열	재료	비열	재료	비열
강재	0.48	콘크리트	0.88	다다미	2.30
알루미늄	0.90	경량콘크리트	0.80	석면슬레이트	1.20
화강암	0.84	모르타르	0.80	암면	0.84
토벽(마감)	0.80	목재	1.30	글라스울	0.84
판유리	0.78	벽돌	0.84	물	4.20

2) 실온변동

건축물의 실온은 외기온 · 일사 등의 자연조건, 환기, 냉난방에 의한 실내로의 공급열, 조명, 인체 등에 의한 실내발생열이라는 안팎의 열적 조건의 작용을 받아 변동한다. 이 실온변동은 벽체의 열관류, 축열 및 환기에 의한 열이동 등의 영향을 포함하여 고려할 필요가 있다.

실내외의 온도차 1K에 대해서 주벽을 통과하는 열량과 환기에 의한 열손실량의 합계를 q[W/K]라 하고, 주벽 및 실내공기에 축열되는 열량의 합계를 Q[kJ/K]라 하면 실온변동률은 $\delta = q/Q$ 가 된다. δ가 크면 실온 상승 및 하강도 동시에 급격히 일어난다.

콘크리트 등과 같이 열용량이 큰 두꺼운 벽으로 둘러싸인 방은 외기온이나 일사의 영향을 많이 받지 않으므로 실온의 상승 · 하강이 완만하고 그 진폭도 작다. 또한 외기온의 최고 · 최저에 대하여 실온이 최고 · 최저에 달하는 시간은 매우 느리다.

그림 3.17(a)의 그래프는 실온의 변동률이 작고, 기밀성이 있으며, 열용량이 큰 벽으로 된 방의 특징을 잘 나타내고 있다. 실온의 상승 · 하강이 느리고, 변화가 적으므로 여름철의 실온은 낮에는 외기온에 비해 낮고, 밤에는 높아진다. 따라서 여름철의 밤에 열용량이 큰 벽의 방을 이용할 경우에는 창을 개방하여 외기를 유입함으로써 실온을 낮추는 것도 좋은 방법이다. 이는 반대로 그림 3.17(b)에 나타낸 것처럼 δ가 클 경우에는 여름철 낮에는 실온이 빨리 상승하고, 밤에는 빨리 하강한다.

예를 들어 벽이나 지붕에 아연도금철판 등을 사용한 건축물은 열용량이 너무 작으므로 일사수열에 의해 바로 고온이 되며, 실온 상승도 빨라진다. 따라서 여름철에 쾌적하게 지내기 위해서는 낮에는 열용량이 큰 벽의 방을 사용하고, 밤에는 열용량이 작은 벽의 방을 사용하는 것이 좋다.

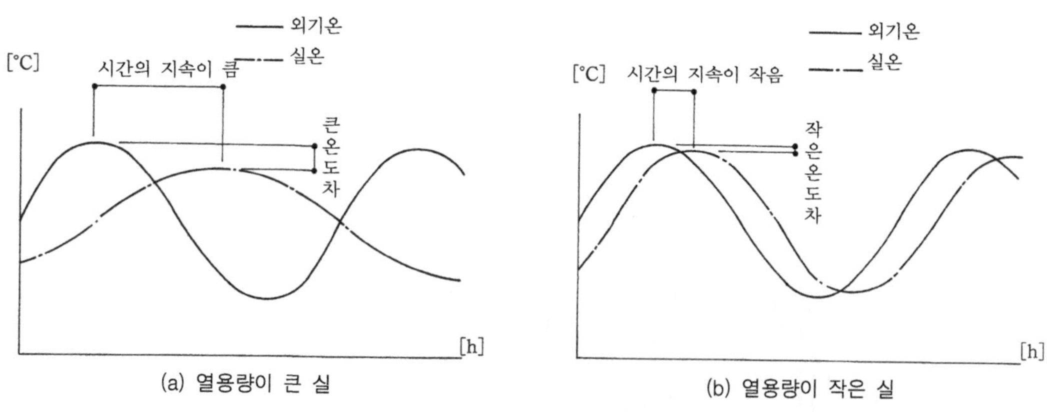

그림 3.17 외기온과 실온변화

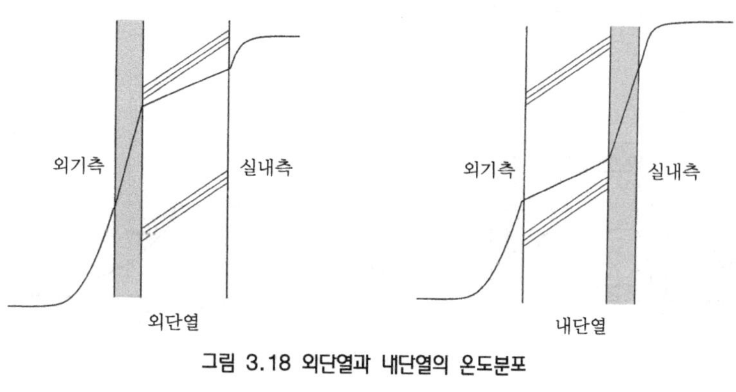

그림 3.18 외단열과 내단열의 온도분포

3) 외단열과 내단열

단열재를 구체의 바깥쪽에 설치하는 것을 외단열이라 하고, 안쪽에 설치하는 것을 내단열이라 한다. 목조와 같이 벽 사이에 단열재를 충진하거나 열용량이 비교적 작은 재료를 사용하는 경우에는 단열재의 위치가 문제되지 않으나 콘크리트 또는 이와 유사한 열용량이 비교적 큰 재료로 건축물의 벽이나 지붕 등을 건축하는 경우에는 외단열로 할 것인지 내단열로 할 것인지가 열환경에 크게 영향을 미친다. 내 · 외단열을 적절하게 구분하여 사용함으로써 열용량이 큰 부재로 축열된 열(여름철 밤의 냉기, 겨울철 낮의 온기)을 효과적으로 이용할 수 있다.

난방을 할 경우 외단열은 초기의 발생열이 구조체에 축열되기 때문에 실온이 늦게 상승되지만 난방을 정지한 후에도 방이 쉽게 차가워지지 않으며, 장시간에 걸쳐 방을 사용할 경우에는 효과가 더욱 지속된다. 반면, 내단열은 실온이 바로 상승하고 난방을 정지하면 다시 바로 하강하기 때문에 단시간에 방을 사용하는 경우에 적합하다(그림 3.19).

그림 3.18은 실내에서 열을 발생시켰을 경우 외단열과 내단열의 온도분포를 나타낸 것이다. 그림을 보면 겨울철에는 외단열이 내단열에 비해 벽체 내의 온도가 올라가므로 결로 대책 면에서도 유효하다는 것을 알 수 있다.

외단열의 경우 여름철에 외기측 표면의 온도변동은 커지고, 방수층의 신축을 심하게 하므로 재료선택에 유의할 필요가 있다.

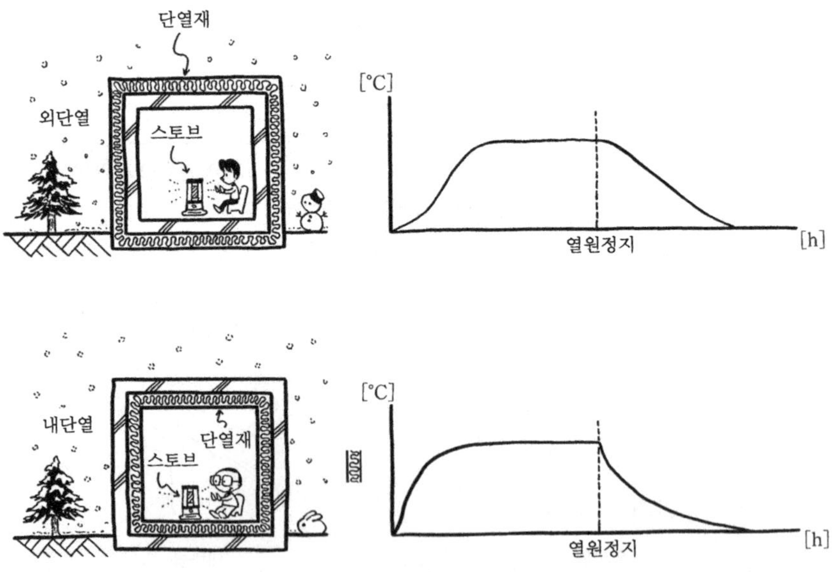

그림 3.19 외단열과 내단열

4) 축 열

축열이란 건축재료나 특별히 설치된 축열재에 열을 축적하는 것을 말하며, 이를 이용하여 일사에 의한 열과 보일러에서 발생시킨 열, 냉동기에 의한 냉열 등을 일시적으로 집적하고, 필요한 경우에 방열시킬 수 있다. 축열재에는 물이나 돌 같은 물질의 온도변화에 따른 열보유량의 변화를 이용하는 현열계 재료와 규산소다수화염이나 얼음처럼 융해열과 그 융점 전후의 잠열을 이용하는 잠열계 재료가 있다. 축열재료에 요구되는 특성은 다음과 같다.

① 열의 출입이 쉬울 것.

② 격납용기를 포함한 축열재료가 저렴하며, 단위축열량이 클 것.

③ 격납용기, 열교환기 등을 부식시키는 일이 없고 독성의 위험이 없을 것.

④ 자원이 풍부하며 계속해서 쉽게 구할 수 있을 것.

이들을 고려한다면 현열재료가 이용하기 쉽다.

그림 3.20은 두 축열체의 이용 예를 나타낸 것이다. 하나는 겨울철 저고도인 태양의 직달일사(directgain)를 열용량이 큰 벽돌이나 콘크리트의 내벽면에서 받아 축열시키고, 실내에 열을 복사하는 것이다. 또 하나는 실온에서 따뜻해진 공기를 바닥 밑의 암석층(rock bed)에 보내 축열시키고, 바닥면에서 실내로 열을 복사하는 것이다.

그림 3.21은 축열과 열매에 물을 이용한 예이다. 지붕 위의 집열기를 통과한 물을 태양열로 따뜻하게 하여 축열층에 축적한다. 축열수조에서 급탕과 공조용 온수를 얻을 수 있다. 이와 같이 축열조는 단열 및 보온을 시켜야 하므로 단열보온성이 높은 지중에 매입하는 경우가 많다.

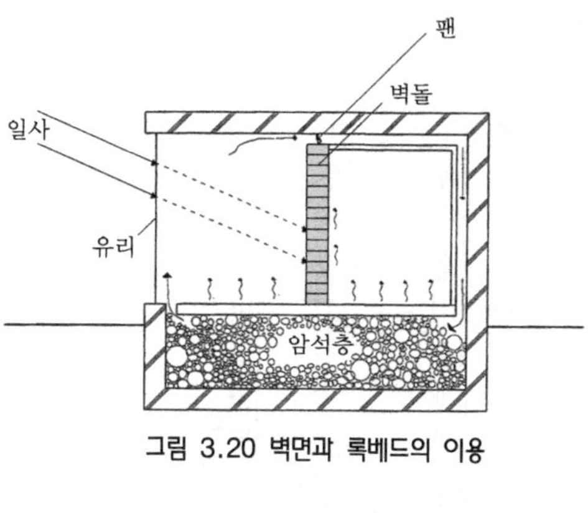

그림 3.20 벽면과 록베드의 이용

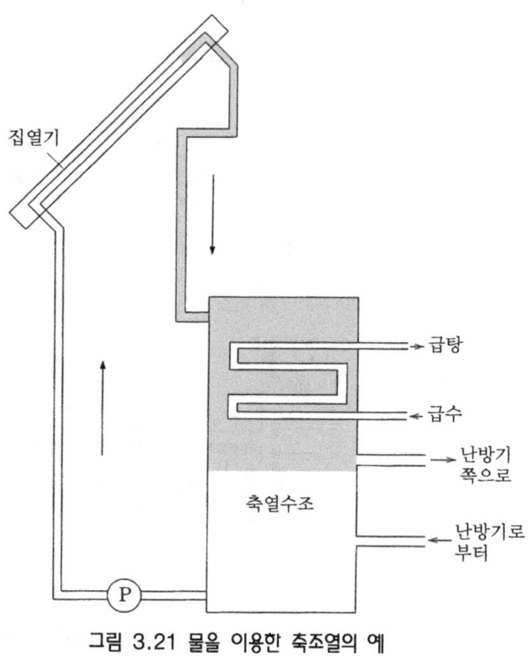

그림 3.21 물을 이용한 축조열의 예

그림 3.22는 태양열 주택의 실례를 나타낸 것이다. 겨울철에는 옥상면에서 집열한 공기를 덕트를 통해 축열콘크리트로 보내고, 바닥면에서 방열하여 난방한다. 충분한 일사가 확보되지 않을 경우에는 보조열원을 이용한다. 여름철에는 일사로 인해 더워진 다락방 속의 공기를 덕트를 통해 배기하고, 바닥 밑의 공기도 그 기류로 유인되어 배출되므로 바닥 밑 환기가 촉진된다. 배출되기 전의 열은 핸들링 유닛에 의해 온수로 열교환되어 이용된다.

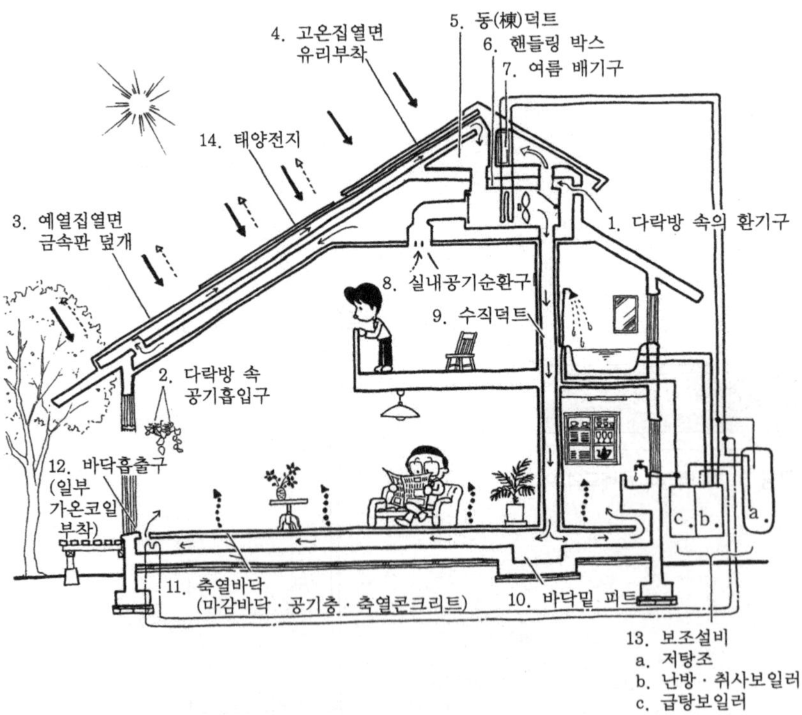

그림 3.22 태양열주택의 실례

3.2 결 로

1. 결로의 발생과 피해

1) 결로 발생의 메커니즘

겨울철 난방중인 실내의 유리창에 물방울이 생기는 경우가 있는데 이런 현상을 결로라 한다. 습기란 공기 중 또는 재료 중에 기체로 존재하는 수분을 말한다. 이 수증기를 포함한 공기를 습공기라 하며, 수증기를 포함하지 않는 공기를 건공기라 한다.

습공기를 서서히 냉각하면 공기 중의 수분이 수증기 형태로만 존재할 수 없는 한계에 이르는데, 이 공기를 포화공기라 한다. 이를 더욱 냉각시키면 수증기의 일부가 물방울이 되어 공기 중에 부유하게 된다. 이 물방울을 안개라 한다. 그림 3.23과 같이 실온 t[℃], 습도 w[%]인 공기는 공기선도상에서 P점의 위치에 있다. 이보다 저온인 고체 표면에 접촉하면 공기는 냉각되어 왼쪽방향으로 이동하고, 마침내 포화상태(P_d)에 이른다. 이때의 온도(t_d)를 노점온도라 한다. 표면온도(t_s)가 t_d보다 낮으면 공기는 더욱 냉각되어 과포화상태가 되는데, 이때 공기 중에 남아 있는 수증기는 표면에서 응결하여 물방울이 된다.

2) 결로의 종류

결로는 겨울철에 난방을 할 경우 외기에 면하는 유리에서 가장 많이 볼 수 있는 현상으로 단열성이 부족한 것이 원인이다(그림 3.24(a)). 또한 여름철에도 고온다습한 공기가 지하실 창고 등과 같은 저온인 공간에 유입되어 습도가 더욱 상승하고, 과포화상태가 되어 결로가 발생한다.

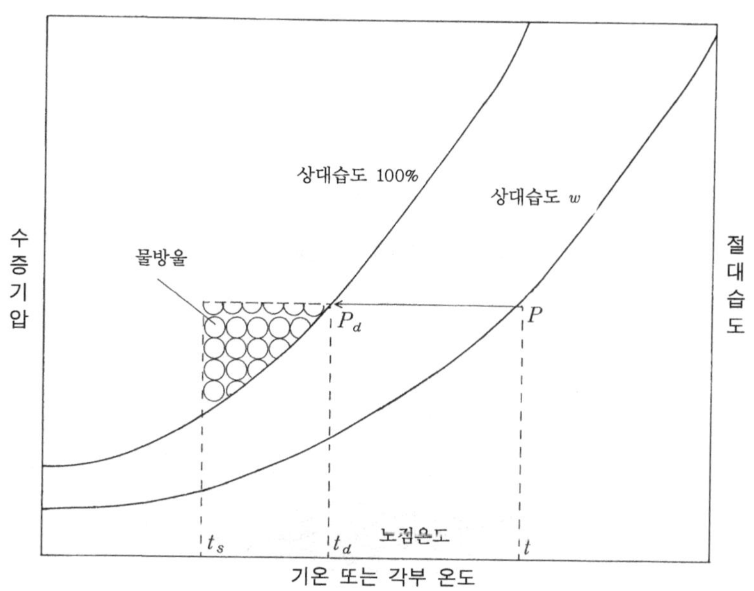

그림 3.23 공기선도에 의한 결로의 검토

또한 결로는 발생장소에 따라 표면결로와 내부결로로 구분된다. 일반적으로 벽체의 표면에 생기는 결로를 표면결로라 하며, 유리면과 같은 비투습성 벽체에는 결로가 표면에만 생긴다. 그러나 투습재료 벽면의 고온측에 유효한 방습층이 없는 경우는 습기가 벽체 내부에 침투하여 노점온도 이하인 부분에서 결로가 발생하는데, 이를 내부결로라 한다(그림 3.24(b)).

3) 결로의 피해

결로의 피해는 가구의 손상, 바닥의 미끄러움 등과 같은 경미한 것부터 곰팡이·진드기의 발생, 부패한 균에 의한 구조재의 손상과 같이 심각한 것까지 다양하다. 석고보드 천장에서 장선이 없는 부분은 장선이 있는 부분에 비해 열저항이 작아, 이 부분에 결로가 생겨 공기 중의 먼지가 부착되면 검게 더러워진다. 이를 얼룩무늬현상(라스마크)(그림 3.25)이라 한다.

부후균(腐朽菌)은 목재의 셀룰로오스나 리그닌을 영양분으로 하기 때문에 목재를 썩게 하고, 내구성을 현저하게 손상시키는 등의 피해를 가져온다. 일반적으로 목재의 함수율이 20%를 넘을 경우 부후균이 번식하기 쉬운 것으로 알려져 있으며, 주택에서는 토대 주위에 함수율이 높아지기 쉬우므로 바닥 밑의 환기를 충분히 할 필요가 있다. 라스모르타르로 마감한 외벽에 방수지를 사용하면 빗물의 진입은 막을 수 있지만, 실내측에서 이동된 습기가 방수지에 의해 차단되어 실외로 증발되지 못함으로써 벽 내부에 결로가 발생할 수 있다.

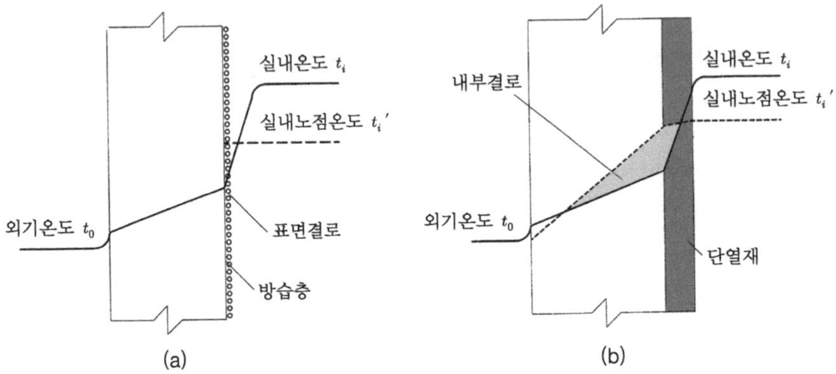

그림 3.24 표면결로와 내부결로

그림 3.25 라스표시의 예

2. 결로의 방지

1) 표면결로의 방지

표면결로는 벽면의 결로가 이에 접촉하는 공기의 노점 이하로 내려갈 때 발생하는 현상이다. 표면결로를 방지하기 위해서는 다음과 같은 점에 유의해야 한다.

① 실내의 습도를 억제한다.

② 벽 표면온도가 저하되는 것을 막는다.

습도를 필요 이상으로 높아지지 않게 하기 위해서는 실내에서의 수증기 발생을 억제한다. 공기조화기, 환기팬 등을 이용하여 강제로 습기를 제거함으로써 수증기를 줄이는 방법 등이 있다. 또한 벽의 표면온도를 저하시키지 않기 위해서는 단열재를 사용하여 벽체의 열관류저항을 증가시키면 된다.

앞에서 언급한 것처럼 내벽의 표면온도를 t_1, 내벽면의 전달저항을 r_i, 열관류저항을 R, 실온을 t_i, 외기온을 $t_o(t_i > t_o)$라 하면 식(3-8)을 변형하여 t_1은 다음의 식과 같이 된다.

$$t_1 = t_i - \frac{r_i}{R}(t_i - t_o) = t_i - \frac{K}{\alpha_i}(t_i - t_o) \quad \cdots\cdots (3\text{-}10)$$

이때 내벽의 표면온도가 실내공기의 노점보다 높으면 결로를 막을 수 있다.

2) 내부결로의 방지

내부결로를 방지하기 위해서는 벽체 내에 수증기가 침입하지 않도록 하는 것이 가장 중요하다. 벽체 내에 방습층을 넣을 경우에는 그림 3.26과 같이 단열재의 실외측에 설치했을 때보다 오히려 내부결로의 범위가 커진다. 단열재의 내부에서 결로가 생기면 단열재의 단열성이 저하되고, 결로가 더욱 증가된다. 따라서 방습층은 일반적으로 단열재의 고온고습측(실내측)에 설치되어야 한다.

연습문제

〈3-3〉 다음 그림과 같은 외벽에서 외기온 -5℃, 실온 25℃, 습도 60%일 경우 실내측 표면온도 및 노점온도를 구하고, 실내측 벽에 결로가 발생하는지의 여부를 판단하시오.

$\alpha_i = 9\ W/(m^2 \cdot K)$ $\alpha_o = 23 W/(m^2 \cdot K)$

모르타르 : $\lambda_1 = 1.3 W/(m \cdot K)$ $l_1 = 0.04 m$

콘크리트 : $\lambda_2 = 1.1 W/(m \cdot K)$ $l_2 = 0.18 m$

공기층의 열전도저항 : $0.075 m^2 \cdot K/W$

합 판 : $\lambda_3 = 0.18 W/(m \cdot K)$ $l_3 = 0.012 m$

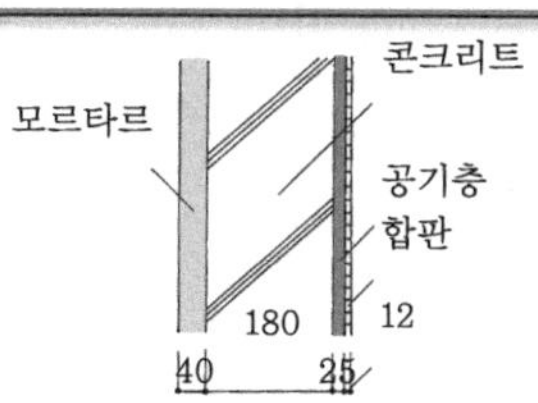

연습문제

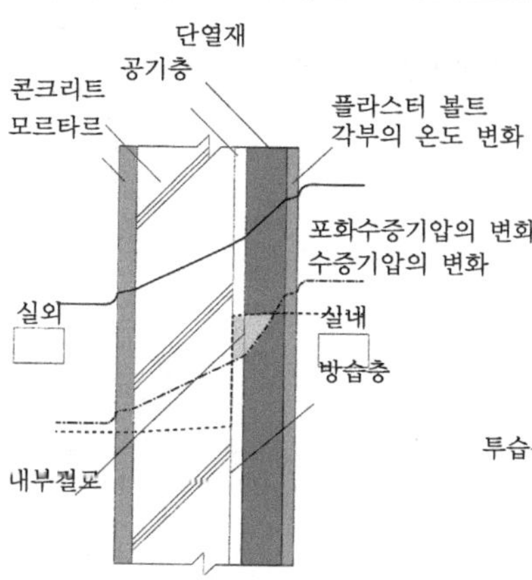

그림 3.26 방습층 삽입 실패 예

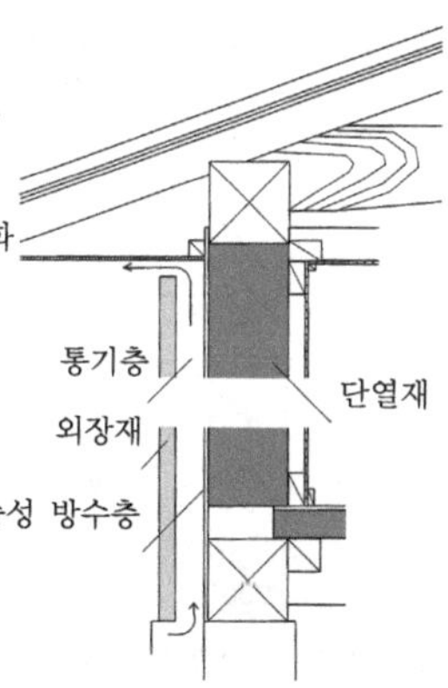

그림 3.27 통기공법의 예

벽체 내의 방습층을 이음매 없이 시공하는 것은 어려우므로 벽 표면에 방습성 마감재를 사용하는 것이 좋다. 고단열화가 진행될수록 외벽 내에서의 내부결로가 발생되기 쉬우므로 철저한 방습시공과 적절한 통기방법을 병용하는 것이 좋다. 통기방법은 차가운 외기가 그대로 글라스울이나 록울 등의 단열재 속에 침입하여 단열성능을 크게 손상시킬 위험이 있으므로 그림 3.27과 같이 투습성 방수층을 설치할 필요가 있다. 투습성 방수층으로는 외부의 바람을 차단하며, 습기는 통과시키는 재료가 적합하며, 합판, 연질섬유판, 고분자 플라스틱막 등이 이용되고 있다.

3) 결로가 발생하기 쉬운 부분

벽을 관통하는 금속파이프나 앵커막대와 같이 벽의 재료에 비해 큰 열전도율을 가지는 재료가 벽에 매입되었거나 관통할 경우에는 벽 부분의 실내측 표면온도는 외기온도에 가까우므로 난방시 벽 부분의 표면온도보다 낮아진다. 이러한 부분을 열교(heat bridge)라 한다.

또한 벽의 우각(실내 모서리) 부분에는 표면온도가 평면벽 부분의 표면온도보다 외기온도에 가깝다(그림 3.28). 즉 겨울철 난방시에는 평면벽 표면온도보다 저온이 된다.

그림 3.29는 실온 20℃, 외기온 -15℃인 경우 우각부에서의 온도분포를 나타낸 예이다. 우각부의 온도는 평면벽 부분보다 벽두께 20cm인 경량콘크리트의 경우 5℃ 이상 낮다. 따라서 우각 및 열교부분은 표면결로의 위험이 크므로 평면부분과는 별도로 이들 부분에 단열재를 붙이는 등의 조치를 취해야 한다.

두꺼운 커튼은 유리창의 온도저하를 초래하므로 결로가 촉진된다. 또한 수납가구장이나 가구는 큰 단열층이 되므로 외벽을 따라 설치하면 결로를 촉진시킨다. 따라서 그림 3.30과 같이 환기시킬 필요가 있다.

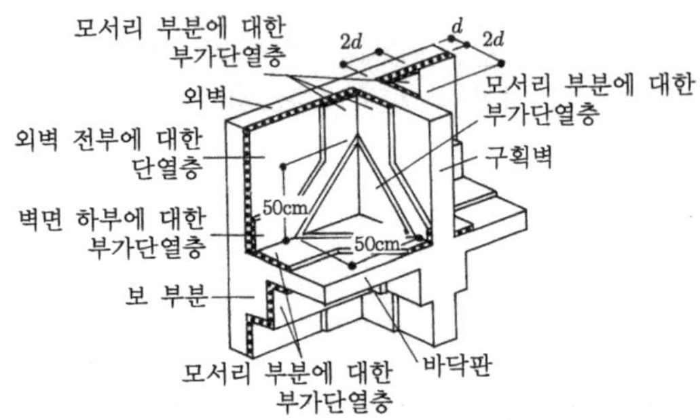

그림 3.28 모서리 각 부분의 결로방지를 위한 보온
(쇼우코쿠사 편, 『자연에너지 이용을 위한 패시브 건축설계수법 사전』 참조)

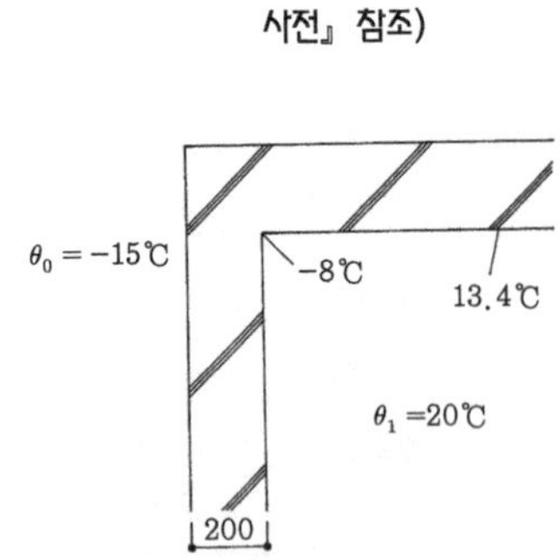

그림 3.29 모서리 각 부분의 온도분포
((주)일본건축학회 편, 『건축설계자료집성 1. 환경』(마루젠) 참조)

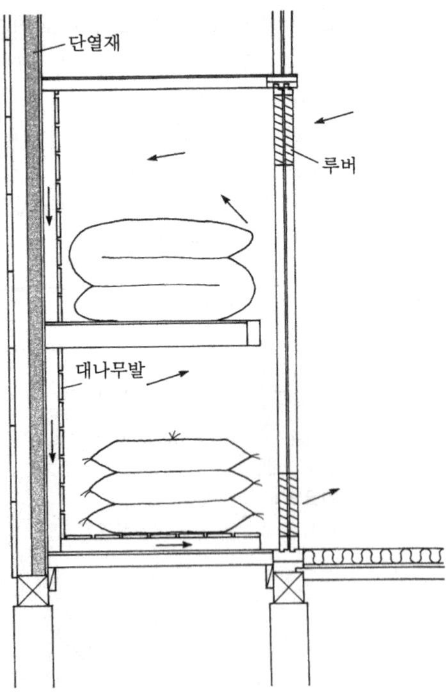

그림 3.30 벽장의 환기

IV. 환기와 통풍

4.1 실내공기의 오염

1. 오염의 원인

실내에서 여러 사람이 활동을 하다 보면 각종 오염물질이 발생되어 실내공기 역시 오염되어간다(그림 4.1). 이러한 오염상태는 인간의 시각이나 후각으로 느낄 수 있는 경우도 있지만 그렇지 않은 경우도 있다. 환기가 잘 안 되는 방에서는 두통이나 어지러움, 구토와 같은 증상이 나타나는 경우도 있으며, 이러한 증상을 일으키는 원인으로는 실내의 CO_2량 증가, 실내온도와 습도의 상승, 냄새 및 공기 중의 이온량 등 여러 가지 이유를 들 수 있지만 확실한 원인은 아직까지 밝혀지지 않고 있다. 그러나 실내공기의 오염물질이 인체에 대하여 독성을 비롯한 여러 가지 악영향을 미치는 것만은 확실하다. 따라서 이러한 오염물질에 의해 외기와 다른 실내공기가 형성되는 경우가 대부분 실내 공기오염을 유발하는 대표적인 예이다. 또한 경우에 따라서는 외기 그 자체가 오염되어 그로 인한 실내공기가 오염되는 경우도 있는데, 이 장에서는 외기를 신선한 공기로 가정하고, 실내에서 발생하는 공기오염에 대하여 다루고자 한다.

실내공기를 오염시키는 원인으로서, 그 발생원을 보면 다음과 같다.

① 재실자에 의한 것 : 인체 · 동물의 호흡과 땀, 냄새 및 흡연 · 청소 등
생활행위에 따른 먼지, 가스 등

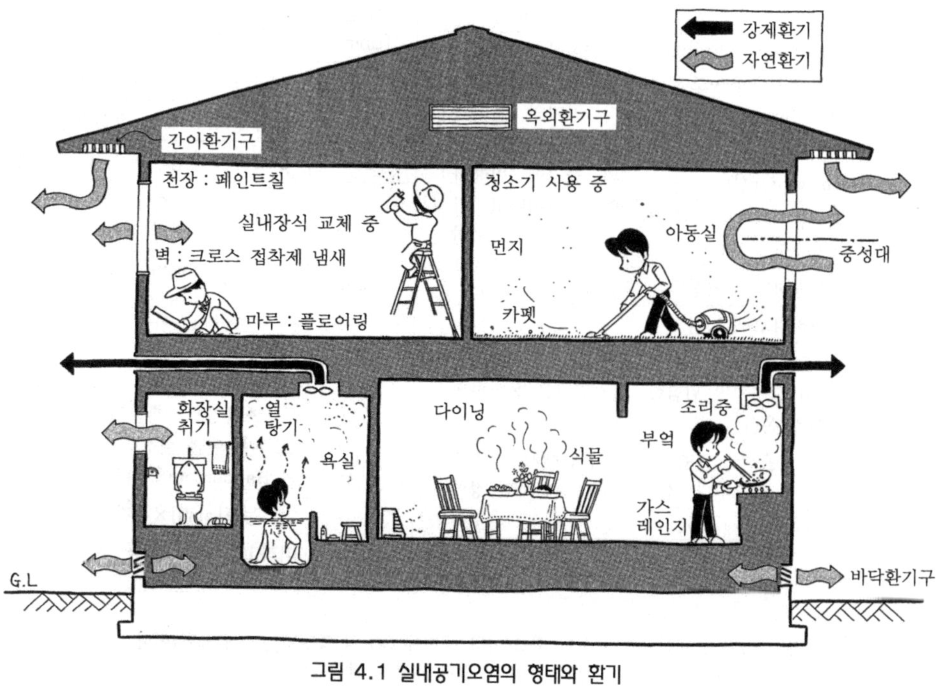

그림 4.1 실내공기오염의 형태와 환기

② 연소계통의 설비기기에 의한 것 : 가스레인지 · 스토브 등의 연소가스, 배연, 수증기 등
③ 건축 내부마감재에 의한 것 : 신축 · 증개축 직후 건축자재와 도료에서 발생하는 가스, 먼지, 냄새 등. 카펫 · 커튼에 붙어 있는 곰팡이나 진드기 등
④ 특정 상황에 의한 것 : 주방 · 화장실 · 욕실 등의 냄새, 연기, 수증기 등

2. 오염물질의 종류와 특성

실내공기의 온도 · 습도 · 기류 · 복사가 인간의 쾌적한 범위를 넘었을 경우 이들을 억제하기 위해 환기를 통하여 오염물질을 제거하는 경우도 있으나, 여기서는 먼저 실내공기의 오염물질 자체에 대해서 고찰해보기로 한다. 일반적으로 오염물질을 분류하면 가스형태의 것과 입자형태의 것으로 나눌 수 있다. 또한 이들이 각각 단독으로 발생하는 경우보다 동시에 발생하는 경우가 많고, 담배연기처럼 복합적인 오염물질도 있다.

1) 가스형태의 오염물질

◆ a 이산화탄소(CO_2) CO_2는 인간의 호흡 등 대사작용에 의해 발생하고, 그 발생량은 인간의 작업 정도에 따라 다르다. CO_2의 증가는 호흡중추에 영향을 주므로 오래 전부터 인체에 미치는 영향에 대해 연구되어 왔다.*1(표 4.1) CO_2는 그 자체가 유해한 것이 아니라 CO_2량의 증가에 따라 산소농도가 저하되므로 실내공기의 오염 정도를 나타내는 지표로 사용되고 있다. 우리나라의 공중위생법*2에서는 CO_2농도의 허용량을 0.1%(1,000ppm) 이하로 규정하고 있다. 한편 대기 중의 표준 CO_2량은 체적비 0.03~0.04%이며, 도심이나 공업지대 등과 같은 경우에는 0.06%이고, 러시아워 시간대일 경우에는 0.7~1.4%에 달한다. CO_2는 수산화바륨액 등에 의해 정량분석이 용이하여 오래 전부터 공기오염의 지표로 사용되어 왔다.

표 4.1 CO_2 농도생리현상 및 최대허용한도

농 도	의 의	적 요
0.07%	여러 사람이 계속 실(室)에 있는 경우의 최대허용농도 (Pettenkopfer 설)	이산화탄소 자체의 유해한도뿐만 아니라 공기의 물리적 성상이 이산화탄소의 증가에 비례하여 악화된다고 가정했을 때의 오염지표로서 최대허용농도를 의미한다.
0.10%	일반적인 경우의 최대허용농도(Pettenkopfer설)	
0.15%	환기계산에 사용되는 최대허용농도(Rietchel 사용)	
0.2~0.5%	상당히 불량하다고 인정됨	
0.5% 이상	매우 불량하다고 인정됨	
4~5%	호흡중추를 자극하여 호흡의 깊이, 횟수를 늘린다. 호흡시간이 길어지면 위험함. 산소결핍을 동반하면 장애가 빨리 온다.	
8%	10분 동안 호흡하면 호흡이 매우 곤란해지고, 안면홍조, 두통을 일으킨다. 산소결핍을 동반하면 장애가 현저해진다.	
18% 이상	치명적	

표 4.2 CO농도의 인체영향

농도 [ppm]	노출시간	영 향
5	20분	고차신경계의 반사작용 변화
30	8시간 이상	시각 · 정신기능 장애
200	2~4시간	전두부 두통 · 경미한 두통
500	2~4시간	심한 두통, 오심, 무력감, 시력장애
1,000	2~3시간	맥박이 빨라짐. 경련을 동반하며 실신
2,000	1~2시간	사망
비고	CO에 의한 중독은 농도 · 노출시간 작업강도 · 호흡강도 · 개인의 체질에 따라 차이가 있으며, 이를 설정하는 것은 어려운 일이지만 Handerson에 의하면 농도[ppm] × 시간[h] < 600 이라고 알려져 있다.	

*1 19세기 중반경에 소개된 독일의 페텐코펠의 설이 최초(이와 동시에 CO_2의 측정방법도 발표함)이다.
*2 공중위생법이란 일본에서 공중이용시설의 위생관리기준에 관한 법률을 말한다.

◆ **b 일산화탄소(CO)** CO는 무색 · 무취하고, 매우 강한 독성을 가지고 있어 가스중독이라 하면 보통 CO에 의한 것을 가리킨다(표 4.2). 이는 CO가 질식성을 가진 가스로서 적혈구 속의 헤모글로빈에 대한 친화력이 산소의 200배 이상이 되기 때문에 혈액의 산소유지능력을 현저하게 저하시킨다. 이런 이유로 CO농도의 증가가 원인이 되어 죽음에 이르는 경우도 많이 발생하고 있다. CO의 발생은 연탄 등의 불씨나 산소부족에 의한 불완전 연소의 결과이며, 불을 사용하는 방은 충분한 주의가 필요하다.

◆ **c 냄새** 냄새에는 악취와 향기가 있다. 사람에 따라 어떤 냄새에 대한 기호가 전혀 반대로 반응하는 경우도 있어 일반적으로 좋은 냄새와 나쁜 냄새를 분류하기는 어렵다. 그러나 일반적으로 체취 · 담배연기 · 도료 · 타는 냄새 · 음식 썩는 냄새 · 화장실 냄새 등이 악취에 해당된다. 냄새 자체가 유해한 것은 아니지만 그 불쾌감으로 인한 식욕 감퇴나 구토 등을 일으켜 건강을 해치기도 하고 작업능률을 떨어뜨리기도 한다(표 4.3). 따라서 악취는 환경악화의 지표라고도 할 수 있는데, 후각에 의존하는 것 밖에 알아낼 방법이 없다. 그런데 후각은 시간이 지나면 금방 그 능력이 떨어지고, 냄새에 길들여져 판단력이 무뎌지기도 한다. 이에 대하여 향기로 그 악취감을 완화시키는 방법도 있는데, 전체 냄새의 양이 증대되어 그 효과는 떨어진다.

◆ **d 기타** 그 밖에 가스형태의 오염물질로는 다음과 같은 것들을 들 수 있다.

① 질소산화물 : NO나 NO_2에 의한 오염인데, CO와 마찬가지로 혈액 속의 헤모글로빈에 영향을 미치는 것으로 알려져 있다(표 4.4).

② 아황산화물 : SO_4는 물에 녹아 황산이 되며, 강한 점막 자극 때문에 기침이나 재채기, 눈의 통증 등을 일으킨다. 특히 개방형 석유 스토브 등에 주의를 요한다(표 4.5).

③ 포름알데히드 : 무색이며, 수용성 가스이다. 가구 · 자재 · 단열재의 멜라민이나 요소수지 등을 포함한 것에서 발생한다. 목 · 눈 · 코 등에 대한 자극성이 강하며, 기침 · 두통 · 가슴 통증 등을 초래한다.

표 4.3 냄새 스케일

냄새의 강도지수	표 현	내 용
0	무취	전혀 느끼지 못한다.
1/2	최소한계	아주 미약하여 훈련을 받아야 느낄 수 있다.
1	명확	정상인도 쉽게 맡을 수 있으나 불쾌하지는 않다.
2	보통	유쾌하지도 불쾌하지도 않다. 실내에서의 허용강도
3	강함	불쾌하다. 공기는 혐오된다.
4	맹렬	맹렬하며, 불쾌하다.
5	참기 어려움	구토를 일으킨다.

표 4.4 NO_2 농도의 인체에 대한 영향

농도[ppm]	영 향
0.5	냄새를 느낄 수 있지만 피해는 없다.
20	적지만 자극을 느낄 수 있다.
20~50	눈 등의 점막에 자극을 느낄 수 있다.
150	강한 국부자극을 느낄 수 있다.
500 이상	1회 흡입으로 단시간에 사망한다.
비고 : 인체에 장해를 일으키지 않는 한계농도는 50ppm 이라는 설이 있다.	

표 4.5 SO_2 농도의 인체에 대한 영향

농도[ppm]	영 향
0.03~1.0	지각하기 시작하는 농도
3	쉽게 냄새를 맡을 수 있는 농도
6~12	코와 목에 즉시 자극을 줌
20	눈을 자극하는 최저농도
400~500	즉시 호흡곤란으로 이어지며 생명에 위험
10,000	호흡 불가능, 몇 분 내에 피부에 염증

2) 입자 형태의 오염물질

◆ **a 부유분진** 대기 중의 분진에는 고체 또는 액체 형태의 다양한 종류의 입자가 존재하고 있다. 그 성분은 화산분출물이나 연소물, 지상풍에 의해 운반되는 토양진애와 연기, 산업폐기물이 분진화된 것 등 다양한 발생원으로 이루어진다(표 4.6). 일반적으로 실내의 분진농도는 외기의 분진 수에 의해 결정된다고 알려져 있다.

분진이 인체에 영향을 미치는 것은 그 입자의 크기와 관계된다. 입자가 직경 1~10㎛ 정도의 작은 것은 인체의 폐 속에 쌓여 진폐*1에 이르기도 한다. 입자가 큰 경우에는 코나 기관에서 제거되어 폐 속까지 들어가는 경우는 많지 않다.

◆ **b 아스베스트** 주로 단열재로 사용되는 아스베스트는 규산염광물이며, 발암물질로 알려져 화제가 되었다. 건축재로서 지붕이음재 등으로 일부 사용되고 있으며, 가루형태로 된 경우 특히 주의를 요한다.

◆ **c 기타** 그 밖에 입자형태의 오염물질로는 다음과 같은 것들이 있다.

① 세균 : 세균 중에서도 유해한 것, 즉 병원균이 문제가 되는데 야외의 공기에서는 볼 수 없으며, 사람들이 많이 모이는 장소에 떠다닌다. 세균보유자로부터의 호흡기를 통한 감염이나 분진에 부착되어 옮겨지는 경우도 있다.

② 알레르겐 : 알레르겐이란 인체에 알레르기 반응을 일으키는 물질을 말한다. 알레르기 체질인 사람은 눈 · 코 · 피부의 충혈, 가려움, 염증 등의 증상을 호소하는 경우가 많다. 알레르겐으로는 진드기, 기생충, 동물의 털, 꽃가루, 계란 등이 있으며, 이에 민감한 사람이 이것들을 접했을 때는 몸속에 다량의 항체를 만들어내기 때문에 여러 가지 증상*2이 나타난다. 그러나 알레르겐이 있어도 알레르기 반응을 일으키지 않는 사람이 있으며, 따라서 소수인에 대한 오염으로 생각하는 경향도 있다.

표 4.6 부유분진의 종류

구분	명 칭	입자지름[㎛]	정 의	발생원
고체입자	dust	100~1	토사 등과 같이 자연현상으로 일어나는 것. 공장에서 연마, 분쇄 등에 의해 발생하는 등 고체물질의 붕괴에 의한 것이 주요인인데, 섬유조각처럼 동식물과 생활 속에서 나오는 것도 포함된다.	자연현상, 발진공장, 동식물, 인간의 일상생활, 교통
	fume	1~0.1	다양한 화학반응에 의해 발생한 증기가 응축되어 고체로 된 것.	각종 금속용해로, 각종 화학공장
	smoke	1~0.01	연료의 연소과정에서 발생하는 고체입자와 액체로 fume, mist의 일종인데, 그 중 어느 정도 색이 첨가된 것을 특별히 smoke라 한다.	연돌의 연소배기, 화재, 불꽃, 담배
액체입자	mist	10~0.1	다양한 화학반응에 의해 생긴 증기의 응결에 의해 발생하는 액체입자와 액체 분무에 의해 발생하는 액체	각종 화학공장
	fog	100~1	대기 중의 고체입자와 이온을 핵으로 하여 수증기가 응결한 물방울	기상현상
	rain*	100 이상	대기 중에서 발생한 물방울이 모여 큰 입자의 물방울이 되어 공기에 떨어지는 것.	기상현상

* 공기에 포함되어 있지만 분진과는 다르다.

---

*1 대표적인 진폐로는 광석 · 모래 등에 포함된 규산의 분진을 흡입하여 일으키는 규폐나 탄소진의 흡입에 의해 일으키는 탄소폐 등이 있다.

*2 꽃가루 알레르기나 아토피성 피부염 등

3) 복합적 오염물질

◆ **a 담배연기** 담배연기는 일반 실내환경에 있어서 최대의 오염원이다. 담배연기가 실내에 가득 있을 경우 시간이 지남에 따라 냄새의 감각은 점점 저하되지만, 눈·코·목에 대한 자극은 더욱 증가된다. 흡연행위에 의해 냄새·가스·분진 등 2,000종 이상의 오염물질이 배출되어 흡연자 본인(직접흡연)의 건강은 물론 옆에 있는 사람의 건강도 해치게 되는데 이를 간접흡연이라 한다. 담배에서 발생하는 가스에는 니코틴과 CO라는 유해물질이 포함되어 있으며, 타르라는 성분에 의해 폐가 오염되어 폐암의 원인이 되기도 한다. 그밖에도 기도의 기능이 악화되고, 흡연자의 자녀들에게서 폐렴이나 기관지염이 자주 발생하며, 배우자까지도 암으로 사망할 확률이 높다는 보고가 이미 많이 알려져 있다. 특히 간접흡연에 의한 발병률이 직접흡연인 경우의 1/3~1/2이나 되는 것으로 알려져 있다. 통계상의 결과가 모든 것을 대표하지는 않지만, 흡연이 이롭다고 할만한 것은 전혀 없다. 따라서 현재 사람들이 모이는 장소에서의 흡연은 금지하고 있는 추세이다(표 4.7, 4.8).

◆ **b 빌딩병** 빌딩병이란 선진국의 여러 에너지절약빌딩에서 80년대부터 문제시되어 온 것으로 빌딩 내에서 구토증·어지러움·두통·평형감각 장애·눈의 통증·호흡기계의 건조와 통증 등과 같은 증상을 호소하는 것을 말한다.

일반적으로 급성과 만성 증세로 나누어지는데, 급성인 경우 건물의 신축 또는 증개축 직후 발생되며, 새로운 건축마감재료와 실내가 덜 건조된 상태에서 발생하는 오염가스 때문에 일어난다. 만성인 경우는 그 빌딩 자체의 특성으로 인해 발생하는 것으로서, 기밀성이 높은 실내에서 공조시스템을 완비하지 못하는 경우에 복합적인 오염물질로 인한 화학적·심리적 요인에 의한 것으로 알려져 있다. 구체적으로는 복사기에서 발생하는 탄화수소와 형광등 빛과의 광화학 반응에 의해 눈에 통증이 발생하는 예가 보고된 바 있다.

표 4.7 흡연인구

남	2716만 명
여	727만 명
계	3443만 명

표 4.8 흡연에 의한 오염발생량

부유분진	일산화탄소	이산화탄소	일산화질소	이산화질소	흡연조건
10.3~33.4mg/본(인구흡연) 9.4~16.2mg/본(자연연소)	38.4~63.1 ml/본		0.49~0.74 ml/본	0.04~0.10 ml/본	세븐스타 43mm 흡연
7.7~12.6mg/본	38~72ml/본		NOx 0.32~1.08ml/본		43mm 흡연 30분간 약 10본 흡연
19.1mg/본	58ml/본	2.2ml/본			하이라이트 42mm 흡연 흡연시간 6분 30초
27mg/본($g=0.64\times V_3\times 60$)					하이라이트 42mm 흡연 g : 발생량(mg/h · 본) V : 연소속도(mm/min)
	59~87mg/본 6.1~9.6ml/mim		0.15~1.8mg/본 0.14~0.21ml/mim		인구흡연 3s 흡연 50s 휴지, 흡인량 35ml/본

4.2 환 기

1. 환기의 목적

환기란 실내의 오염된 공기를 제거하고 신선한 공기를 도입하는 것을 말한다. 이 때 도입되어야 할 공기는 대기를 말하며, 청정한 대기이어야 한다. 그러나 도심지 및 공업지역 등과 같이 대기오염이 심한 지역에서는 외기를 정화시킨 후에 실내에 공급하는 계획이 필요하다. 즉 에어필터를 이용하거나 신선한 공기를 만들기 위한 정화시설을 설치하지 않으면 환기의 본래 목적을 달성할 수 없다. 다시 말해서 환기의 목적은 실내를 청정한 환경으로 유지하는 것에 있다. 이 경우 인체의 위생적인 측면을 대상으로 한 것과 내벽의 결로방지 등을 대상으로 한 2가지 측면으로 나눌 수 있다. 그밖에 공장의 기계·제품 등을 적절한 환경으로 유지시키기 위한 목적도 있다. 이때 재실자를 위한 환기를 휴먼 벤틸레이션(human ventilation)이라 하고, 물건 등의 생산과정에 관한 환기를 프로덕트 벤틸레이션(product ventilation) 또는 프로세스 벤틸레이션(process ventilation)이라 한다. 여기서는 진자인 재실자를 위한 환기에 대해 고찰해보기로 한다.

환기의 목적은 구체적으로 다음과 같은 수단에 의해 구성되며, 실내의 열환경 개선 및 공기오염을 정화시키는 것이다(그림 4.2).

① 실내에 있는 인간에 대하여 필요한 산소를 공급할 것.
② 실내의 연소기구에 대하여 연소에 필요한 요소를 공급할 것.
③ 실내에서 발생하는 오염물질을 배출시키거나 허용치 이하로 억제할 것.
④ 주방, 화장실, `욕실 등 특정 장소에서 발생하는 열, 연기, 수증기, 냄새 등을 배출할 것.

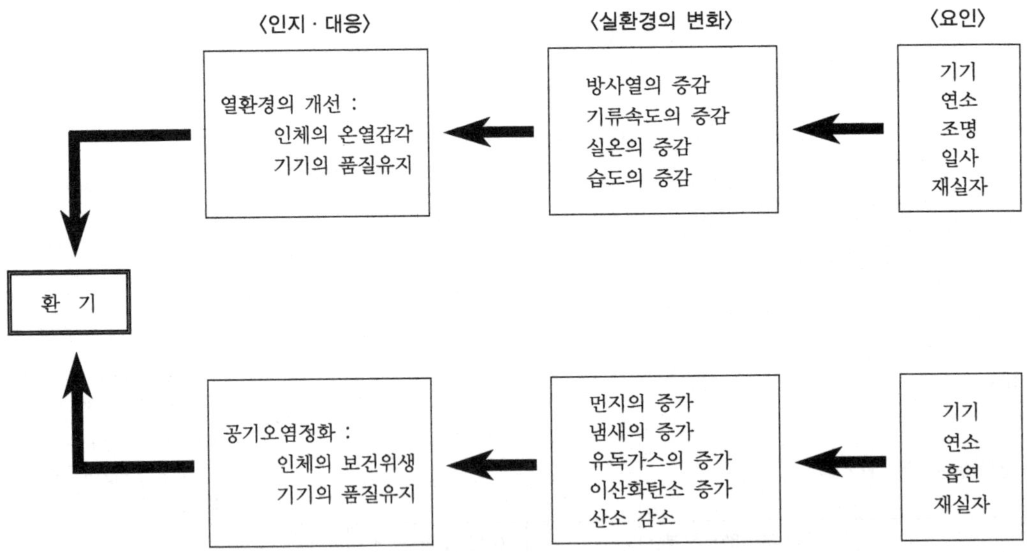

그림 4.2 공기오염의 원인과 환기의 필요성

2. 필요환기량

1) 필요환기량과 환기횟수

필요환기량이란 실내에서 인간이 쾌적하게 지내고 작업할 수 있도록 공기의 청정도를 유지하기 위해 필요한 환기량을 말한다. 또한 환기횟수 n이란 다음 식에 나타낸 바와 같이 환기량 Q를 실용적 V로 나눈 값을 말하며, 1시간 동안 실내의 공기가 몇 번 교체되는지를 나타낸 것이다.

$$n = \frac{Q}{V} \qquad (4\text{-}1)$$

여기서, n : 환기횟수[회/h]

Q : 환기량[m^3/h]

V : 실용적[m^3]

필요환기량은 오염물질의 종류와 발생량, 실의 용도에 따라 다르다(표 4.9, 4.10). 오염물질에 따라서는 그 양의 측정이 어려운 경우도 많으며, 환기량의 지표로 바로 사용할 수 없는 경우도 있다.

또한 오염물질이 2종류 이상 복합된 경우나 단독의 실로 보기 어려운 형태(칸막이의 정도, `바람이 통하는 정도) 등 여러 조건에 따라 환기량의 산정이 복잡해지는 경우도 있다.

2) 필요환기량의 산출방법

지금까지 연구된 필요환기량 산출방법으로는 냄새, 열, 수증기, 유독가스 등 각각에 대한 실험적이고, 이론적인 방법이 있으며 주된 것으로는 다음과 같은 방법이 있다.

◆ **a 오염물질 농도에 따른 환기량** 실내에서 발생하는 오염물질을 환기를 통해 배출시킴으로써 외기와 같은 상태로 유지하는 경우이다. 이때 필요환기량 Q는 실내에서 발생하는 오염물질의 양 K와 실내에서 허용되는 오염농도 P_a(허용량 또는 허용한도라고도 함), 또는 외기의 오염농도 P_o를 알고 있을 때 다음 식이 성립된다.

표 4.9 실의 필요환기량 참고치

번호	실 명	표준재실밀도 (m^2/인)	필요환기량 (m^3/m^2h)	번호	실 명	표준재실밀도 (m^2)	필요환기량 (m^3/m^2h)
1	사무소(개실)	5.0	6.0	12	극장 · 영화관(보통)	0.6	50.0
2	사무소(일반)	4.2	7.2	13	극장 · 영화관(고급)	0.8	37.5
3	은행영업장	5.0	6.0	14	휴게실	2.0	15.0
4	상점판매장	3.3	9.1	15	오락실	3.3	9.0
5	백화점(일반매장)	1.5	20.0	16	소회의실	1.0	30.0
6	백화점(식품매장)	1.0	30.0	17	바	1.7	17.7
7	백화점(특매장)	0.5	60.0	18	미용실 · 이발소	5.0	6.0
8	레스토랑 · 차(茶)(보통)	1.0	30.0	19	주택 · 아파트	3.3	9.0
9	레스토랑 · 차(茶)(고급)	1.7	17.7	20	식당(영업용)	1.0	30.0
10	연회장	0.8	37.5	21	식당(비영업용)	2.0	15.0
11	호텔객실	10.0	3.0				

$$Q = \frac{K}{P_a - P_o} \quad \cdots\cdots \quad (4\text{-}2)$$

Q : 환기량[m³/h]

K : 오염물질발생량(유독가스일 경우 [m³/h], [ml/h] 분진일 경우 [mg/h])

P_o : 오염농도의 허용량(유독가스일 경우 [ml/m³], [ppm] 분진일 경우 [mg/m³])

P_o : 외기의 오염농도(유독가스일 경우 [ml/m³], [ppm] 분진일 경우 [mg/m³])

앞의 식에서 알 수 있듯이 K가 크고 $(P_a - P_o)$ 가 작을수록 필요환기량은 크다. 외기가 청정할 경우에는 $P_a = 0$ 이므로 $Q = \frac{K}{P_a}$ 가 된다.

예를 들면 실내공기의 오염 정도를 측정하기 쉬워서 자주 사용되는 CO_2 농도를 앞 식에 대입하면, CO_2량의 증대에 따른 필요환기량을 산출할 수 있다.

또한 O_2농도의 감소를 지표로 하는 환기량의 산출에 대해서는 앞 식의 K에 대해 실내의 산소소비량을 예측해서 $(P_o - P_a)$ 를 분모로 하여 계산하면 된다.

표 4.10 부속실의 필요환기량 권장치

번호	실 명	환기횟수 배기기준[회/h]
1	기계실	4~6
2	오일탱크실	4~6
3	고압가스 · 냉동기 · 봄베실	4~6
4	수조실	3~4
5	변전실	8~15
6	분전반실	3~4
7	배터리실	10~15
8	엘리베이터기계실	8~15
9	화장실(사용빈도 많음)	10~15
10	화장실(사용빈도 적음)	5~10
11	욕실(창 없음)	3~5
12	탕비실	6~10
13	주방(영업용 큼)	40~60
14	주방(영업용 작음)	30~40
15	배선실	6~8
16	세탁실	20~40
17	건조실	4~15
18	옥내주차장	10 이상
19	서고·금고	4~6
20	창고(지하)	4~6
21	암실	10~15
22	영사실	8~15
23	투광실	15~20
24	나락	4~6

참고

CO_2 농도와 환기량

표 4.9에 있어서의 환기량은 다음과 같이 구할 수 있다. CO_2가 인체에 영향을 미치기 시작할 때의 실내의 허용농도치를 0.1%라 한다. 단, 외기의 CO_2농도를 평균적인 값이라 하여 0.04%라 한다. 더욱이 인체에서의 CO_2발생량을 1인당보다 0.018m³/h(이것은 사람이 조용히 앉아 있는 상태에 가깝다)라 한다. 이러한 값을 식 4-2에 적용시키면

$$Q = 0.018/(0.001 - 0.0004)$$
$$= 30\text{m}^{3/h}$$

은 된다.

표 4.9의 값은 1인당의 필요환기량을 30m³/h으로 했을 때의 각 실의 값으로 되어 있다.(표준 재실밀도와 필요환기량을 배합하면 이 값은 30m³/h로 된다.)

◆ **b 인체발열량에 따른 환기량** 인체 등으로부터 나오는 발열에 의한 실온의 상승을 억제하기 위한 환기량은 다음 식에 의해 구할 수 있다.

$$Q = \frac{k}{0.34(t_a - t_o)} \qquad (4\text{-}3)$$

여기서, Q : 환기량[m³/h], k : 발열량[W]

t_a : 실내온도[℃], t_o : 유입되는 외기의 온도[℃]

앞 식에서 $(t_a - t_o)$의 값은 상한값 4~6℃, 권장치 2~3℃로 되어 있다.

◆ **c 수증기발생량에 따른 환기량** 실내에서 발생하는 수증기를 제거하기 위한 환기량은 다음의 식으로 구해진다.

$$Q = \frac{W}{1.2(x_a - x_o)} \qquad (4\text{-}4)$$

여기서, Q : 환기량[m³/h], W : 수증기발생량[kg/h]

x_a : 허용 실내절대습도[kg/kg'], x_o : 도입 외기 절대습도[kg/kg']

◆ **d 오염물질이 복합된 경우의 환기량** 오염물질이 일반적으로 2종류 이상인 경우를 말한다. 이때 각 오염물질의 농도가 허용농도보다 작게 되도록 환기량을 정하면 된다. 즉 각각의 오염물에 대하여 산정한 필요환기량의 최대값이 그 실의 환기량이 된다. 또한 보다 안전성을 고려하여 각 환기량의 총합을 전체환기량으로 하는 경우도 있다.

표 4.11 실내에서 발생하는 주요 오염물의 양

발생원	오염물	발생량			
인체에서 방출되는 것	작업상태	조용히 앉아 있음	사무 등 가벼운 작업	천천히 보행	빠르게 보행
	분진	1~2mg/h	10mg/h	20mg/h	30mg/h
	CO_2	15 l/h	20 l/h	23 l/h	42 l/h
	H_2O(수증기)	40g/h	60g/h	80g/h	200g/h
	(O_2 소비량)	17 l/h	20 l/h	25 l/h	40 l/h
	체취	인종과 성별에 따라 다르다. 작업상태에 따라 변하는데, 대부분 CO_2 발생량에 비례한다고 생각하면 된다.			
연소기구(발열량 1kJ당)	연료의 종류	도시가스	LP가스	등유	
	CO_2	26ml	31ml	36ml	
	CO*	0.12~0.25ml	0.15~0.3ml	0.17~1.35ml	
	H_2O(수증기)	38mg	34mg	26mg	
	NO_2	0.4ml	0.5ml	6ml	
	NO	0.03mg	0.04ml	9ml	
	냄새	거의 없음	거의 없음	점회, 소화시에 조금 남	
	(O_2 소비량)	0.043 l	0.051 l	0.052 l	

* 이 수치는 취사용 곤로일 경우이며, 스토브일 때는 이 수치보다 훨씬 작다.

【예제 1】 400㎡ 면적의 집회실(천장높이 3m)에 300명이 있다고 가정했을 때 CO_2 농도를 기초로 한 필요환기량과 환기횟수를 구하시오. 단, CO_2의 발생량을 1인당 0.017㎥/h라 하고, 실내의 CO_2 농도 허용량을 0.1%, 외기의 CO_2 농도를 0.04%로 하여 계산하시오.

【해 답】 식(4-2)에서 $K = 0.017 \times 300 = 5.1\text{㎥/h}$

$P_a = 0.001 \qquad P_o = 0.0004$ 이므로

$Q = 5.1 \div (0.001 - 0.0004) = 8{,}500\text{㎥/h}$

또한 식(4-1)에 의해 $n = 8{,}500 \div (400 \times 3) = 7.08$회/h

【예제 2】 40㎡ 면적의 사무실(천장높이 2.7m)에 5명이 있다고 가정했을 때 산소소비량을 기초로 한 필요환기량과 환기횟수를 구하시오. 단, 가벼운 작업시 산소소비량은 1인당 0.020㎥/h로 하고, 실내의 산소농도 허용량을 16%, 외기의 산소농도를 21%로 하여 계산하시오.

【해 답】 식(4-2)에서 $K = 0.020 \times 5 = 0.1\text{㎥/h}$

$P_a = 0.16 \qquad P_o = 0.21$ 이므로

$Q = 0.1 \div (0.21 - 0.16) = 2\text{㎥/h}$

또한 식(4-1)에 의해 $n = 2 \div (40 \times 2.7) = 0.019$회/h

이와 같이 재실자의 산소소비량에 의한 환기량은 계산할 수 있지만 그 수치는 매우 적어서 실제로 큰 의미를 가지지 못하며, 오히려 다른 오염물질에 따라 환기량이 우선시된다고 할 수 있다.

연습문제

〈4-1〉 20㎡ 면적의 실(천장높이 2.5m)에 평균 1시간에 2개비의 비율로 담배 길이의 1/2을 태운다고 가정했을 때 분진을 지표로 한 필요환기량과 환기횟수를 구하시오. 단, 실내에서 부유분진의 허용량을 0.15mg/㎥, 외기의 분진농도를 0.05mg/㎥로 한다. 또한 담배 1개비를 그 길이의 1/2까지 피웠을 때 발생하는 분진량을 10mg으로 한다.

〈4-2〉 40㎡ 면적의 사무실(천장높이 2.7m)에 5명이 있다고 가정했을 때 인체발열량을 기초로 한 필요환기량과 환기횟수를 구하시오. 단, 1인당 발열량을 68W로 하고 다른 열원은 없는 것으로 한다. 또한 실온은 25℃이며, 외기온은 20℃로 한다.

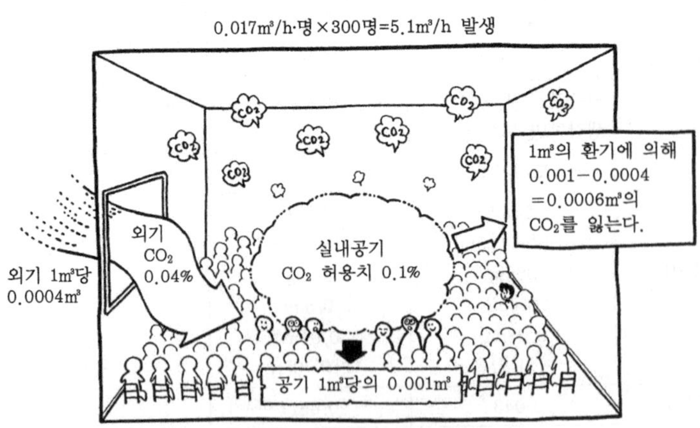

그림 4.3 예제 1의 그림

3. 환기 방식

환기 방식은 환기를 위한 원동력을 기준으로 했을 때 자연환기와 기계환기로 분류된다.

또한 오염공기의 포집방법을 기준으로 했을 경우에는 전반환기와 국소환기로 분류된다(그림 4.4).

1) 자연환기

자연환기란 자연의 바람 또는 실내외 온도차에 의해 생기는 기류에 의해 발생하는 환기를 말한다. 이 중 외기의 바람의 힘에 의한 환기를 풍력환기라 하고, 실내외 온도차에 의해 생기는 공기의 부력 또는 중력에 의한 환기를 중력환기라 한다.

자연환기는 공기가 압력이 높은 쪽에서 낮은 쪽을 향해 흐른다는 성질을 실내환기에 적용시킨 것이라 생각하면 된다. 그 외에 자연환기는 기체의 확산작용에 의해서도 발생하지만, 그 힘이 약하기 때문에 일반적으로는 이를 고려하지 않는다.

자연환기는 건축물에 존재하는 구조상의 틈새나 개구부 주위의 틈새를 통해 자동적으로 발생하기도 한다. 그러나 이러한 틈새에 의한 환기는 구조·시공상의 정밀도에 따라 큰 차이가 있으며, 그 양을 추측하거나 제어하기는 어려우므로 적절한 환기방법이라 할 수 없다. 따라서 급기구 및 배기구와 같이 특별히 설치된 개구부를 이용하여 자연환기를 유도하는 것이 일반적이다.

자연환기는 기계력에 의존하지 않기 때문에 에너지 절감이라는 측면에서도 유효하다. 또한 기계고장이나 소모와 같은 유지관리도 필요 없고, 정전이 되어도 상관없이 작동하며 환기가 가능하다.

그러나 자연환기만으로는 실내에 필요한 환기량을 확실하게 얻기 어려우므로 일반적으로 기계환기와 병용하거나 자연환기설비를 설치하는 등의 계획이 필요하다.

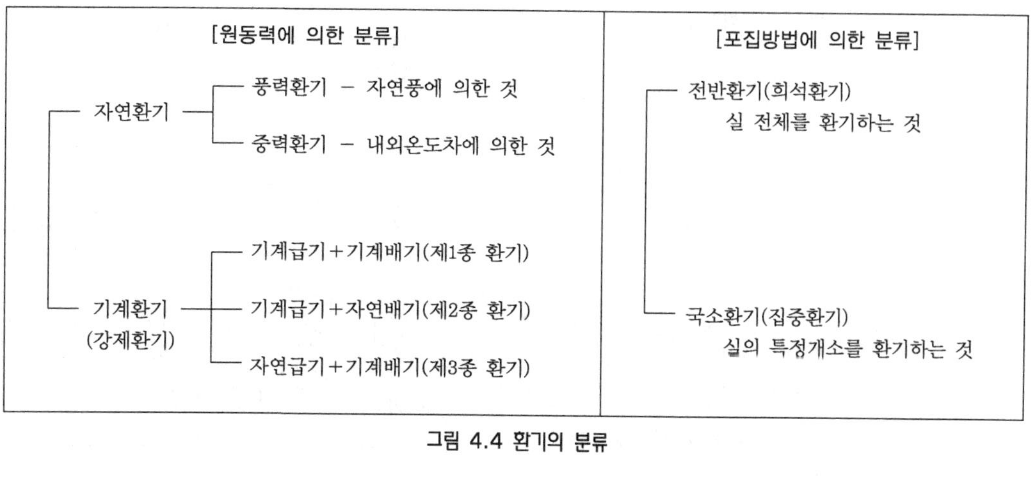

그림 4.4 환기의 분류

◆ a **풍력환기** 풍압에 의한 풍력환기는 풍상(바람 위)에서 공기가 유입되고 풍하(바람 아래)에서 공기가 유출되는 현상을 말한다. 풍상측(바람이 닿는 쪽)에서는 건축물의 외부에서 내부로 압력이 가해지며(정압), 풍하측(지붕면의 일부나 바람이 닿지 않는 쪽)은 건축물의 내부에서 외부로 압력이 가해지기 때문에(부압) 각각의 면에 개구부가 있을 경우 그림 4.5에 나타낸 바와 같이 화살표 방향으로 공기의 흐름이 생기게 된다(그림 4.5). 풍력환기는 환기력이 매우 강한 반면, 풍속이나 풍상·풍하는 건축물의 상황에 의해 크게 좌우된다. 또한 풍력은 변동이 크기 때문에 바람이 없을 경우 전혀 효과가 없다.

풍력에 의한 환기량은 통풍량으로 나타내며 다음 식에 의한다.

$$Q=\alpha A v\sqrt{C_1-C_2} \quad \cdots\cdots (4\text{-}5)$$

여기서, Q : 환기량[m³/h], α : 유량계수, C_1 : 풍압계수(풍상)
C_2 : 풍압계수(풍하), A : 합성개구부 면적[m²], v : 풍속[m/s]

위의 식에서 풍압계수란 건축물 모형에 의한 풍동실험에 의해 구해지는 값이며, 건축물의 단면형상이나 풍향에 따라 차이가 생긴다(그림 4.6).

또한 유량계수란 개구부에 바람이 들어올 때 그 비율을 나타낸 것으로, 개구부의 종류·형상·마찰 등에 따라 다른 값을 나타낸다. 예를 들어 벨마우스 형태의 개구부에서는 거의 100%에 가까운 값을 취한다. 유량계수는 풍량계수라고도 부르며, 유량계수 대신 압력손실계수를 사용하여 산출하는 경우도 있다(표 4.12).

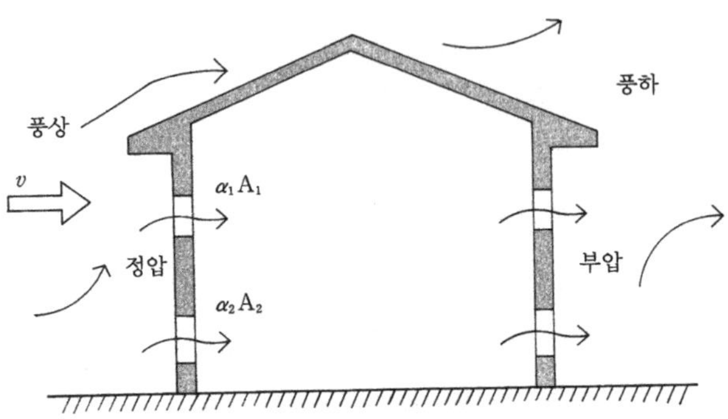

그림 4.5 풍력환기

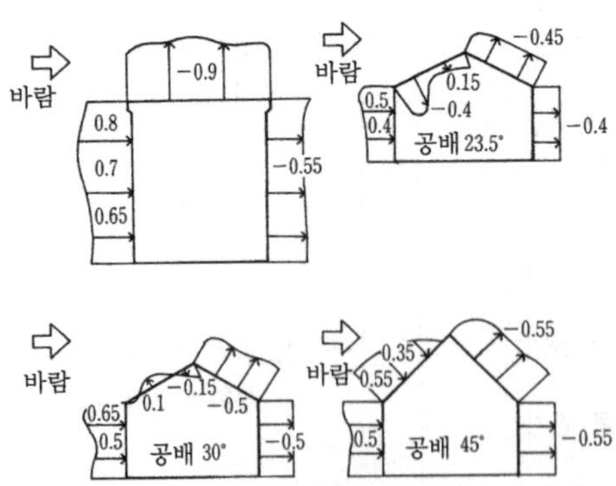

그림 4.6 독립건물의 풍압계수

표 4.12 개구부의 형상과 유량계수

명칭	형상	유량계수 α	압력손실계수 ζ	적요	문헌
단순한 창	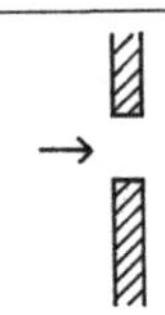	0.65 ~ 0.7	2.4 ~ 2.0	보통창 등	
칼(刀) 모양	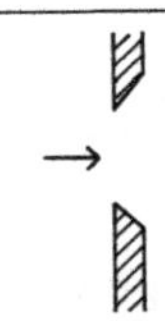	0.60	2.78	칼형 구멍	Fan Eng. 5th. Ed.
벨마우스	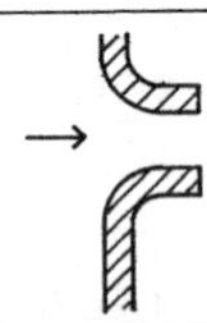	0.97 ~ 0.99	1.06 ~ 1.02	십분골 흡입구	Fan Eng. 5th. Ed.
남은 구멍	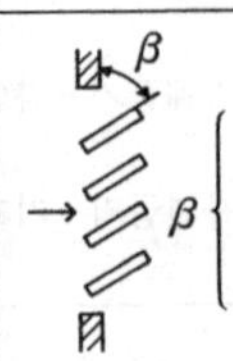 β 90° 70° 50° 30°	0.70 0.58 0.42 0.23			斉藤 石原

◆ **b 중력환기** 실온도와 외기온도에 온도차가 있을 경우 공기의 비중이 다르기 때문에 실 주벽의 안팎에 압력차가 생긴다. 이때 실내측이 옥외측보다 온도가 높으면 실의 상부에서는 실내에서 실외로 공기가 흐르고, 실의 하부에서는 실외에서 실내로 공기가 들어와 환기가 일어난다. 이와 같이 공기의 실내외 온도차에 의한 내외압력차가 그 원동력이 되는 자연환기를 중력환기 또는 온도차환기라 한다(그림 4.7).

이때 압력차는 실의 상부와 하부에서는 정부(正負)가 다르며, 바닥 및 천장에 가까울수록 그 압력은 크게 증가한다. 따라서 상하 환기구가 가능한 한 떨어져 있는 것이 효과적이라 할 수 있다. 압력차의 분포를 보면 알 수 있듯이 실내의 벽면 중앙에서는 실내외의 압력이 같은 부분이 있다. 이를 중성대(neutral zone)라 한다.

또한 이 현상은 굴뚝 속의 연기 온도가 외기온보다 높으므로 비중량의 차이가 크고, 굴뚝이 높을수록 구동력이 커지는 효과와 같다. 이러한 점에서 중력환기를 굴뚝효과라 부르기도 한다.

중력에 의한 환기량은 다음 식에 의한다.

$$Q = \alpha A \frac{\sqrt{2gh(t_i - t_o)}}{273 + t_i} \quad \cdots\cdots (4\text{-}6)$$

여기서, Q : 환기량[m³/h], α : 유량계수, t_o : 외기온도[℃], t_i : 실온도[℃]
A : 합성개구부면적[m²], g : 중력가속도[9.8m/s²]
h : 유입구와 유출구와의 고저차[m]

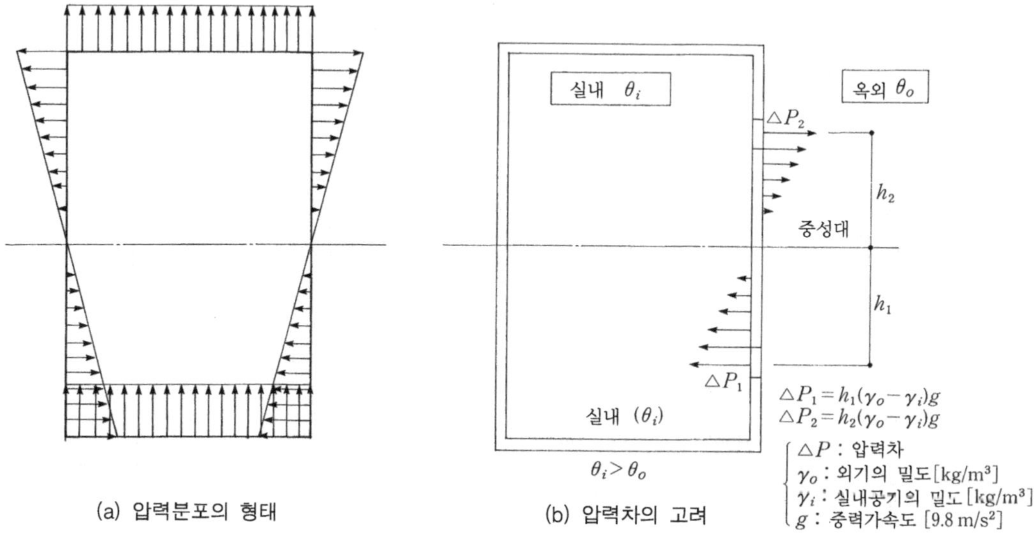

(a) 압력분포의 형태 (b) 압력차의 고려

그림 4.7 중력환기

◆ c 개구부의 합성　벽면에 개구부가 여러 곳에 있는 경우에는 환기량을 구할 때 이들을 합성해서 계산해야 한다. 개구부의 형상에 따라 실험적으로 정해진 유량계수 α_i와 각 개구부의 면적 A_i를 이용하여 다음과 같이 한다.

① 병렬합성 : 그림 4.8(a)와 같이 동일 벽면 내에 둘 이상의 개구부가 있을 경우에는 그 벽면을 통과하는 풍량은 각각의 개구부를 통과하는 풍량의 합과 같으므로 다음 식이 성립된다.

$$\alpha A = \alpha_1 A_1 + \alpha_2 A_2 + \alpha_3 A_3 \qquad \cdots\cdots (4\text{-}7)$$

② 직렬합성 : 그림 4.8(b)와 같이 몇 곳의 개구부를 순서대로 통과하는 경우 각 개구부를 통과하는 풍량이 같으므로 다음 식이 성립된다.

$$\left(\frac{1}{\alpha A}\right)^2 = \left(\frac{1}{\alpha_1 A_1}\right)^2 + \left(\frac{1}{\alpha_2 A_2}\right)^2 + \left(\frac{1}{\alpha_3 A_3}\right)^2$$

$$\therefore \alpha A = \sqrt{\frac{1}{\left(\frac{1}{\alpha_1 A_1}\right)^2 + \left(\frac{1}{\alpha_2 A_2}\right)^2 + \left(\frac{1}{\alpha_3 A_3}\right)^2}} \qquad \cdots\cdots (4\text{-}8)$$

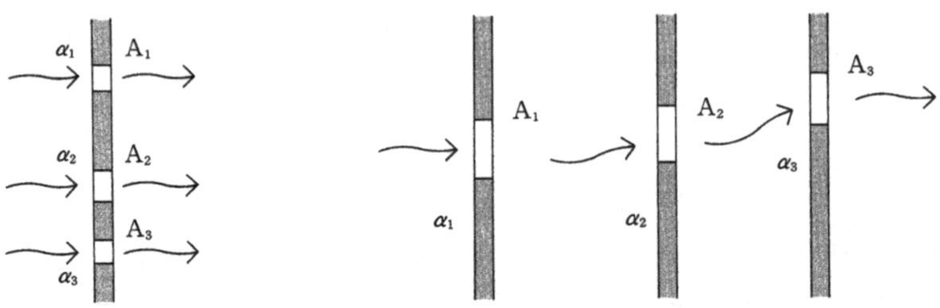

(a) 병렬개구　　(b) 직렬개구

그림 4.8 개구부의 합성

참고

다음 그림의 풍력환기를 고려해본다. 단, 각 창의 유량계수는 동일하고, 전후의 풍력계수는 항상 일정하게 한다.

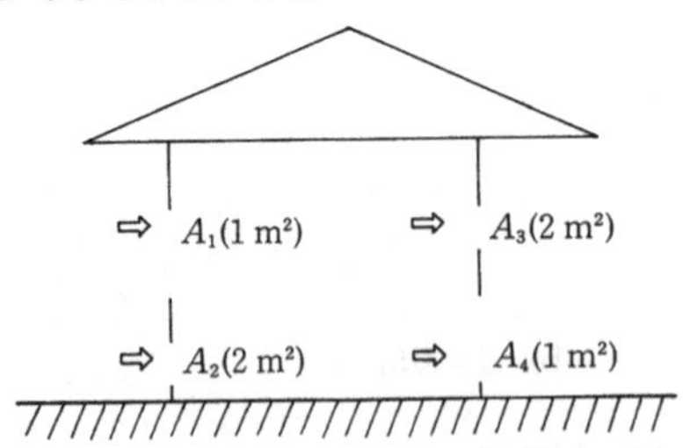

해설

A_1, A_2 병렬 개구부의 합성

(전) $A_1 + A_2 = 1\ m^2 + 2\ m^2 = 3\ m^2$

(후) $A_3 + A_4 = 2\ m^2 + 1\ m^2 = 3\ m^2$

다시 전후의 직렬합성을 하면

$$\left(\frac{1}{A}\right)^2 = \left(\frac{1}{3}\right)^2 + \left(\frac{1}{3}\right)^2 = \frac{2}{9}$$

$$\therefore A = \sqrt{\frac{9}{2}} = 2.12\ m^2$$

【예제 3】 풍상 · 풍하 각각의 개구부에는 회전창이 설치되어 있다. 각 개구부의 면적은 2㎡이며, 회전창의 유량계수는 0.5이다. 현재 풍속 2m/s의 바람이 분다고 가정했을 때 환기량을 구하시오. 단, 풍상측의 풍압계수를 0.8, 풍하측을 −0.4로 한다.

【해　답】 먼저 개구부를 합성해보면 다음과 같다.

식(4−8)에서 $\alpha A = \sqrt{\frac{1}{\left(\frac{1}{0.5\times 2}\right)^2 \times 2}} = 0.707$

식(4−5)에서 $v = 2\text{m/s}$, $C_1 = 0.8$, $C_2 = -0.4$ 이므로

$$Q = 0.707 \times 2\sqrt{0.8-(-0.4)} = 1.55\text{m}^3/\text{s}$$

【예제 4】 실온 17℃, 외기온 2℃이고 바람이 없는 상태라고 가정한다. 유입 · 유출구의 개구부는 미서기창으로서, 그 면적이 같으며 각각 1.6㎡, 창의 고저차는 3m로 한다. 유량계수를 0.7로 했을 때 온도차에 의한 환기량을 구하시오.

【해　답】 미서기창의 경우 완전히 개방하더라도 1/2밖에 유효하지 않으므로

$A = 1.6 \div 2 = 0.8\text{m}^2$ 이다. 따라서 $\alpha A = \sqrt{\frac{1}{\left(\frac{1}{0.7\times 0.8}\right)^2 \times 2}} = 0.396$

식 (4−6)에서 $h = 3\text{m}$, $t_i = 17℃$, $t_o = 2℃$

$$Q = 0.396 \times \sqrt{\frac{2\times 9.8\times 3\times(17-2)}{273+17}} = 0.69\text{m}^3/\text{s}$$

연습문제

〈4-3〉 다음 그림과 같은 경우의 자연환기를 구하시오. 단, 개구부 a, b는 모두 1.6㎡의 회전창이며, 유량계수는 0.4로 한다. 풍압계수는 풍상측이 0.8이고, 풍하측은 −0.5로 한다.

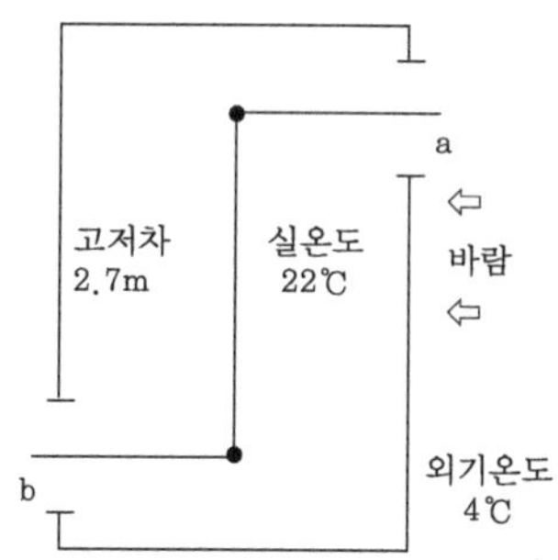

연습문제

◆ d 자연환기설비　일반적으로 건축물의 개구부는 일조 · 채광을 목적으로 하는 경우가 많다. 한여름이나 한겨울에 실내에서 냉난방을 하는 경우 환기를 위해 창을 열면 실내의 열을 손실하거나 취득하게 된다. 따라서 극단적인 공기오염이 발생하지 않는 한 환기를 소홀히 하기 쉽다.

그러나 건축물에는 환기만을 목적으로 하는 개구부가 있다. 이 개구부는 앞에서 기술한 중력이나 풍력을 이용하는 자연환기이다. 이 개구부는 자연환기구로서 급기구 또는 배기구가 되는데, 개구부로서의 기능에 지장을 주지 않고 자연환기를 더욱 촉진시킬 수 있는 건축적 장치를 할 필요가 있다.

이와 같이 자연환기만을 목적으로 하고, 기계 등에 의존하지 않는 장치를 갖춘 개구부의 형태를 자연환기설비라 한다. 자연환기설비에는 다음과 같은 것이 있다.

① 환기통 : 환기통(벤틸레이터)은 굴뚝효과를 목적으로 욕실 · 화장실 · 주방 등에 설치하거나, 집합주택 등에서 여러 개의 창으로 형성된 큰 개구부 형태를 취한 것도 있다(그림 4.9). 윗부분에는 덮개를 씌워 빗물이 들어오거나 바람이 역류하는 것을 막도록 해야 한다.

② 모니터 : 모니터(monitor)란 채광이나 환기를 목적으로 일반적으로 지붕면보다 1단 높게 설치한 작은 지붕으로서 주조공장 등과 같은 고열작업을 하는 공장에서 자주 볼 수 있다(그림 4.10).

③ 루버 : 루버는 바닥 밑이나 지붕 속의 환기구(그림 4.11, 4.12)로 자주 볼 수 있는데, 새시로 된 창의 작은 창부분이나 실내의 칸막이 창(화장실이나 욕실 등의 리턴용) 등에 사용된다. 외벽에 사용하는 경우에는 방충망이나 방풍용 댐퍼 등을 설치할 필요가 있다.

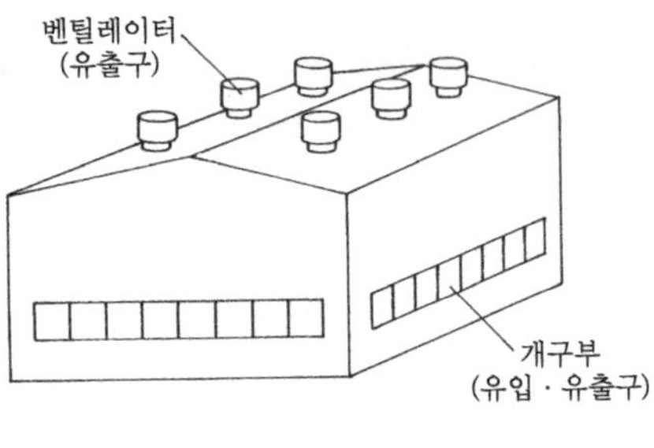

그림 4.9 벤틸레이터

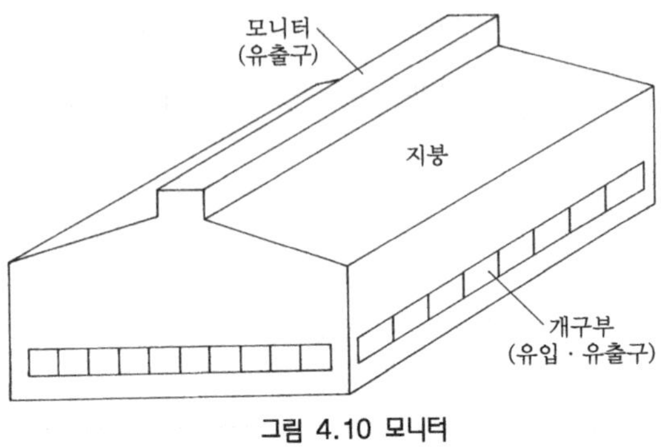

그림 4.10 모니터

그림 4.11 바닥 밑 환기

그림 4.12 지붕 속 환기

◆ **e 법규상의 자연환기설비** 건축법에 규정되어 있는 자연환기설비를 설치할 경우의 기준과 구조를 간략히 기술하면 다음과 같다. 또한 이들 내용을 그림으로 나타내면 그림 4.13과 같다.

① 환기상 유효한 급기구 및 배기통을 가질 것.

② 급기구는 거실 천장 높이의 1/2 이하인 곳에 설치하고, 항상 외기에 개방시킬 것.

③ 배기구는 급기구보다 높은 곳에 설치하고 항상 개방된 구조로 하며, 배기통이 올라간 부분에 연결할 것.

④ 배기통은 불연재료로 만들 것.

⑤ 배기통의 유효단면적은 다음의 식에 의해 계산한 수치 이상으로 할 것.

$$A_V = \frac{A_f}{250\sqrt{h}} \qquad \text{(4-9)}$$

여기서, A_V : 배기통의 유효단면적[㎡]

A_f : 거실의 바닥면적(환기상 유효한 창 등이 있을 경우 그 개구면적을 20배로 하고, 그 거실의 바닥면적에서 뺀 값)[㎡]

h : 급기구의 중심에서 배기통 꼭대기의 외기에 개방된 부분의 중심까지의 높이[m]

⑥ 급기구 및 배기구의 유효개구면적은 배기통의 유효단면적 이상으로 할 것.

⑦ 불을 사용하는 실에 대해서는 앞에서 기술한 것과 달리 급기구, 배기구, 배기통, 연돌, 배기후드를 가지는 배기통의 유효단면적 계산식이 주어진다.

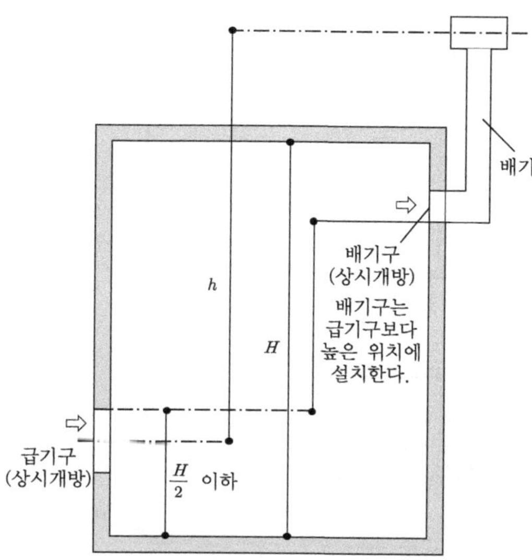

그림 4.13 일반실의 자연환기설비

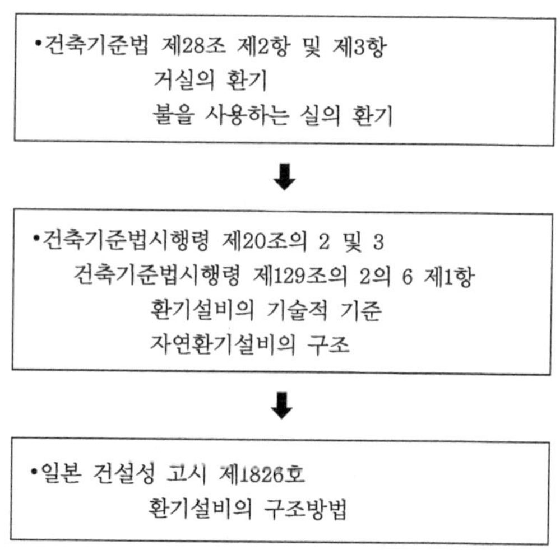

그림 4.14 자연환기설비규정의 법규상의 흐름(일본)

2) 기계환기

기계환기는 실의 급기·배기를 위해 어느 한쪽이나 양쪽에 송풍기를 사용하여 환기시키는 것으로, 강제환기라고도 한다. 기계환기를 사용하는 경우는 실에 필요한 환기량을 확실히 확보하고자 하는 경우나 법적으로 의무화되어 있는 경우이다. 또한 앞서 기술한 자연환기와 비교했을 경우 기계환기는 설비비·유지비·기계의 고장 및 사고·동력원의 차단(정전시 등), 에너지절감 면에서 불리한 점도 있다. 그러나 현재의 대기오염 및 도시의 사정이나 실의 프라이버시 등을 고려했을 때 실내의 공기환경 조정은 기계환기와 공조설비에 의존하는 수밖에 없는 형편이다.

기계환기는 그 방식에 따라 다음과 같이 제1종, 제2종, 제3종으로 분류된다(표 4.13).

① 제1종 환기설비 : 급기·배기 모두 송풍기를 이용한다(그림 4.15). 설비비가 비싼 반면 완전한 환기를 기대할 수 있다. 실내의 압력을 자유롭게 조절할 수 있으며, 실내외의 압력차가 생기지 않도록 제어할 수도 있다. 대규모 공간, 옥내주차장, 기계실 등에 이용되며, 공조설비를 함께 하는 경우가 많다.

② 제2종 환기설비 : 급기에 송풍기를 이용하며, 배기는 자연배기로 한다(그림 4.16). 실내의 압력은 정압(+)이 된다. 실내의 공기가 주위에 확산되어도 좋은 경우와 주위의 공기환경이 나쁜 경우에 사용된다. 따라서 냄새·증기·오염물질 등이 발생하지 않는 실(청정실이라 함)에 적합하며, 예를 들면 클린룸이나 수술실 등을 들 수 있다.

③ 제3종 환기설비 : 배기에 송풍기를 이용하고 급기는 자연급기로 한다(그림 4.17). 실내의 압력은 부압(−)이 되며, 실내 공기가 주위로 확산되기 어렵다. 따라서 습기와 냄새가 많은 실(오염실이라 함)에 적합하다. 예를 들면 주방·화장실·욕실·탕비실·복사실 등을 들 수 있다.

표 4.13 각 환기방식의 특징

명칭	급기	배기	환기량	실내압
제1종 환기	기계	기계	임의 일정	임의
제2종 환기	기계	자연	임의 일정	정압
제3종 환기	자연	기계	임의 일정	부압

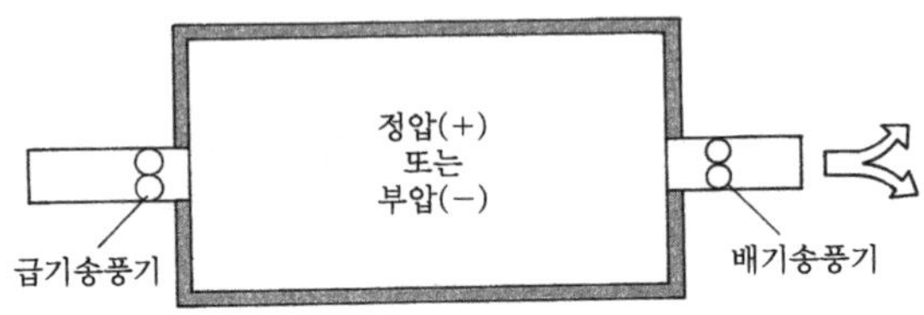

그림 4.15 제1종 환기설비

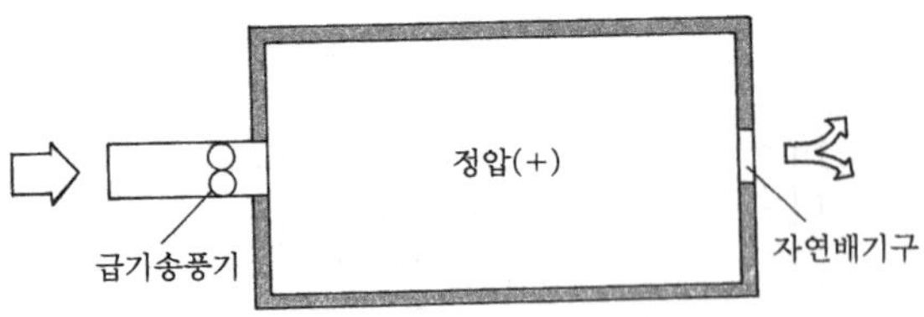

그림 4.16 제2종 환기설비

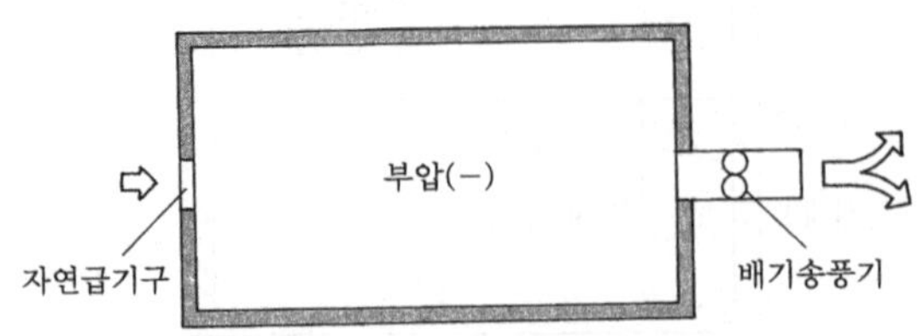

그림 4.17 제3종 환기설비

3) 전반환기와 국소환기

실내공기가 오염상태에 있을 경우 그 실 전체의 공기를 환기하는 것을 전반환기라 하며, 오염물질의 발생장소 가까이에서 그 오염물질을 환기하는 것을 국소환기라 한다.

국소환기는 오염물질인 열기 · 습기 · 냄새 · 가스 · 먼지 등이 실내에 확산되지 않도록 하는 효율적이고, 경제적인 방식이다. 그러나 국소환기만으로는 열 · 수증기 · 유해물질을 완전하게 배출하기 어려우므로 전반환기와 병용하는 것이 일반적이다.

국소환기의 경우 기계환기를 이용하는 것이 일반적이다. 배출해야 할 오염물질을 효과적으로 포집하기 위해 다음과 같은 방법이 사용된다.

① 후드(hood) : 주방에서 가스레인지 윗부분의 냄새를 흡입하는 덮개를 말한다(그림 4.18, 4.19(a)(b)). 후드는 오염발생원을 에워쌀수록, 그리고 작업면과의 간격이 가까울수록 효과적이다.

② 드래프트 챔버(draft chamber) : 화학물질 등을 취급하는 실에서 유독가스 등의 오염물질을 포집용 박스에 수집시킬 수 있도록 항상 실에서 박스로 기류를 만들고, 작업에 위험하지 않도록 유독가스가 실내에 확산되는 것을 방지하는 것이다(그림 4.19(c)).

③ 글로브 박스(glove box) : 방사성 물질 등을 취급하는 경우에 사용되는 조작용 장치이다. 공기가 절대로 역류하지 않도록 설계하며, 그 장치 속에 손을 집어넣어 그 속에서 각종 물질을 조작한다.

이들은 배출되는 가스의 종류에 따라 부식되지 않는 종류로 선택해야 한다. 또한 역류방지 조치를 취하거나 유독가스의 경우 오염물의 여과장치를 설치해야 한다. 기계환기를 위한 송풍기는 가능한 한 배기 샤프트의 끝부분에 설치하고, 소음이 발생하지 않도록 계획한다.

그림 4.18 주방의 국소환기

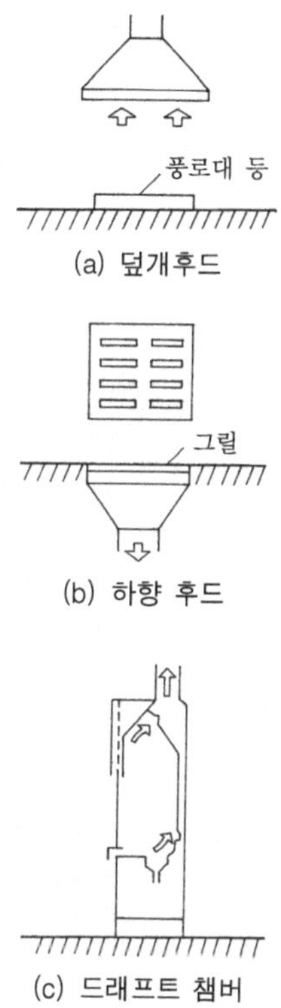

그림 4.19 후드의 종류

4. 환기에 관한 법적 규제

환기에 대한 법적 규제는 건축기준법 · 시행령 · 건설교통부 고시 및 노동안전위생 규칙에 의해 규정되어 있다.*

건축기준법에서 환기설비가 의무화되어 있는 것은 다음과 같은 경우이다.

① 실의 환기에 유효한 부분의 개구부 면적이 그 실 바닥면적의 1/20 미만인 실(이들 실은 환기상 창이 없는 거실로 한다)

② 극장 · 영화관 · 공연장 · 관람장 · 공회당 · 집회장 등 그밖에 이와 유사한 건축물의 실

③ 건축물의 조리실, 욕실 등의 실로 솥, 곤로, 그밖에 불을 사용하는 설비 또는 기구를 갖춘 곳

노동안전위생규칙에서는 다음과 같은 규정을 두고 있다.

① 작업장의 공기면적(氣積)은 1인당 10㎥ 이상으로 해야 한다.

② 작업장에서 창 또는 기타 개구부가 직접 외기를 향해 개방할 수 있는 부분의 면적이 상시 바닥면적의 1/20 이상이 되도록 해야 한다.

③ 작업장의 기온이 10도 이하인 경우에는 환기를 할 때 매초 1m 미만의 기류일 것.

이상과 같이 어떤 경우에나 환기에 필요한 급배기구의 확보를 규정하고 있다. 또한 이 밖에도 천장 높이의 하한선을 두어 1인당 기적의 확보도 고려한다.

건축물에서 위생적 환경 확보에 관한 법률시행령(발췌1)

제2조 가. 공기환경의 조정은 다음에 게재하는 바에 의한다.
나. 중앙관리방식 공기조화설비를 설치하는 경우에는 실에 다음 표의 각 호의 왼쪽 란에 게재하는 사항이 해당 각호의 오른쪽 란에 게재하는 기준에 적합하도록 공기를 정화하고, 그 온도, 습도 또는 유량을 조절하여 공급해야 한다.

1. 부유분진의 양	공기 1㎥당 0.15mg 이하
2. 일산화탄소의 함유율	10/100만 이하
3. 탄산가스의 함유율	1,000/100만 이하
4. 온도	1. 17도 이상 28도 이하 2. 실의 온도를 외기의 온도보다 낮게 할 경우에는 그 차이가 심하지 않도록 할 것
5. 상대습도	40% 이상 70% 이하
6. 기류	매초 0.5m 이하

사무소위생기준규칙(발췌2)

제2조 2. 사업자는 실에서 일산화탄소 및 탄산가스의 함유율(1기압, 온도 25도로 했을 때 공기 중에 포함된 해당 가스의 비율을 말한다. 이하 동일)을 각각 50/100만 이하 및 5,000/100만 이하로 해야 한다.

제5조 1. 사업자는 공기조화설비 또는 기계환기설비로 중앙관리방식인 것을 설치할 경우 실에 공급되는 공기가 다음 각호에 적합하도록 해당 설비를 조정해야 한다.
① 부유분진량이 0.15mg 이하일 것(1기압, 온도 25도로 했을 경우 해당 공기 1㎥ 중에 포함된 양. 이하 동일).
② 일산화탄소 및 탄산가스의 함유율이 각각 10/100만 이하(외기가 오염되어 있어 이 수치 이하인 공기를 공급하기 어려울 경우에는 20/100만 이하) 및 1,000/100만 이하일 것
2. 사업자는 전항의 설비에 의해 실에 유입되는 공기가 특정 노동자에게 직접적으로 계속 영향을 미치지 않도록 하고, 실의 기류를 매 초당 0.5m 이하가 되도록 해야 한다.

주차장법시행령(발췌3)

제12조 건축물인 노외에는 그 내부의 공기를 1시간당 10회 이상 직접 외기와 교환하는 능력을 가지는 환기설비를 설치해야 한다. 단, 창이나 그밖에 개구부가 있는 층에서 그 개구부의 환기에 유효한 부분의 면적이 그 층 바닥면적의 1/10 이상인 것에 대해서는 예외로 한다.

---

* 일본의 경우 환기에 관한 그 밖의 법적 규제에는 건축물에서 위생적 환경 확보에 관한 법률(빌딩관리법(발췌1)), 사무소위생기준규칙(발췌2), 주차장법시행령(발췌3), 에너지 사용 합리화에 관한 법률(에너지절감법) 및 각 지방의 조례 등이 있다.

4.3 통 풍

1. 통풍의 목적

날씨가 더운 여름철에는 창문을 열고 실내에 바람을 통하게 하여 사람에게서 나오는 열을 빼앗아 시원함을 느끼게 하는데, 이를 통풍이라 한다. 환기는 실내의 오염된 공기를 배출하는 것이며, 이에 반해 통풍은 바람이 통하는 것 자체에 목적을 두고 있다. 즉 통풍이란 풍상·풍하의 개구부를 개방하여 실내에 기류를 형성하고 인체의 열발산을 크게 하여 더운 느낌을 저하시키는 것이다. 한편 바닥 밑이나 지붕 속을 환기시키는 것도 통풍이라 부른다.

일반적으로 환기량에 비해 통풍량은 크고, 통풍량을 환기횟수로 나타내면 수백 회/h 정도가 된다. 최근 도심에서는 과밀화 및 소음·대기오염 등의 영향으로 창문을 마음대로 충분히 열어두기가 어려워지고, 공기조화설비가 일반화되면서 통풍에 의존하지 않아도 실내를 어느 정도 쾌적한 상태로 할 수 있게 되었다. 그러나 자연풍에 대한 기대감이나 에너지절감 대책으로서 통풍이 다시 고려되고 있다.

통풍을 고려할 때는 바람의 존재가 전제되며, 기상조건(풍향, 풍속)이나 건축물 주변의 조건(지형, 식생, 밀집도)에 따라 바람이 건축물에 미치는 영향이 크게 달라진다. 특히 우리나라에서는 여름철에 매우 고온다습하기 때문에 통풍의 효과를 기대하는 경우가 많다. 이때 지역에 따른 계절풍의 평균적인 풍향·풍속(표 4.14)과 해륙풍·계곡풍 등(그림 4.20. 4.21) 기본적인 지리적 조건에 대한 이해가 필요하다.

실내에 통풍이 요구되는 경우 적어도 0.2m/s 이상의 실내풍속이 얻어지지 않으면 그 기류는 감지되지 않는다. 또한 책상 위에 놓인 서류가 바람에 움직이지 않을 정도의 풍속은 1m/s가 되며, 이 값을 실내기류의 상한값으로 본다. 그러나 매우 더울 경우에는 이 상한값을 넘는 풍속을 기대하는 경우도 있다.

표 4.14 월간 최다풍향과 평균풍속

지명	1월		4월		7월		10월		연	
	최다 풍향	평균풍속 m/s	최다 풍향	평균풍속 m/s	최다 풍향	평균풍속 m/s	최다 풍향	평균풍속 m/s	최다 풍향	평균풍속 m/s
아사히카와	S	1.4	WNW	2.0	WNW	1.7	S	1.6	WNW	1.7
아바시리	SW	3.6	S	3.4	S	2.2	SW	3.6	S	3.1
삿뽀르	NW	1.9	SE	2.9	SE	2.5	SSE	2.1	SE	2.3
쿠시로	NNE	3.5	S	3.8	S	3.0	NNE	3.7	NNE	3.5
하꼬다테	WNW	2.7	W	3.1	E	2.3	WNW	2.7	WNW	2.7
아오모리	SW	3.4	SW	3.0	ENE	2.1	SW	2.6	SW	2.8
아키타	NW	5.6	SE	4.1	SE	3.0	SE	3.8	SE	4.0
모리오카	W	2.7	S	3.5	S	2.7	S	2.4	S	2.8
야마가타	SSW	1.4	N	1.9	N	1.4	SSW	1.3	SSW	1.5
센다이	WNW	3.7	SE	3.7	SE	2.7	NNW	3.4	NNW	3.4
후쿠시마	WNW	2.5	NE	2.9	NE	2.1	WNW	1.9	NE	2.4
니이가타	NW	4.6	S	3.4	NNE	2.8	S	3.2	S	3.5
나가노	E	1.8	WSW	2.9	WSW	2.3	W	2.2	WSW	2.3
마쯔모토	S	2.1	N	2.7	N	2.1	N	1.8	N	2.1
코후	NNW	1.9	SW	2.1	SW	1.6	WSW	1.4	SW	1.8
동경	NNW	3.4	NNW	3.7	S	3.0	NNW	3.2	NNW	3.4
시즈오카	WSW	2.3	NE	2.5	S	2.3	NE	2.0	NE	2.3
나고야	NW	2.9	NNW	3.2	SSE	2.5	N	2.5	NNW	2.8
가나자와	SW	2.4	E	2.2	E	1.7	E	1.8	E	2.0
후쿠이	S	2.5	SSE	3.1	S	2.5	SSW	2.5	S	2.6
교토	WNW	1.4	N	1.8	NNE	1.7	N	1.4	N	1.6
오오사카	W	3.6	NE	3.5	WSW	3.2	NE	3.1	NE	3.3
코베	WNW	3.7	ENE	3.4	WSW	3.1	N	3.2	N	3.3
돗토리	ESE	3.3	ESE	3.6	ESE	2.7	ESE	2.9	ESE	3.1
오카야마	W	2.5	ENE	2.3	ENE	2.0	N	1.9	ENE	2.2
토쿠시마	WNW	3.5	NW	3.5	SSE	2.9	WNW	2.9	WNW	3.1
코치	W	1.8	W	1.9	W	1.6	W	1.7	W	1.8
마쓰야마	WNW	2.2	WNW	2.0	E	1.7	ESE	1.8	WNW	1.9
후쿠오카	SE	3.3	N	3.1	SE	2.7	N	2.7	SE	2.9
나가사키	N	2.3	N	2.4	SW	2.3	NE	1.9	N	2.2
구마모토	NW	1.8	NNW	2.1	SW	2.2	NNW	1.8	NNW	1.9
카코시마	NW	2.5	WNW	2.8	WNW	2.6	NW	2.6	NW	2.7
나하	NE	4.4	SSW	4.4	SW	4.4	NE	4.7	NE	4.6

주) 최다풍향은 1996년판 『이과(理科)연표』에 의해 작성. 평균풍속은 1991년 『일본기후표』에 의해 작성 (1975~1990년까지의 자료에 의함).

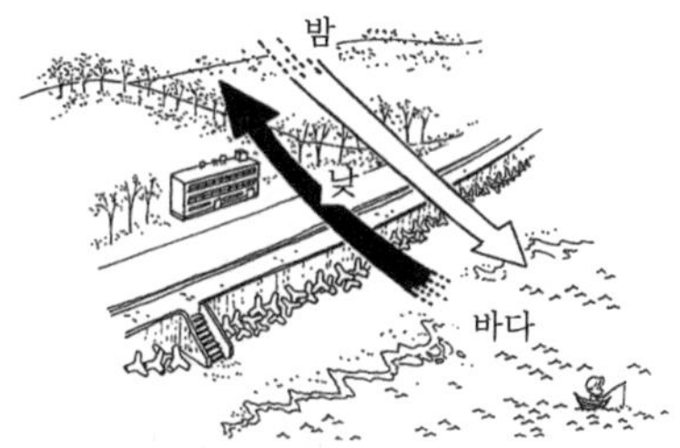

해륙풍 : 산과 바다가 접하는 곳에서는 낮에 해풍, 밤에 산풍이 분다.

그림 4.20

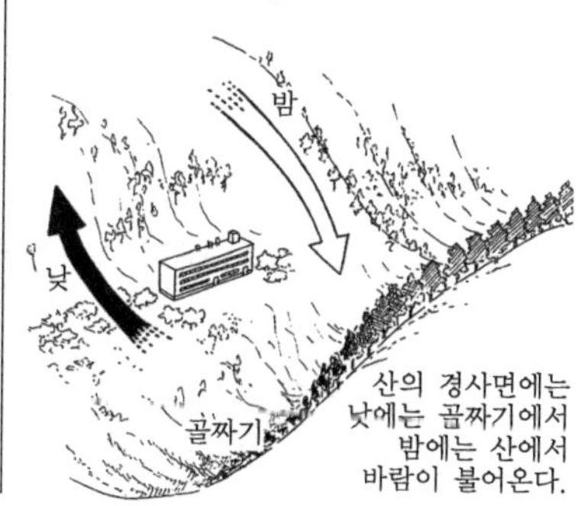

그림 4.21

2. 통풍경로

건축물의 실내에 바람이 유입되고 실내기류를 형성하여 옥외로 유출되는 공기의 경로를 통풍경로 또는 통풍윤도(通風輪道)라 한다. 실내 전체의 자연환기를 고려하지 않은 상태에서 거주범위와 작업면에 대하여 효과적으로 통풍이 이루어지기 위해서는 이 경로를 잘 파악하는 것이 필요하다.

통풍경로에 영향을 미치는 요소로는 다음과 같은 4가지 사항이 있다.

① 건축물 주변의 수목류와 담 및 건축물 벽면의 돌기물 : 도로경계나 인접지 경계 부근 등의 울타리 · 담 등은 일반적으로 차폐기능을 목적으로 설치되는 경우가 많다. 이런 경우 이들을 통풍수단으로 이용할 수 있다(그림 4.22). 그림에서 볼 수 있듯이 이들의 배치방식에 따라 바람이 조절되며, 통풍이 가능해지기도 하고, 반대로 통풍에 방해가 되기도 한다. 일사나 장벽에 대해서도 마찬가지의 영향이 있으며, 벽면으로부터의 거리에 따라 실내의 통풍경로는 변동된다(그림 4.23).

② 개구부의 위치 : 개구부의 실내벽면 내에서의 위치관계에 따라서도 기류는 변화되며, 정체공간을 나타내는 방법이 다르다. 이때 개구부의 평면적인 차이(그림 4.24)와 단면적인 차이(그림 4.25)가 있다.

③ 개구부의 형식 : 개구부에 설치되는 가구류의 개방형식이 통풍경로에 영향을 미치는 경우가 있다(그림 4.26). 100% 개구 가능한 형식의 창은 적으며, 회전창(종축 · 횡축) · 미끄럼창 등에 따라서도 차이가 나타난다. 이는 유량계수 α와도 관계가 있다.

④ 개구면적비 : 유입 · 유출의 개구부 면적비는 도입되는 풍속에 큰 영향을 미친다. 일반적으로 유출측 개구부가 큰 쪽이 외기가 유입되기 쉽다(그림 4.27).

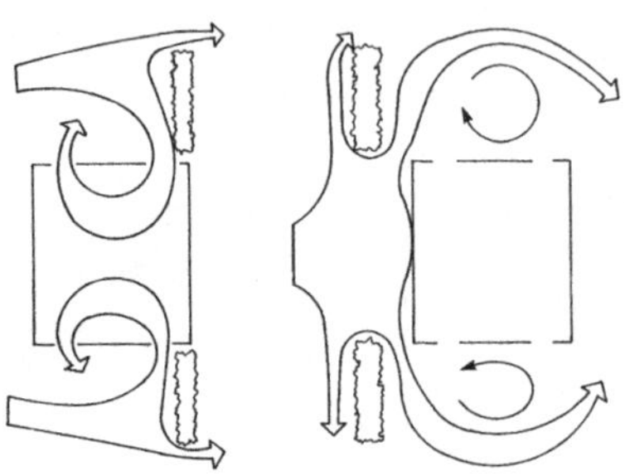

그림 4.22 울타리 · 담과 통풍경로

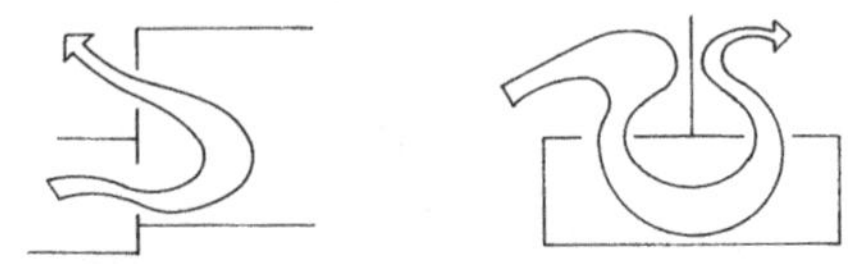

그림 4.23 차양 · 장벽과 통풍경로

그림 4.24 개구부의 위치와 통풍경로(평면)

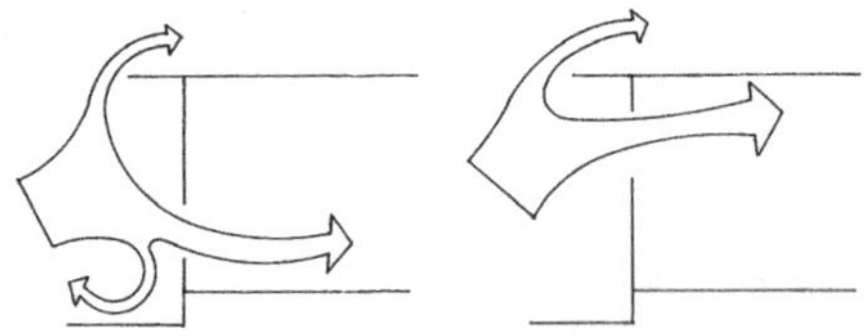

그림 4.25 개구부의 위치와 통풍경로(단면)

그림 4.26 개구부의 형식과 통풍경로

그림 4.27 개구면적과 통풍경로

V. 일조와 일사

5.1 일조와 주거환경

1. 일조의 효과

태양은 핵융합반응에 의해 3.85×10^{26} W의 에너지를 방출하고 있다. 방출에너지 중에서 불과 20억분의 1만이 지구에 도달하고, 열과 빛의 형태로 지구에 도달한 에너지는 대기 및 지표의 동·식물과 광물에 영향을 미치고, 기후를 형성하며, 또한 수분을 증발시켜 비를 내리게 하거나 바람을 일으키는 등 다양한 현상을 만든다(그림 5.1).

태양에너지 중에서 주로 직사광의 빛효과와 보건위생적 효과를 일조라 부르고, 열효과를 일사라 부르는데 그다지 엄밀하게 분류하지는 않는다. 일조권은 햇빛을 받음으로써 다양한 혜택을 누릴 수 있는 권리를 말한다. 그런 의미에서 일조란 말 그대로 햇빛을 받는 문제라 할 수 있으며, 일조는 우리 생활에 없어서는 안 될 자연 요소이다.

태양의 방사에너지는 그 파장에 따라 자외선, 가시광선, 적외선으로 나누어진다(그림 5.2). 자외선은 성층권인 오존층에 의해 대부분 흡수된다. 적외선은 파장에 따라 대기 중의 수증기와 이산화탄소에 의해 흡수되기 쉬우므로 적외선의 일부는 대기 중에 흡수된다(그림 5.3).

그림 5.1 태양에너지의 작용

파장 단위(m)	파장 단위(nm)	방사선명
10^{-13}	10^{-4}	γ 선
10^{-12}	10^{-3}	
10^{-11}	10^{-2}	
10^{-10}	10^{-1}	X 선
10^{-9}	1	
10^{-8}	10	자외선
10^{-7}	10^{-2}	가시광선
10^{-6}	10^{-3}	적외선
10^{-5}	10^{-4}	
10^{-4}	10^{-5}	원적외선

그림 5.2 태양방사의 파장과 선의 이름

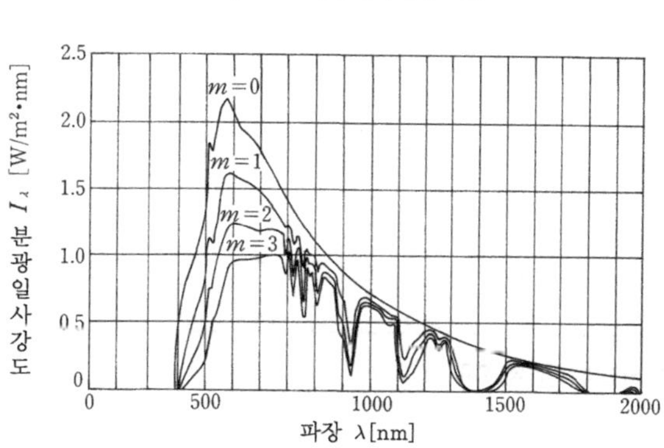

그림 5.3 태양방사의 파장분포도

1) 열효과

전 파장범위의 태양방사에 의해 대지와 대기는 열을 받아 기온이 형성된다. 건축물에 대한 일사는 지붕과 외벽을 통하여 실내로 유입되거나, 또는 창유리를 투과하여 실내에 유입되며, 실내의 열환경에 큰 영향을 미친다. 겨울철의 일사는 건축물의 보온 및 습기 제거에 효과적이지만 여름철의 일사는 실내의 열부하를 증가시킨다.

2) 빛효과

태양방사 중 380~780nm* 범위의 파장인 것을 가시광선이라 부르며, 인간에게 밝기와 색채를 느끼게 하는 빛으로서의 효과를 가진다. 주광조명으로 이용되는 것은 주로 대기 중에 산란하여 지표에 이르는 천공광이다. 직사광은 조도가 너무 크고 밝으며, 어둠의 대비가 너무 크기 때문에 조명으로는 부적합하게 인식되고 있다. 그러나 에너지절감 측면에서 일조 조정장치와 컴퓨터 제어에 의해 직사광을 실내 조명원으로 이용하는 것이 가능해지고 있다.

3) 보건위생적 효과

태양방사 중 파장이 380nm 이하인 자외선은 몇 시간만 쪼여도 병원균이 사멸하는 등 강한 화학작용을 가지고 있다. 건축물에 대해서는 내장재와 가구의 색을 변하게 하며, 인체에 대해서도 피부염이나 백내장의 원인이 된다. 그러나 자외선 중 300~320nm 범위의 파장인 것을 도르노선 또는 건강선이라 부르며, 체내에서 칼슘을 만드는 데 필요하다. 도르노선의 결핍은 구루병의 원인이 되므로 인체는 하루에 적어도 몇 분 이상의 일조를 받아야 한다.

4) 주거환경의 총합적 지표로서의 일조

태양고도가 낮고 일출에서 일몰까지의 시간이 짧은 겨울철의 경우, 건축물의 남쪽이 오픈되어 있지 않으면 건축물에 충분한 일조를 기대하기 어렵다. 다시 말해서 일조를 얻을 수 없다는 것은 부지의 남쪽에 높은 건축물이 근접해 있음으로써 압박감이 생기거나 조망을 해칠 뿐만 아니라, 바람이 통하기 어렵고 수목도 제대로 성장하기 어려워져 생리적으로도 안정되고 건강한 환경을 조성하기 어렵다는 것을 의미한다(그림 5.4). 따라서 충분한 일조의 확보 여부는 주거환경의 좋고 나쁨을 나타내는 총합적인 지표라고도 할 수 있다.

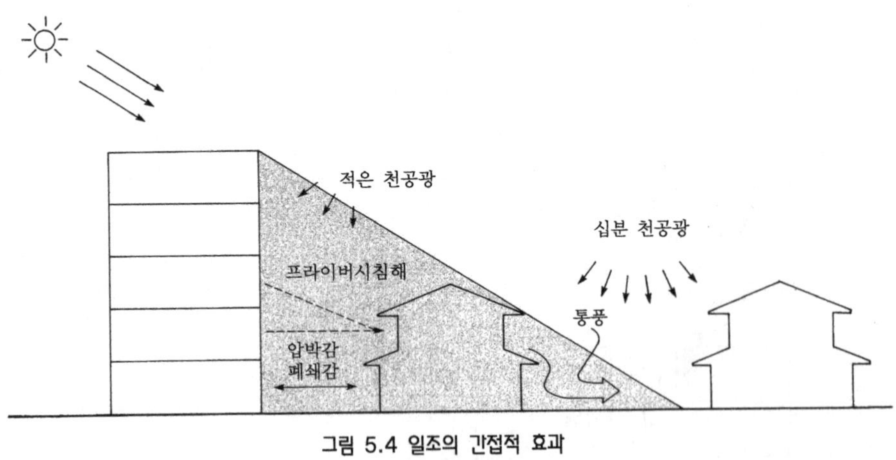

그림 5.4 일조의 간접적 효과

---

* 나노미터라고 읽는다. 1nm = 10^{-9}m.

2. 일조와 건축계획

일조는 건축계획 중에서 매우 중요한 검토요소이다. 이때 계획건축물 자체의 일조 확보와 함께 계획건축물에 의해 주변에 일영이 생기지 않는지도 주의 깊게 검토하여야 한다.

1) 건축물의 배치와 평면계획

일조를 검토하기 위해서는 먼저 지상에서 본 각 계절의 태양 운행궤도를 알아야 한다. 그 다음으로 주된 실에 대한 일조의 도입과 식재에 대한 일조 등을 고려하여 부지 내에서 건축물 및 각 실의 배치를 결정한다. 또한 개구부의 위치와 크기에 따라 실내의 어느 부분에 어느 정도의 일조가 얻어지는지를 정한다. 이때 일조조정장치를 설치함으로써 그늘을 형성하기도 하고 적절한 일조를 실내에 도입할 수도 있다.

2) 부지 주변에 대한 영향

계획건축물에 의해 그 부지의 북쪽에 장시간에 걸쳐 그림자가 발생하지 않도록 건축물의 배치 및 형태가 법적으로 규제되어 있다. 부지 주변에 대해서는 법적 규제의 대상 여부를 불문하고 그림자를 충분히 고려하여 계획하고, 지역 전체의 환경 향상도 함께 고려하여 계획해야 한다.

일영(그림자)에 대한 검토는 일조도표와 일영곡선, 태양위치도 등을 이용한다.

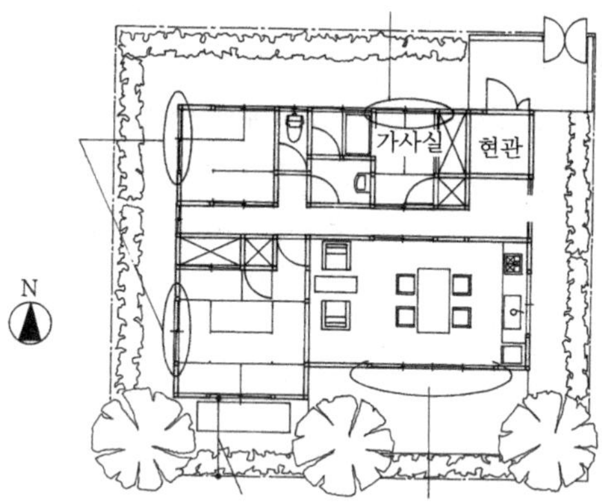

그림 5.5 건축물 평면과 일조

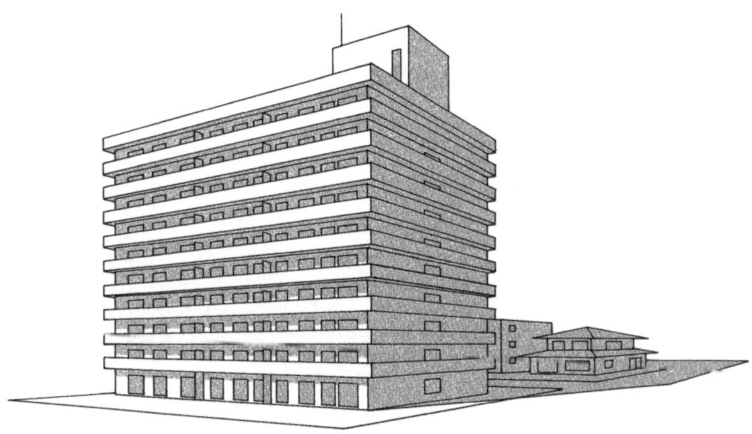

그림 5.6 인접지로의 일영

5.2 태양의 위치

1. 지표에서 본 태양의 움직임

1) 지구의 공전과 자전

지구는 공전면에 대하여 지축을 23°27′ 기울여 태양의 주위를 공전하고 있다(그림 5.7). 태양과 지구의 관계를 지구를 중심으로 생각하면 그림 5.8과 같이 된다. 그림에 나타낸 δ는 지구의 적도면과 태양이 이루는 각으로 일적위라 한다. 표 5.1에 나타낸 바와 같이 일적위는 계절에 따라 변화된다.

2) 천 구

그림 5.8의 점 A는 적도에서 ϕ의 각도(위도 ϕ)에 있는 지구표면상의 점이다. 이 점 A를 중심으로 하여 무한하게 넓어지는 공간을 유한반경의 구(球)로 보며, 태양이나 달, 별 등과 같은 천체는 이 구면상의 점으로 본다. 이 가상의 구를 천구(天球)라 한다(그림 5.9). 태양광은 평행광이므로 점 L이 천구상의 태양 위치가 된다.

3) 태양의 고도와 방위각

그림 5.10의 점 A를 관측자, 천구상의 점 L을 태양이라 할 때 AL과 지표면이 이루는 각 h를 태양고도라 한다. 천정(天頂) Z와 천저(天底) Z'를 통하는 원 중 정남(남점) S를 통하는 것을 자오선이라 한다. 천정과 천저와 태양을 통하는 원 ZZ'L과 자오선이 이루는 각 α를 방위각이라 한다. 방위각 α는 정남을 0으로 하고, 서점이 +90°, 동점이 −90°가 된다.

천구상의 양극 PnPs와 점 L을 통하는 원을 시원(時圓)이라 한다. 시원과 자오선이 이루는 각 t를 시각이라 한다. 시각 t는 태양이 정남에 올 때(남중)가 0이며, 15°가 1시간에 해당한다. 관측점의 위도 ϕ, 그 계절의 일적위 δ, 임의의 시각인 시각 t에 의해 태양의 고도 h와 방위각 α는 다음 식과 같이 나타낼 수 있다.

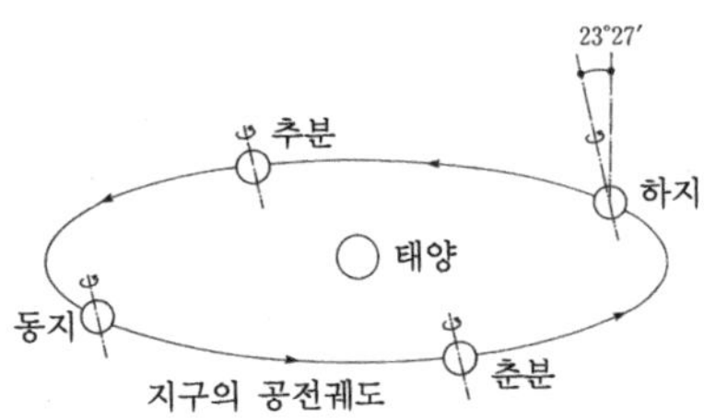

그림 5.7 지구의 공전

표 5.1 일적위 δ

입 춘	2월 4일	−16° 20′
춘 분	3월 21일	0° 00′
하 지	6월 22일	23° 27′
입 추	8월 8일	16° 20′
추 분	9월 23일	0° 00′
동 지	12월 22일	−23° 27′

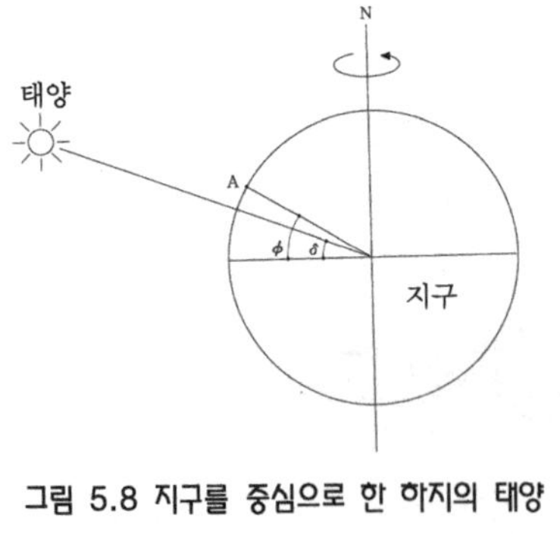

그림 5.8 지구를 중심으로 한 하지의 태양

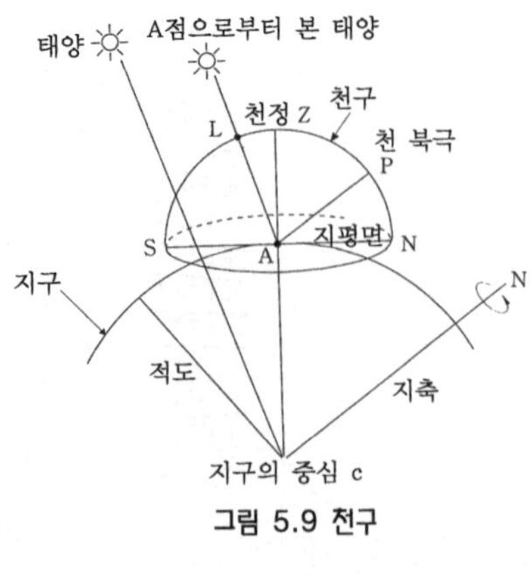

그림 5.9 천구

$$\sin h = \sin \phi \sin \delta + \cos \phi \cos \delta + \cos t \quad \cdots\cdots (5\text{-}1)$$

$$\sin \alpha = \frac{\cos \delta \sin t}{\cos h} \quad \cdots\cdots (5\text{-}2)$$

식 (5-1)에서 $t = 0$이라 하면 남중시의 태양고도(남중고도)가 구해진다.

$$h = 90° - \phi + \delta \quad \cdots\cdots (5\text{-}3)$$

태양의 천구상 궤도를 하지, 춘 · 추분, 동지에 따라 그리면 그림 5.11과 같이 된다. 태양고도와 방위각에 의해 건축물의 각 면에 대한 일사량과 건축물에 의한 일영의 영향 범위가 크게 다르므로 각 계절의 태양 위치를 아는 것이 중요하다.

4) 태양위치도

천구상의 태양궤도, 고도원(高度圓), 방위원, 시원을 평면상에 투영한 것을 태양위치도라 한다(그림 5.12). 천구상의 같은 고도를 연결한 고도원은 동심원형으로, 같은 방위를 연결한 방위원은 방사선형으로, 등시각을 연결한 시원은 곡선형으로 투영된다. 이 태양위치도에 의해 임의 시각의 태양고도와 방위각을 알 수 있으며, 태양위치도와 같은 투영방식으로 작성한 건물의 투영도와 겹쳐보면 일영을 검토할 수 있다(p.97 참조). 한편 태양위치도의 투영방식에는 정사영, 등거리사영, 등입체각사영, 극사영이 있다.

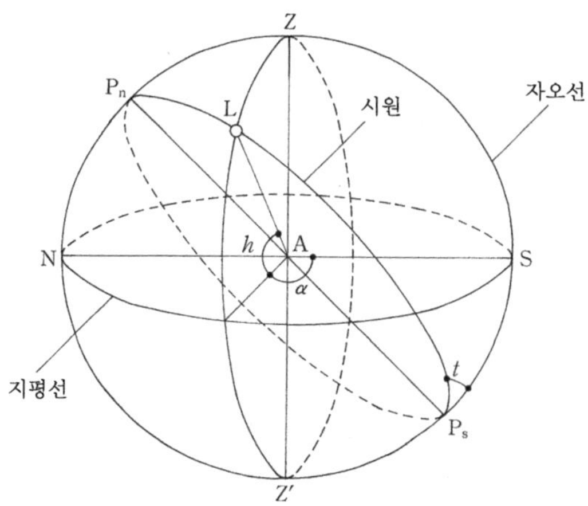

그림 5.10

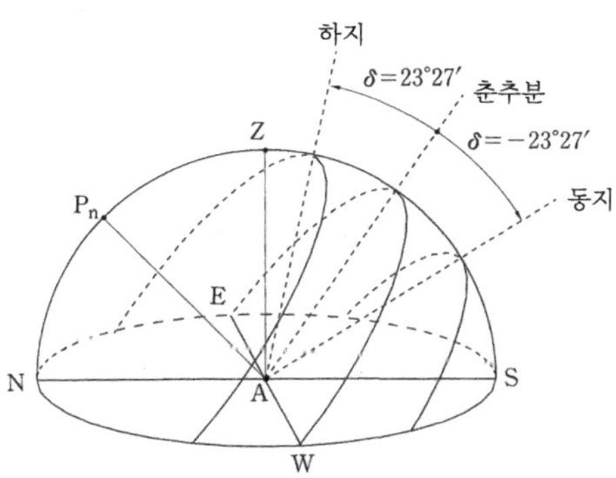

그림 5.11 태양의 궤도

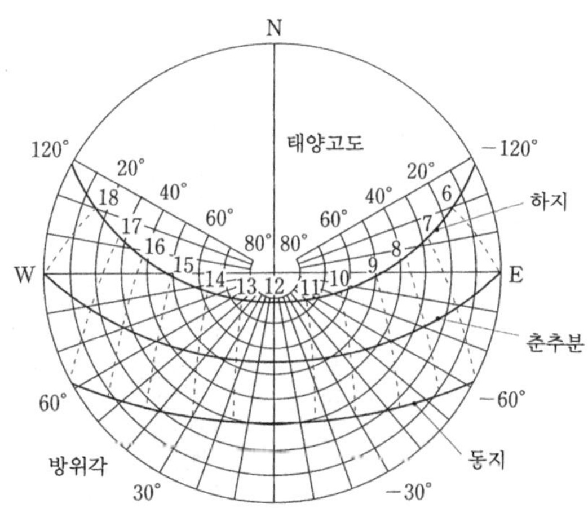

그림 5.12 태양위치도(등거리사영)

2. 진태양시

태양이 정남쪽에 있을 때를 정오라 하며, 다시 정남쪽으로 올 때까지를 1일로 정하고, 1일의 1/24을 1시간으로 정하는 시각계를 진태양시(眞太陽時)라 한다. 지구의 자전속도는 일정하지만 공전궤도가 타원형이라는 점에서 진태양시의 1일 길이(진태양일)는 1년 내내 일정하지는 않다. 따라서 진태양일의 1일간의 평균을 평균태양일이라 하고, 이를 1/24로 한 것을 평균태양시라 한다. 우리나라는 동경 135°의 평균태양시를 표준시로 하고 있다. 각 지방에서 진태양시와 평균태양시의 차이를 균시차라 하고, 그림 5.13에 나타낸 바와 같이 연간 변화를 나타낸다. 또한 어느 지점에서 평균태양시와 표준시와의 차이는 경도차 15°당 1시간(1°당 4분)이 된다(그림 5.14). 따라서 한국표준시를 T', 균시차를 e, 서울을 L이라 하면 진태양시 T는 다음의 식과 같이 나타낸다.

$$T = T' + e + \frac{L-135}{15} \text{ 시간}$$
$$= T' + e + 4(L-135) \text{ 분} \quad \cdots\cdots (5\text{-}4)$$

【예제 1】 북위 36°, 동경 136°인 지점에서 춘분일 때의 진태양시 정오는 한국표준시로 몇 시가 되는가?

【해 답】 그림 5.13에서 균시차는 약 −7.48분이다. 식 (5−4)를 변형하여 한국표준시를 구하면

$$T' = T - e - 4(L-135)$$
$$= 12\text{시} - (-7.48)\text{분} - 4 \times (136-135)\text{분} = 12\text{시 } 3\text{분 } 29\text{초}$$

연습문제

〈5-1〉 북위 34°, 동경 134°인 지점에서 동지일 때의 진태양시 오전 10시는 한국표준시로 몇 시가 되는가?

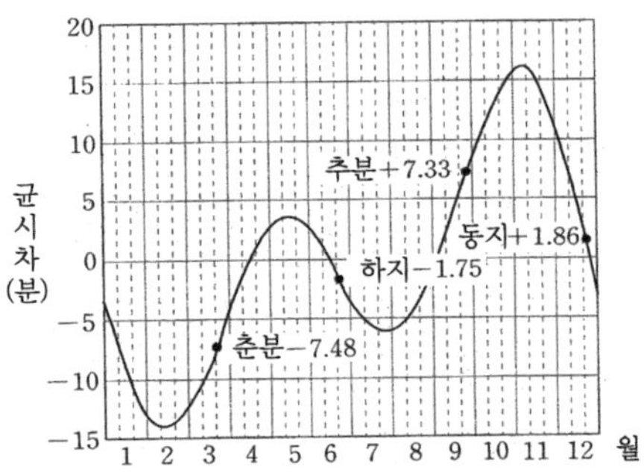

그림 5.13 균시차의 연변화

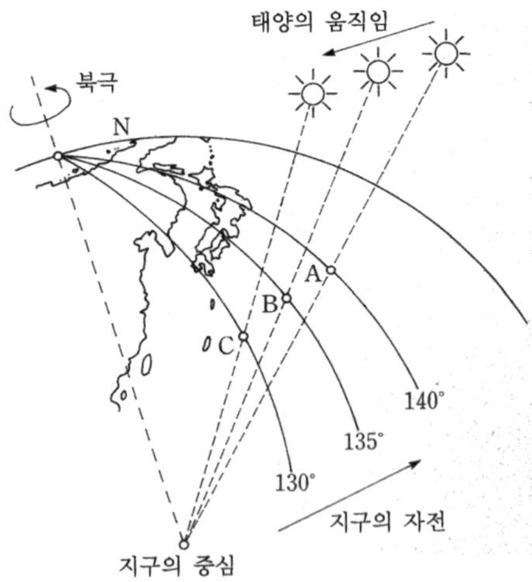

그림 5.14 시차

도시명	위 도	경 도	4(L−135°)
根 室	43° 20′	145° 35′	42.3
札 幌	43° 03′	141° 20′	25.3
盛 岡	39° 42′	141° 10′	24.7
東 京	35° 41′	139° 46′	19.1
長 野	36° 40′	138° 12′	12.8
名古屋	35° 10′	136° 58′	7.9
大 阪	34° 41′	135° 31′	2.1
高 松	34° 19′	134° 03′	3.8
広 島	34° 24′	132° 28′	10.1
福 岡	33° 35′	130° 23′	18.5
那 覇	26° 12′	127° 41′	29.3

◀ 표 5.2 도시의 위도, 경도, 시차

3. 일영곡선과 일조곡선

1) 일영곡선

수평면상의 기준점 O에 수직으로 세운 막대의 일영 끝의 궤도를 일영곡선이라 한다(그림 5.15, 5.16). 일영곡선은 태양의 방위각과 고도에 의해 정해지므로 각 계절마다 일영곡선은 다르다. 일영곡선에 의해 특정 계절, 특정 시각의 일영의 방위와 기준길이의 막대에 대한 일영 길이의 배율을 알 수 있다. 또한 일영곡선을 이용하여 일영의 끝에서 역으로 태양의 방위각과 고도를 구할 수도 있다. 예를 들어 동짓날 오후 2시의 일영길이 배율은 약 2.15, 태양고도는 25°, 방위각은 30.5°가 된다.

2) 수평면 일조곡선

그림 5.17에 나타낸 바와 같이 어느 수평면상의 기준점 O의 연직방향의 점 O'와 태양을 연결한 선이 이 수평면과 만나는 점의 궤도를 수평면 일조곡선이라 한다. 그림 5.18은 각 계절의 일조곡선을 나타낸 것인데, 일영곡선과 점대칭 관계에 있다.

【예제 2】 일영곡선도(그림 5.16)를 보고 동짓날 오전 9시의 일영길이의 배율과 태양의 방위각, 고도를 구하시오.

【해　답】 그림 5.16에서 일영길이의 배율은 3.2, 태양의 방위각은 −43°, 고도는 17.5°가 된다.

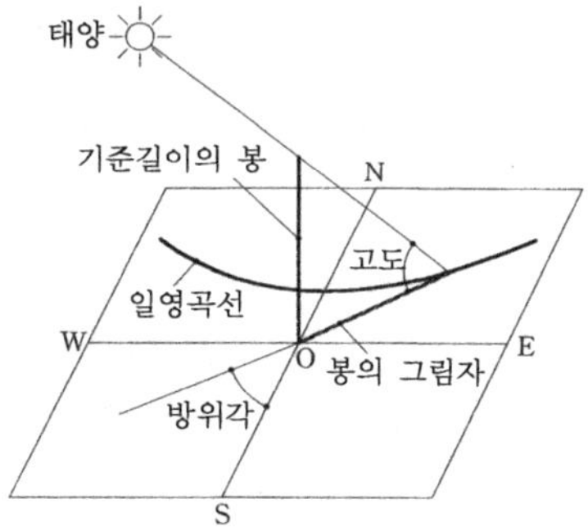

그림 5.15 일영곡선 I

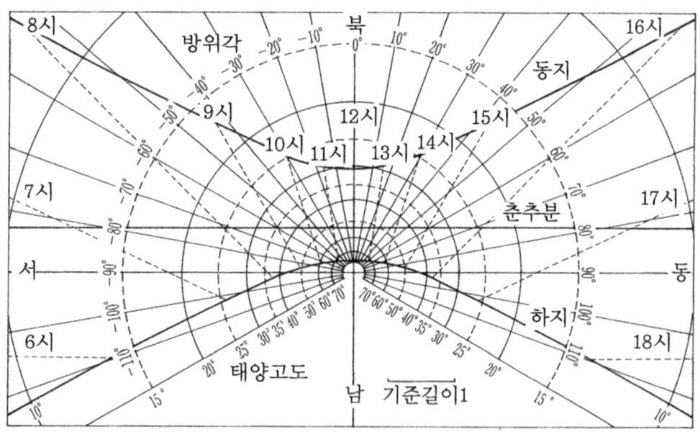

그림 5.16 일영곡선도(북위 35 °)

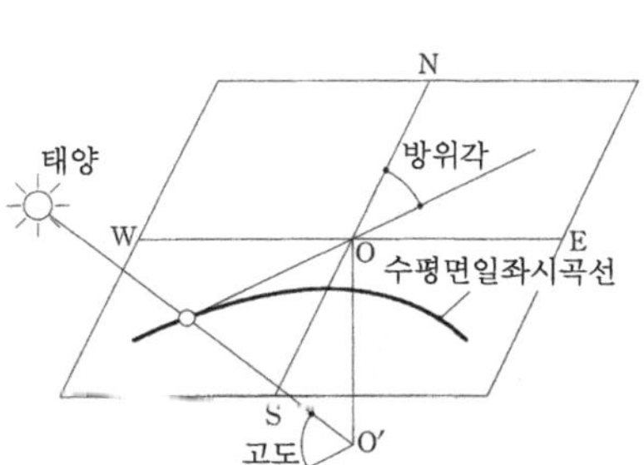

그림 5.17 일조곡선 I

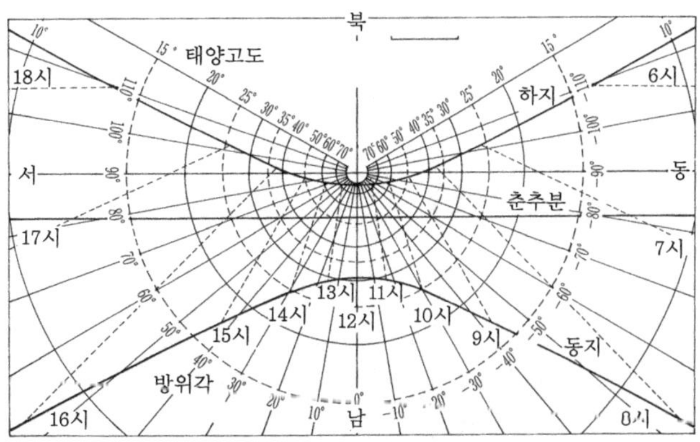

그림 5.18 일조곡선도(북위 35 °)

5.3 일조와 일영의 검토

1. 일영곡선에 의한 검토

1) 일영도

일영곡선을 이용하여 기준점에 세워진 기준길이의 막대 그림자 길이를 알 수 있다(p.91 참조). 따라서 건축물의 각 점을 기준점에 합하면 각 시각에 건축물의 그림자 방향과 건축물의 높이에 대한 그림자 길이의 배율을 알 수 있다. 그림 5.19는 동짓날 14시에 높이가 기준길이의 1.5배인 직방체 건축물의 그림자를 그린 것이다. 건축물의 일영을 일정시간 간격으로 연속해서 그린 것을 일영도라 한다. 그림 5.20은 1시간마다 일영을 그린 일영도의 예를 나타낸 것이다.

2) 일영시간도

건축물의 일영에 따라 주변의 각 지점이 몇 시간 일영이 되는지 나타낸 그림을 일영시간도라 한다. 일영시간도의 각 곡선은 건축물 주변에서 등시간일영이 되는 점을 연결한 것으로 등시간일영선이라 한다. 일영시간도는 수작업으로 단시간에 정확하게 그릴 수 없기 때문에 컴퓨터를 이용하여 작성된다. 그러나 일영시간의 예측을 위한 대략적인 그림만 있어도 일영도로부터 간단하게 작도할 수 있다. 예를 들면 그림 5.21에서 8시의 일영과 9시의 일영의 교점은 8시에 일영이 되고 9시 이후에는 일영이 되지 않으므로 정확히 1시간 일영이 되는 점이다. 마찬가지로 1시간마다의 일영의 교점은 정확히 1시간 일영이 되므로 이들 교점을 연결한다. 또한 일영의 검토는 8시부터 16시까지에 대하여 행해지므로 8시의 일영에 포함되는 9시의 일영선과 16시의 일영에 포함되는 15시의 일영선도 1시간의 일영선이 된다. 이상의 선을 연결한 것이 1시간의 등시간일영선이 된다. 2시간, 3시간 등시간일영선도 마찬가지이다.

연습문제

〈5-2〉 다음 그림의 건축물에서 8시부터 16시까지의 일영도를 그리시오. 또한 그린 일영도를 이용하여 1시간과 2시간의 일영시간도를 그리시오. 단, 건축물의 높이는 일영곡선의 기준길이와 같은 것으로 한다.

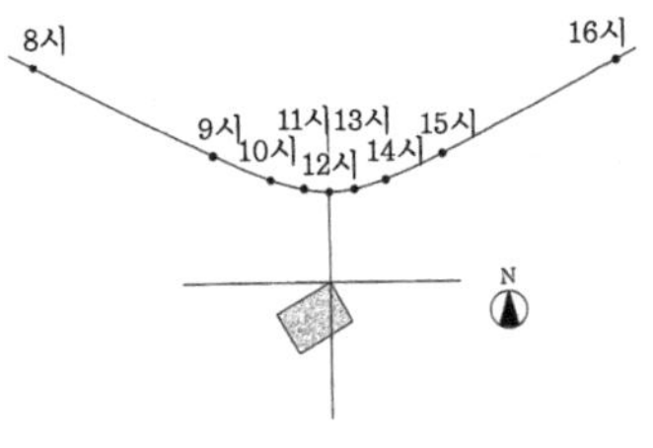

연습문제

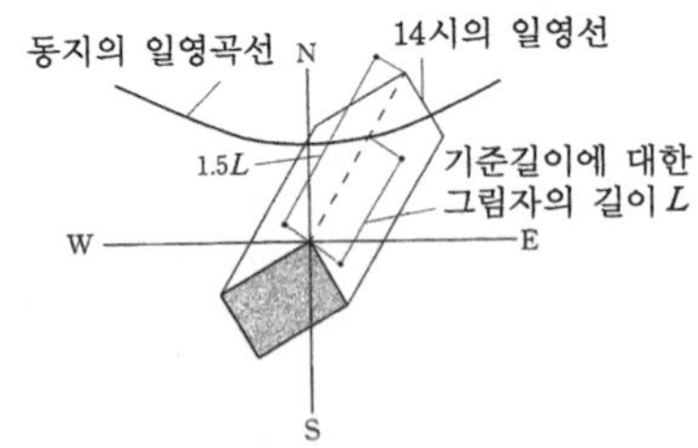

그림 5.19 일영도 그리는 법

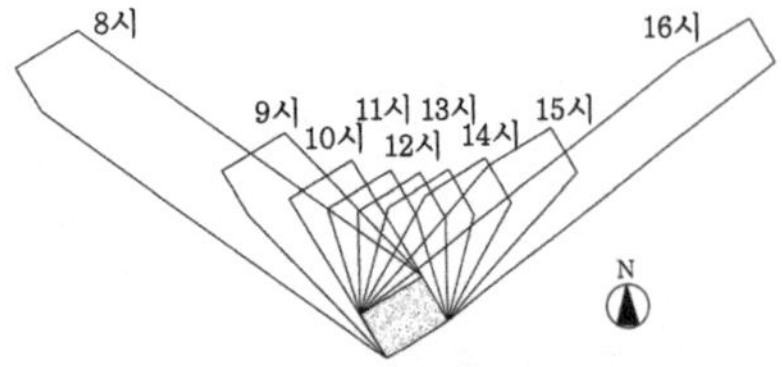

그림 5.20 동지의 일영도(북위 35°)

그림 5.21 일영시간도 쓰는 법

3) 건축물의 형태와 일영시간도

건축물의 형태가 크고 높으면 일영이 미치는 범위도 확대된다. 그러나 장시간 일영의 영향범위는 단순하지 않다. 그림 5.22는 건축물의 볼륨과 방위에 의한 일영시간의 차이를 나타낸 것으로, 다음과 같은 사항을 알 수 있다.

① 바닥면의 형태와 크기가 같을 경우 일정 높이를 넘으면 장시간 일영이 미치는 범위는 변화되지 않는다.

② 형태와 크기가 같을 경우 남북방향보다 동서방향으로 긴 건축물이 북쪽에 대한 영향이 크다.

③ 동(棟)의 형태가 동서방향으로 길수록 장시간 일영의 범위가 비약적으로 넓어진다.

그림 5.23에 나타낸 바와 같이 일출에서 일몰까지 하루에 일영이 되는 장소를 종일일영이라 한다. 건축물의 형태에 따라 하지에도 하루 종일 일영이 생기는데, 이 장소는 1년 내내 일영이 되어 영구일영이라고도 한다. 종일일영이나 영구일영은 식재에도 영향을 미친다. 또한 두 개의 고층동이 나란히 있을 경우 건축물의 바로 북쪽 외에 약간 떨어진 장소에 장시간일영이 생기는 경우가 있다. 이 장소에 두 개의 동이 오전과 오후에 일정시간 동안 일영을 만들므로 이를 섬일영이라 한다(그림 5.24).

일영의 검토는 한 부지 내의 건축물에 대해 행해지는데, 실제로 일영은 기존의 건축물과 새로 짓는 건축물에 의해 복합적으로 형성되므로 그 영향범위는 비약적으로 커질 우려가 있다.

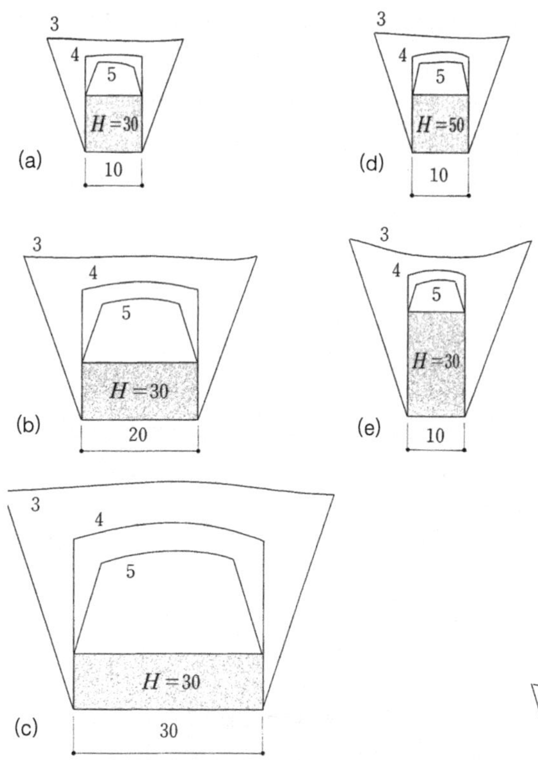

그림 5.22 건축물의 형상과 일영시간

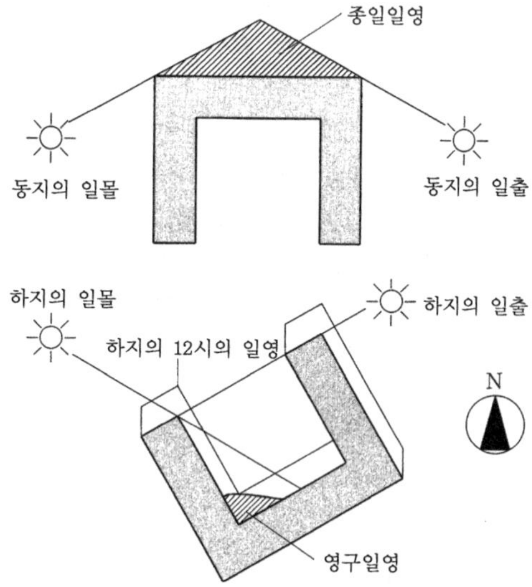

그림 5.23 종일일영과 영구일영

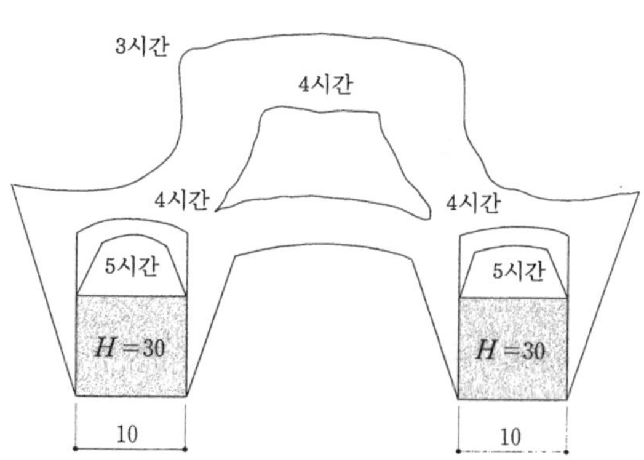

그림 5.24 조일영

4) 인동간격

동서방향으로 긴 동(棟)이 연속해서 있는 경우 북쪽 동에 일정시간 이상의 일조를 확보하기 위해서는 적당한 인동간격이 필요하다.

그림 5.25에서 일영곡선의 기준길이와 같은 높이의 직방체인 건축물 A의 일영은 그림으로 나타낸 바와 같이 되므로 북쪽 동 B를 ε만큼 떨어뜨리면 9시 이후 한동안 일영이 생기지 않는다. 이때 ε을 전면인동계수라 한다. 그림 5.26에 동서방향으로 긴 동이 연속되어 있는 건축물의 동짓날 위도별 전면인동계수를 나타낸다. 전면인동계수는 기준길이 1에 대한 배율이므로 남쪽 동의 높이를 H라 하면 인동간격 d는 다음 식으로 나타낸다.

$$d = \varepsilon H \qquad (5\text{-}5)$$

【예제 3】 그림 5.25에 나타낸 직방체 건축물의 북쪽 동에 동지일 9시 이후 한동안 일조를 얻기 위한 인동간격을 구하시오. 단, 남쪽 동의 높이는 20m로 한다.

【해 답】 그림에서 ε의 값은 2.9가 되므로 $d = 2.9 \times 20 = 58\text{m}$

5) 창으로부터의 일조

일영곡선의 기준점에 막대를 세우는 대신 창의 안목높이와 허리높이를 취하면 창에서 들어오는 일조의 분포범위를 구할 수 있다. 그림 5.27은 같은 창의 동지, 춘·추분, 하지의 일조를 그린 것이다. 동지의 일조는 실의 안쪽까지 이르고, 하지의 일조는 차양만으로도 쉽게 막을 수 있음을 알 수 있다.

연습문제

〈5-3〉 북위 37°지점에서 다음 그림과 같이 동서방향으로 긴 동을 남북방향에 설치할 경우 동지일에 북쪽 동에 4시간 동안의 일조를 얻기 위해서는 인동간격이 몇 m 떨어지면 되는지 구하시오(그림 5.26 참조). 단, 남쪽 동의 높이는 15m로 한다.

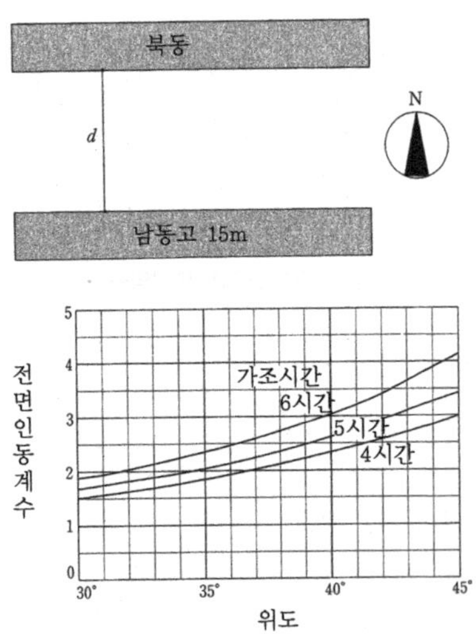

그림 5.26 위도별 전면인동계수

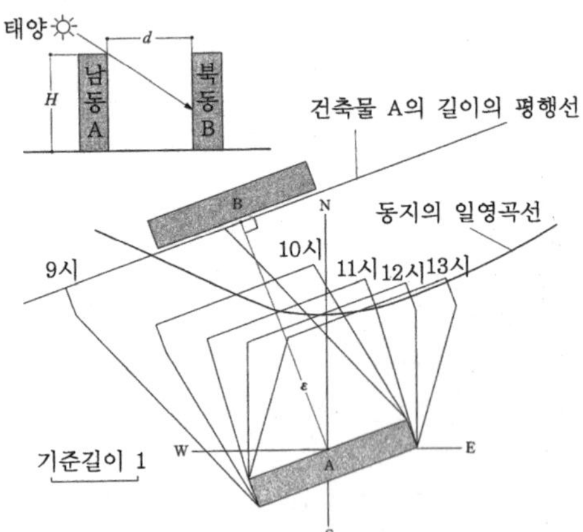

그림 5.25 인동간격

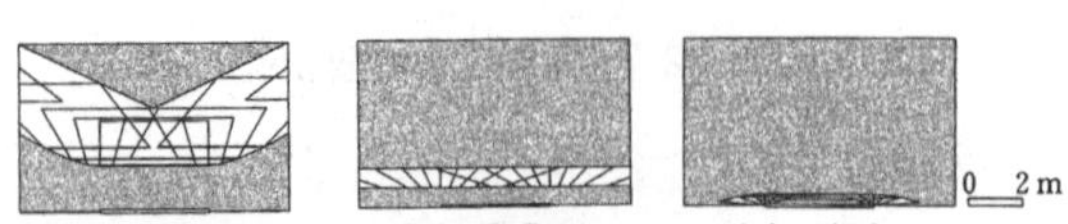

(a) 동지 (b) 춘추분 (c) 하지

그림 5.27 창으로부터의 일조

2. 일조도표에 의한 검토

1) 일사곡선과 일영시간

그림 5.28을 보면 직방체 건물의 북쪽에 측정점 O가 있고 건축물과 같은 높이 H의 수평면을 가정한다. 점 O와 태양을 연결하는 선과 수평면과의 교점 궤적은 일사곡선이다. 이때 건축물의 윗면으로부터 일사곡선은 남쪽에 있고, 점 O에서 보고 일사곡선이 건축물에 의해 가려지는 동안 점 O에서 태양은 보이지 않는다. 따라서 수평면 일사곡선상에서는 t_1에서 t_2까지 점 O는 일영이 된다.

2) 일사곡선과 일조도표

측정점 O 위에 등간격의 수평면을 가정하고 점 O와 태양을 잇는 직선과 수평면의 교점의 궤적을 그려보면 점 O에서 일정간격으로 나란한 일사곡선을 그릴 수 있다. 그림 5.29는 이를 측면과 평면에서 본 것이다. 측면에서 보면 건축물 B에 의해 측정점 O가 일정시간 동안 일영이 되는 것을 알 수 있다. 이를 평면으로 보면 건축물의 높이와 같은 높이의 수평면 일사곡선이 그 건축물과 만나거나 또는 건축물의 남쪽을 통과할 때 일영이 되는 것을 알 수 있다.

이와 같이 측정점으로부터의 높이를 일정간격으로 바꾸어 동지의 일사곡선을 하나의 그림으로 나타낸 것을 일조도표라 한다.

3) 일조도표에 의한 일영의 검토

일조도표에 표기된 축척으로 배치도를 그리고, 측정점을 일조도표의 기준점에 겹쳐 방위를 합한다. 측정점에서 방사상으로 그린 선은 진태양시의 시각을 나타낸다. 건축물과 같은 높이의 일사곡선과 건축물의 평면 위치를 그리면 일영이 되는 시각과 시간을 알 수 있다. 그림 5.30의 건축물 A(축척 1/200)의 경우 검게 나타낸 부분이 태양을 가림으로써 9시부터 10시 30분까지 1시간 30분 동안 일영이 된다.

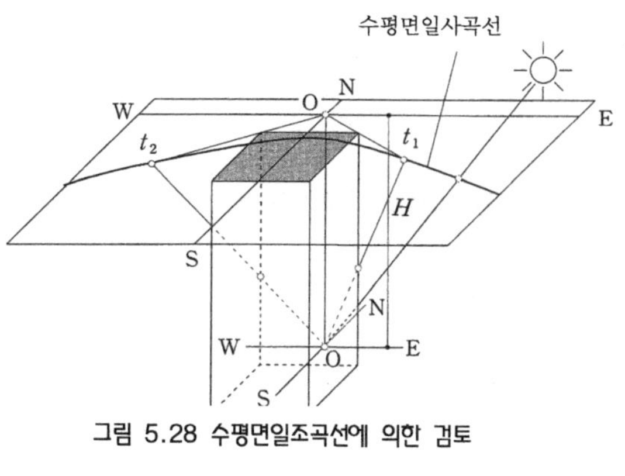

그림 5.28 수평면일조곡선에 의한 검토

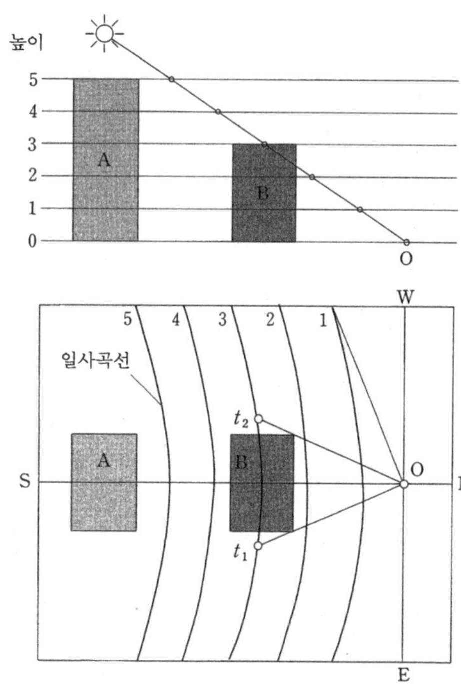

그림 5.29 일조도표의 개념도

일조도표를 이용하여 일영도를 그릴 수도 있다. 일조도표상의 일사곡선은 일영곡선을 기준점 주위에 180° 회전한 것이다. 따라서 일조도표의 동서남북을 반대로 생각하여 계획 건축물의 평면상의 한 점에 기준점을 합하면 건축물의 높이와 같은 높이의 수평면 일사곡선상의 점이 그 건축물의 일영의 끝이 된다. 그림 5.31은 일조도표를 이용하여 높이 15m인 건축물의 10시, 12시, 14시의 일영을 그린 것이다.

【예제 4】 그림 5.30의 건축물 B의 일영시간은 몇 시부터 몇 시까지 몇 시간 동안 일영이 되는가?

【해 답】 건축물 B의 측정면으로부터의 높이와 같은 15m의 일사곡선에서 북쪽 건축부분에 의해 12시 25분부터 15시까지 2시간 35분 동안 일영이 된다.

연습문제

〈5-3〉 다음 그림의 건축물 A, B에서 점 O는 각각 몇 시부터 몇 시까지 일영이 되는가?

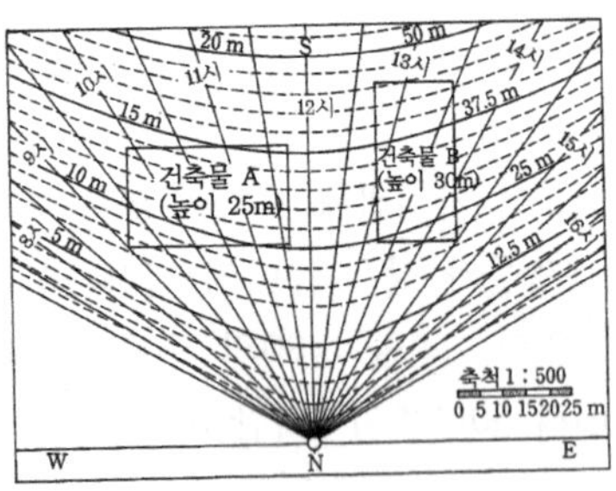

연습문제

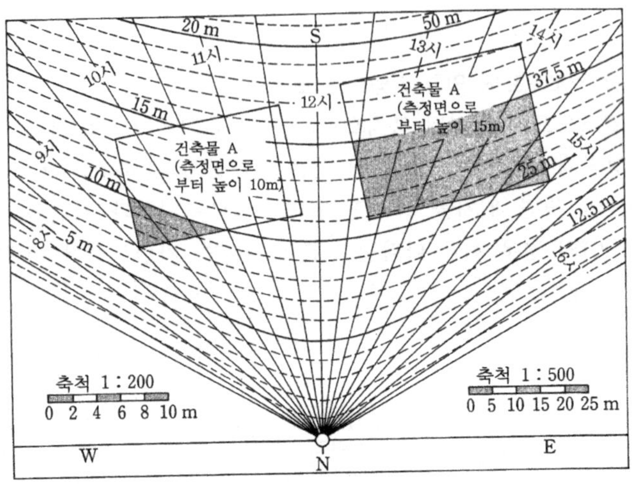

그림 5.30 일조도표(북위 35 °)

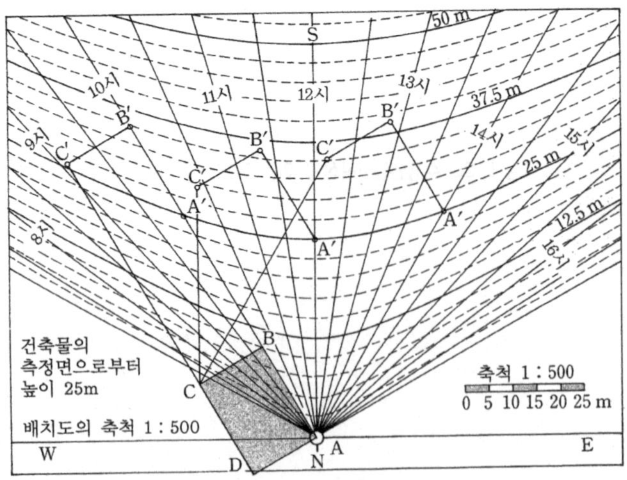

그림 5.31 일조도표를 이용하여 일영도 그리는 법(북위 35 °)

3. 태양위치도에 의한 검토

1) 기존의 건축물에 의한 일조저해의 검토

태양위치도는 측정점에서 본 천구상의 태양궤도를 평면상에 투영한 그림이다. 이를 이용하여 어느 부분의 주변 건축물 등에 의한 일조저해 상황을 조사할 수 있다.

그림 5.32는 측정점에서 바로 위를 향해 어안렌즈로 사진을 찍어 렌즈와 같은 투영형식의 태양위치도와 겹쳐서 본 것이다. 태양궤도가 건축물 등에 의해 가려져 있는 동안 측정점은 일영이 된다. 일영이 되는 시각은 시원에서 읽고, 그것에 의해 일영시간을 알 수 있다. 또한 연직면에 투영된 태양위치도와 정남을 향해 찍은 어안렌즈의 사진을 겹쳐서 봐도 마찬가지로 일영시간을 구할 수 있다.

2) 계획건축물에 의한 일조저해의 검토

계획건축물의 경우 그 입체형상을 작도하여 평면에 투영하고, 사진일 때와 마찬가지로 동일 투영형식의 태양위치도와 겹쳐서 검토한다.

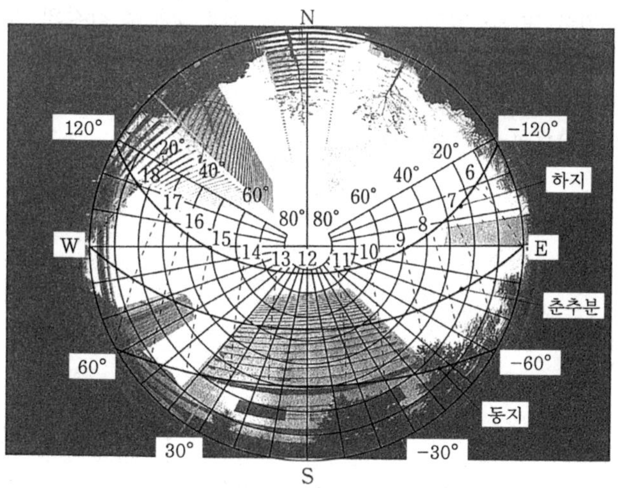

그림 5.32 기존 건축물에 의한 검토의 예

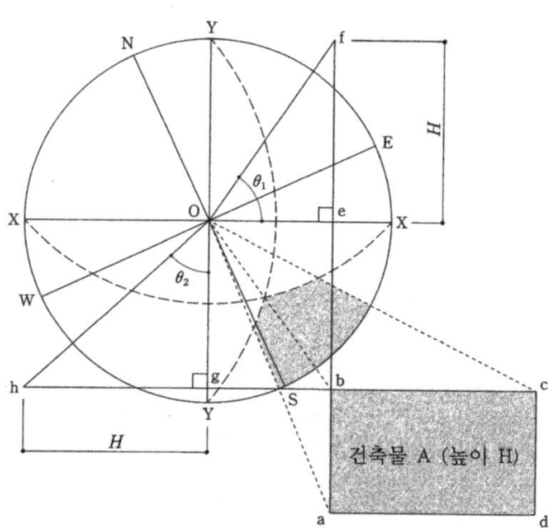

그림 5.33 건축물의 사영

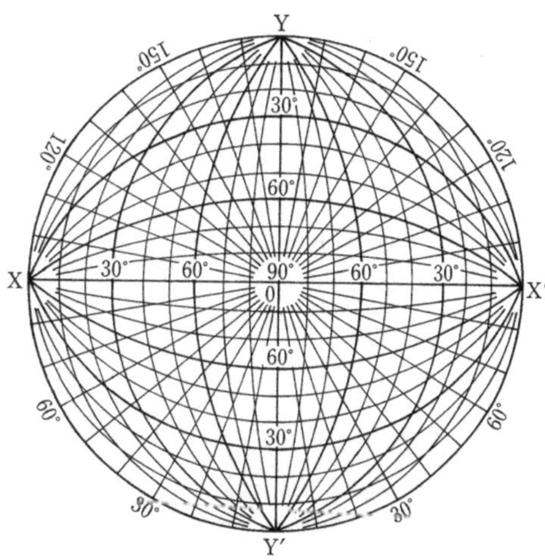

그림 5.34 수평선의 등거리사영도

여기서는 가장 단순한 직방체 투영방법을 그림 5.33에 나타냈다. 높이 H의 건축물 A를 측정점 O를 중심으로 하는 원 내에 투영한다. 먼저 점 O와 a, b, c의 각 점을 연결하고 점 O를 지나 변 ab와 변 bc에 평행한 선을 긋는다. 이 두 선과 ab, bc에 대한 점 O로부터 위로 본 각도(앙각)이다. 수평선은 앙각에 따라 그림 5.34와 같이 평면상에 투영되므로 각각의 앙각에 따라 직선 ab, bc를 그림 속에 투영한다(점선으로 나타낸 부분).

이와 같은 방법으로 건축물 A는 그림의 사선부분에 투영된 것이 된다. 또한 실제 건축물은 복잡하므로 건축물 전체를 포함하는 단순한 입체도형으로 치환되어 평면상에 투영하고, 방위를 합하여 태양위치도에 겹쳐보면 계획건축물에 의한 일조저해 상황을 알 수 있다.

【예제 5】 **그림 5.35에 나타낸 A, B, C의 직방체 건축물을 점 O를 중심으로 하는 원 속에 투영하고, 동짓날에 점 O가 일영이 되는 시각을 구하시오.**

【해　답】 그림 3.36(a)에 나타낸 바와 같이 건축물 A의 각 꼭지점 a, b, c와 점 O를 연결한다. 변 ab, bc를 각각 연장하여 e, g에서 높이 25m를 잡으면 변 ab, bc의 바로 위의 각도가 각각 49°, 52°임을 알 수 있다. 그림 (b)에 나타낸 것처럼 각각의 각도에서 본 수평선의 투영을 그려 넣으면 건축물 A의 투영이 가능하다. 그림 (c)는 건축물 B, C에 대하여 마찬가지로 작도한 것과 태양위치도를 겹친 것이며, 동짓날에 O점이 9:25~11:50, 13:30~15:47 및 16:30에서 일몰까지 일영이 되는 것을 알 수 있다.

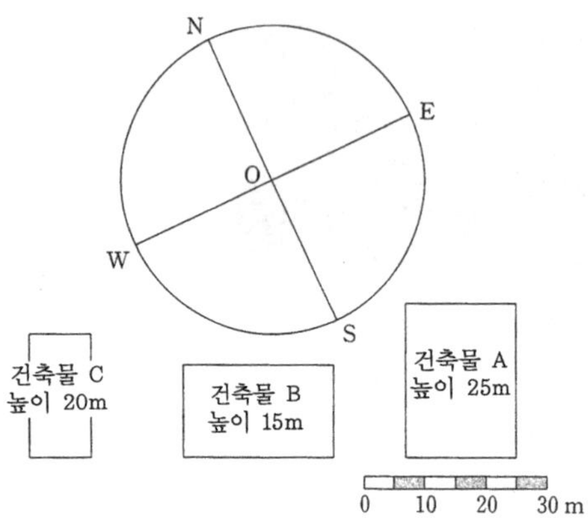

그림 5.35 예제 5의 그림

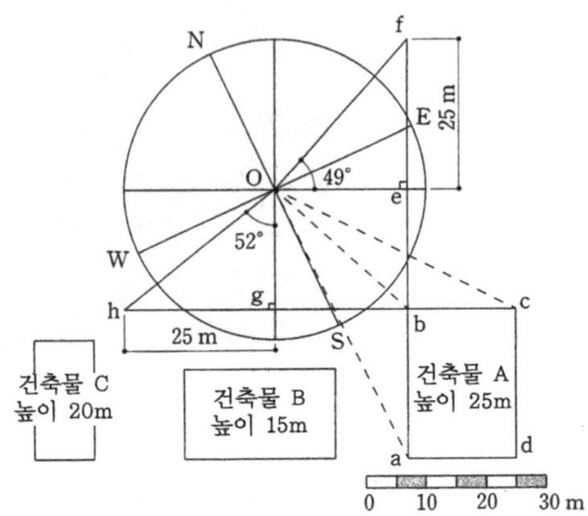

그림 5.36 (a) 예제 5의 해답 순서 1

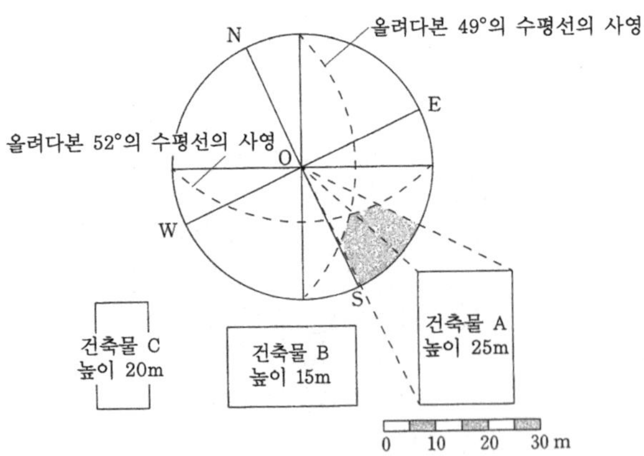

그림 5.36 (b) 예제 5의 해답 순서 2

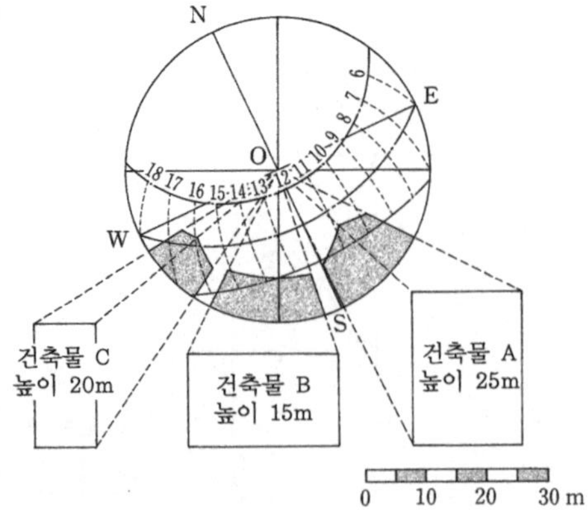

그림 5.36 (c) 예제 5의 해답 순서 3

4. 천공률과 천공비

거주환경의 좋고 나쁨은 직접 일조를 얻을 수 있는 것 외에도 주위에 높은 건축물이 근접해 있는 지의 여부에 따라 밝기와 개방성이 좌우된다(p.85 참조). 밝기의 지표가 되는 것으로는 천공률이 있고, 개방성의 지표가 되는 것으로는 천공비가 있다.

1) 천공률

천공률 U는 측정점에서 보이는 천공부분의 입체각투사율, 즉 천공부분 S의 수평면에 대한 정사영 면적 S''의 전체 천공의 정사영면적(원의 면적)에 대한 비율이다(그림 5.37). 지평선에 가까운 부분의 천공은 면적의 비에 정사영면적은 작고, 같은 면적이라도 천정에 가까울수록 입체각투사율이 커진다. 즉 천정에 가까울수록 밝기에 기여하는 비율이 높아짐을 알 수 있다.

실제로 건축물이 세워진 장소에서 어느 측정점의 천공률을 알기 위해서는 먼저 정투영형식의 어안 렌즈로 전체 천공을 촬영한다. 또한 계획건축물에 의한 측정점의 천공률을 알기 위해서는 정투영형식에 의해 p.97과 같이 작도한다. 또한 어느 경우나 천공부분의 면적을 구하여 원의 면적에 대한 비율을 구하면 된다.

또한 어느 투영형식의 전체 천공사진이나 그림과 동일한 투영형식의 천공률산정도(그림 5.38)를 겹쳐 천공률을 구할 수도 있다(그림 5.39). 천공률산정도의 점 하나가 0.1%이므로 천공 부분의 점의 수가 600개일 경우 천공률은 60%가 된다.

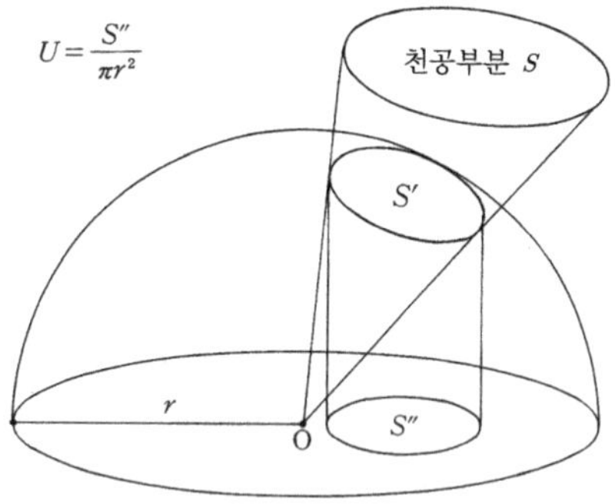

그림 5.37 천공률

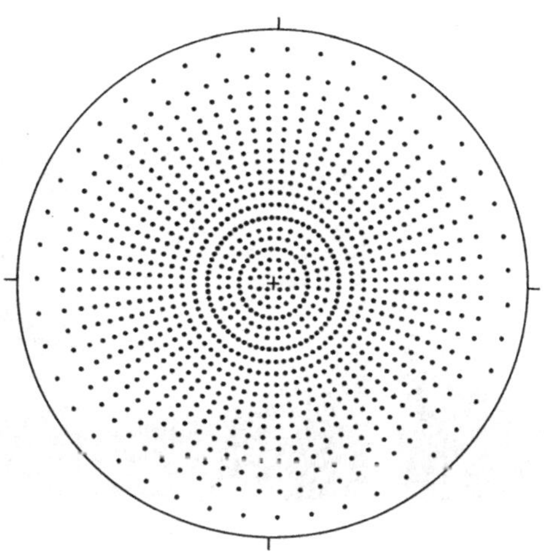
그림 5.38 천공률 산정도

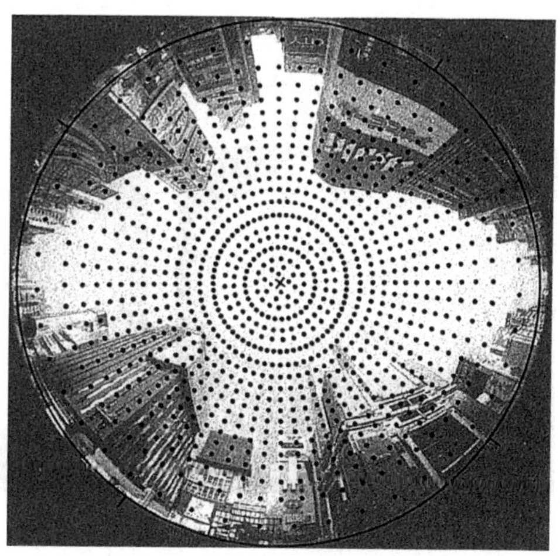
그림 5.39 천공률의 산정

2) 천공비

측정점에서 보이는 천공부분이 크게 확대될수록 개방적이다. 따라서 개방성의 지표로서 천공비 F는 천공부분의 전체 천공 중에 차지하는 비율, 즉 천공부분 S의 입체각 ω의 반구 입체각(2π sr : 스테라디안)에 대한 비율로 나타낸다(그림 5.40). 천공비는 천공률과 달리 천공 장소에 따라 그 크기가 다르지는 않다.

천공비를 구하기 위해서는 등입체각의 투영형식에 의한 어안렌즈 사진과 그림의 천공부분 면적의 원 면적에 대한 비율을 구하거나, 천공률과 마찬가지로 천공비산정도(그림 5.41)를 이용하여 천공부분 점의 개수를 세어 구한다.

3) 거리의 미관과 천공률, 천공비

그림 5.42는 거리의 특징적인 장소에서 전체 천공사진과 그 장소의 천공률 및 천공비를 나타낸 것이다. (a)의 미관지구에 세운 공회당 앞 광장은 개방적이고 압박감도 없다. (b)는 초고층 건축물이 밀집된 곳의 노상이며, 150m 정도의 초고층 건축물에 둘러싸여 약간의 압박감을 느낄 수 있음을 나타내고, 공지율이 높고 밝다. (c)의 상업지역내 노상으로 건축물의 높이가 낮지만 도로폭이 좁아 개방감이 없다.

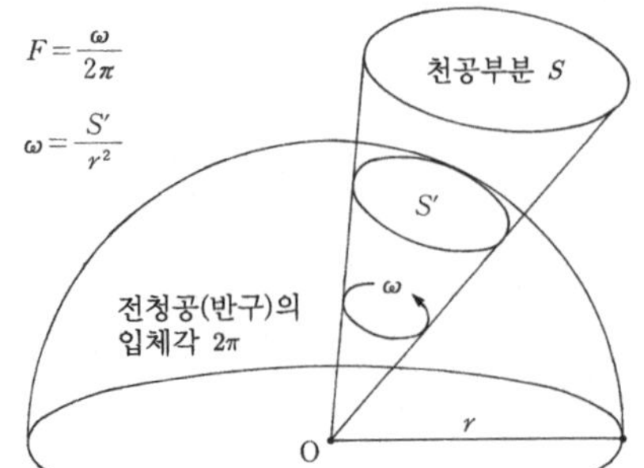

그림 5.40 천공비

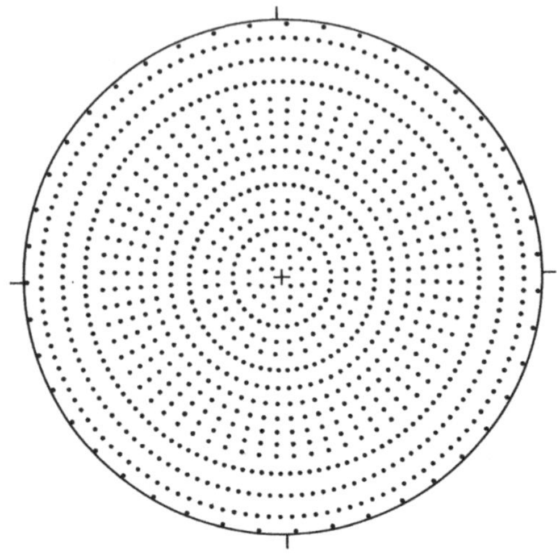

그림 5.41 천공비 산정도

(a) (b) (c)

그림 5.42 천공률과 천공비의 예

5. 일영의 법적 규제

1960년대에 이르러 급격하게 인구가 도시로 집중되면서 고층 건축물에 의한 저층주택의 일조저해 문제가 심각해졌고, 일영규제는 하나의 부지에 세워지는 건축물에 적용됨으로써 주위의 건축물과 복합되어 생기는 일영은 문제되지 않는 등의 결점이 있고, 오늘날까지 주거환경을 지키는 중요한 법조문의 하나가 되어 있다.

1) 일영규제의 대상이 되는 건축물

표 5.3은 건축기준법 제56조의 2항 및 별표 제4에 의한 일영규제 일람을 나타낸 것이다. 이 표에서 (가)란의 지역 중 지방공공단체의 조례로 지정하는 구역을 대상구역이라 부르고, 각각의 대상구역 내에서 (나)란에 해당하는 건축물이 일영의 규제를 받는다. 대상구역 외에 위치한 건축물도 동짓날에 대상구역 내에서 일영이 발생하는 것은 규제의 대상이 된다. 또한 (나)란의 건축물 높이에 대해서는 옥상층의 계단실 등의 옥탑에서 그 부분의 바닥면적이 건축면적의 1/8 이하인 경우 옥탑부분의 높이 5m까지는 높이에 산입하지 않는다는 완화규정이 있다. 단, 규제대상 건축물이 되었을 경우에는 건축물 전체에 대하여 일영을 검토해야만 한다.

2) 일영의 측정면

일영도와 일영시간도를 그릴 경우 일영은 지반면에 그리는 것이 아니라 평균지반면에서 표 5.3의 (다)란의 높이에 있는 수평면상에 그린다. 실제로는 표의 수치만큼 건축물의 높이를 낮게 하여 그리는 것이 좋다. 이 수치인 1.5m는 1층 창대 부근을 의미하고, 4m는 2층 창대 부근을 의미한다(그림 5.43).

표 5.3 일영에 의한 중·고층 건축물의 제한(건축기준법 제56조의 2 및 별표 제4 참조, 일본)

<table>
<tr><th colspan="2" rowspan="2">(가) 지역 · 구역</th><th colspan="2" rowspan="2">(나) 대상건축물</th><th rowspan="2">(다) 측정면의 높이</th><th colspan="3">일영시간의 한도</th></tr>
<tr><th>호</th><th>부지경계선으로부터 5m 초과 10m 이내의 범위 ( )내 홋카이도</th><th>부지경계선으로부터 10m 초과한 범위 ( )내 홋카이도</th></tr>
<tr><td rowspan="3">(1)</td><td rowspan="3">제1종 저층주거전용지역
제2종 저층주거전용지역</td><td colspan="2" rowspan="3">건물높이>7m
또는 층수≧3(지상층을 제외하고)</td><td rowspan="3">1.5m</td><td>①</td><td>3(2) 시간</td><td>2(1.5) 시간</td></tr>
<tr><td>②</td><td>4(3) 시간</td><td>2.5(2) 시간</td></tr>
<tr><td>③</td><td>5(4) 시간</td><td>3(2.5) 시간</td></tr>
<tr><td rowspan="3">(2)</td><td rowspan="3">제1종 중고층주거전용지역
제2종 중고층주거전용지역</td><td colspan="2" rowspan="3">높이>10m</td><td rowspan="3">4m</td><td>①</td><td>3(2) 시간</td><td>2(1.5) 시간</td></tr>
<tr><td>②</td><td>4(3) 시간</td><td>2.5(2) 시간</td></tr>
<tr><td>③</td><td>5(4) 시간</td><td>3(2.5) 시간</td></tr>
<tr><td rowspan="2">(3)</td><td rowspan="2">제1종 주거지역, 제2종 주거지역, 준주거지역, 근린상업지역, 준공업지역</td><td colspan="2" rowspan="2">높이>10m</td><td rowspan="2">4m</td><td>①</td><td>4(3) 시간</td><td>2.5(2) 시간</td></tr>
<tr><td>②</td><td>5(4) 시간</td><td>3(2.5) 시간</td></tr>
<tr><td rowspan="6">(4)</td><td rowspan="6">용도지역의 지정이 없는 구역[주)]</td><td rowspan="3">a</td><td rowspan="3">건물높이>7m
또는 층수≧3(지상층을 제외하고)</td><td rowspan="3">1.5m</td><td>①</td><td>3(2) 시간</td><td>2(1.5) 시간</td></tr>
<tr><td>②</td><td>4(3) 시간</td><td>2.5(2) 시간</td></tr>
<tr><td>③</td><td>5(4) 시간</td><td>3(2.5) 시간</td></tr>
<tr><td rowspan="3">b</td><td rowspan="3">높이>10m</td><td rowspan="3">4m</td><td>①</td><td>3(2) 시간</td><td>2(1.5) 시간</td></tr>
<tr><td>②</td><td>4(3) 시간</td><td>2.5(2) 시간</td></tr>
<tr><td>③</td><td>5(4) 시간</td><td>3(2.5) 시간</td></tr>
</table>

주) 대상건축물은, 지방공공단체가 a 또는 b 중에서 조례에서 정함.

3) 일영시간의 규제

앞서 기술한 측정면에서 부지경계로부터의 수평거리가 5m를 넘고 10m 이내인 범위와 10m를 넘는 범위에서 동지일의 진태양시 8시부터 16시(홋카이도는 9시부터 15시) 사이에 표 5.3의 (라)란에 기재한 시간 이상 일영이 생기게 해서는 안 된다. 이 수치의 선택은 지방공공단체가 그 지방의 기후나 토지의 이용상황을 고려하여 조례로 지정한다.

그림 5.44의 경우 10m 이내의 범위에서는 규제치를 만족하지만, 10m를 초과하는 범위에서 일영시간이 규제치를 넘으므로 부지 내에서 건축물을 남쪽으로 이동시키거나 건축물의 형태를 바꿔서 규제치의 범위 내에 들어가도록 계획을 변경해야 한다.

4) 일영규제의 완화

건축물의 부지가 도로나 하천 등에 면해 있을 경우에는 이들 폭의 1/2만큼 부지경계선이 바깥쪽에 있다고 간주할 수 있다. 단, 도로폭 등이 10m를 초과하는 경우에는 도로 등의 반대쪽 경계선으로부터 부지쪽으로 5m 거리에 있는 선을 부지경계선으로 본다(그림 5.45).

계획건축물 부지의 평균지반면이 인접지의 지반면보다 1m 이상 낮을 경우에는 그 고저차로부터 1m를 뺀 것의 1/2 만큼 부지의 평균지반면이 높은 위치에 있는 것으로 볼 수 있다(그림 5.46).

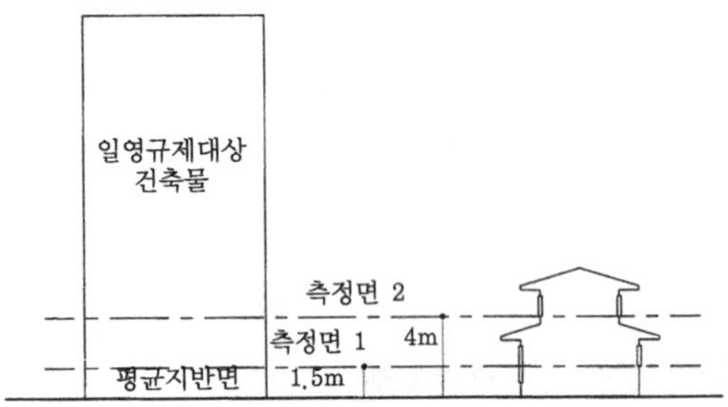

그림 5.43 일영규제의 측정면

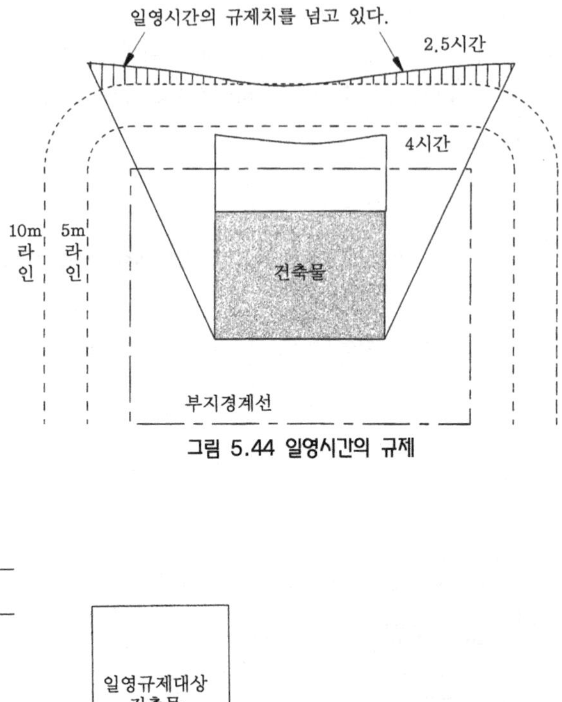

그림 5.44 일영시간의 규제

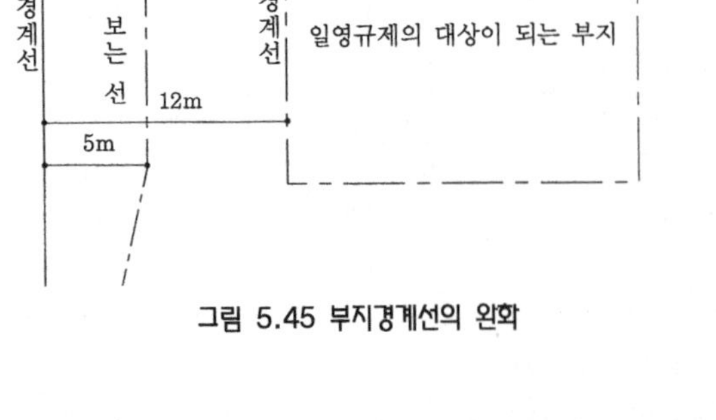

그림 5.45 부지경계선의 완화

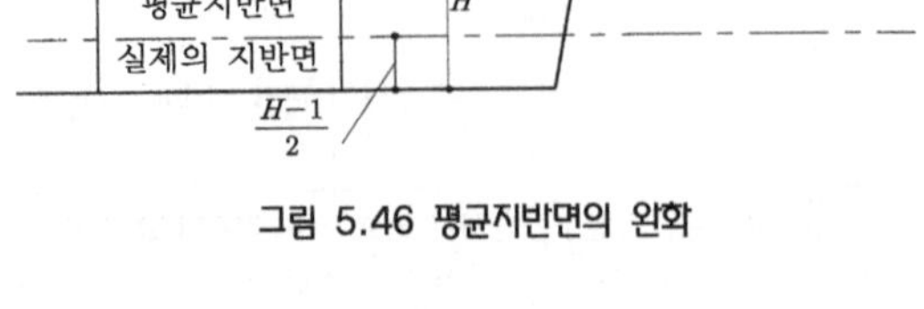

그림 5.46 평균지반면의 완화

6. 일영검토시 유의점

1) 진북을 정한다.

지금까지 일영의 검토에 대해서 다양하게 기술했는데, 어떤 경우나 방위를 정확하게 맞추어야 하며, 이를 위해서는 부지의 진북방향을 알아야 한다. 진북방향은 천구상에서 관측점의 천정과 북극을 잇는 큰 원이 지평선과 만나는 북쪽의 점, 즉 북극점 방향이다.

방위자석이 가리키는 방향을 자북이라 부르는데, 우리나라에서 진북과 자북에는 5~10°의 차이가 있다. 이 차이를 편각이라 한다. 각 지역의 편각 수치를 알 수 있으나 진북을 구하기 위해 자북을 편각으로 수정할 필요는 없다. 그 이유는 일영의 검토는 대부분 도심에서 이루어지며, 그곳은 대부분 콘크리트나 철골 등의 자기의 영향을 받는 건축물이 세워져 있기 때문이다.

진북방향은 진태양시의 정오(태양의 남중시)에 부지의 실측도 위에 드리워진 그림자 방향에 선을 그어 구하면 된다(그림 5.47). 그 장소의 그날 진태양시 정오가 한국표준시로 몇 시 몇 분인지를 아는 방법은 p.90에 기술한 바와 같다. 또한 임의의 시각이라도 그 시각(진태양시)의 태양방위각을 알면 그 시각에 드리워진 그림자 방향을 태양의 방위각으로 수정하여 진북을 구할 수 있다(그림 5.48).

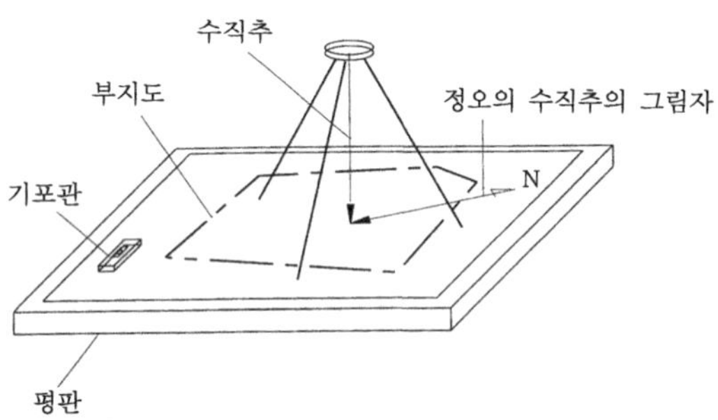

그림 5.47 진북을 구하는 방법 1

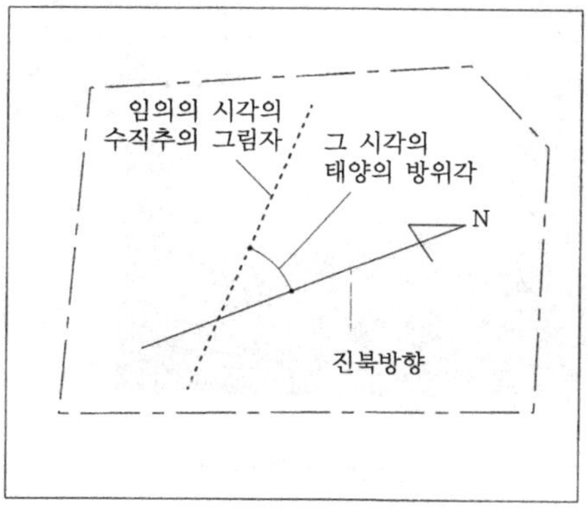

그림 5.48 진북을 구하는 방법 2

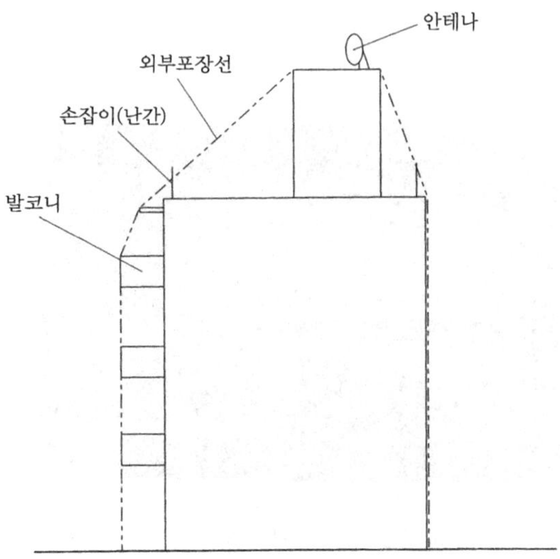

그림 5.49 건축물의 간략화

2) 건축물의 간략화

실제 건축물은 복잡한 형태를 하고 있으므로 복잡한 상태의 형태로 일영을 검토하는 것은 어렵다. 따라서 건축물을 간략화할 필요가 있으며, 이때 건축물을 가능한 한 단순한 입체로 간략화하는 것이 좋다(그림 5.49). 단, 금속제 손잡이나 안테나 등과 같은 작고 가는 부분은 생략해도 좋다. 간략화하여 그린 일영은 실제보다 커지므로 규제치를 약간 넘는 측정점에 대해서는 일영도표 등을 이용하여 실제에 가까운 형태로 재검토하면 된다.

3) 컴퓨터의 이용

일영의 검토는 PC를 이용하여 보다 빠르고 정확하게 할 수 있다(그림 5.50). 일영 검토용 소프트웨어를 사용하여 부지와 진북방향, 위도, 측정면의 높이, 건축물의 형상 등을 입력하면 임의의 시간 간격의 일영도, 임의의 등시간일영선을 그리는 일영시간도, 임의의 측정점의 일영시간 등을 유추할 수 있다.

이와 같이 일영도를 그리는 소프트웨어를 이용하여 부지형상, 일영규제의 조건, 사선제한, 부지경계로부터의 건축물 후퇴거리 등을 입력하면 어느 범위까지 건축할 수 있는지 알 수 있으며, 계획건축물의 용적 검토에 이용할 수 있다(그림 5.51).

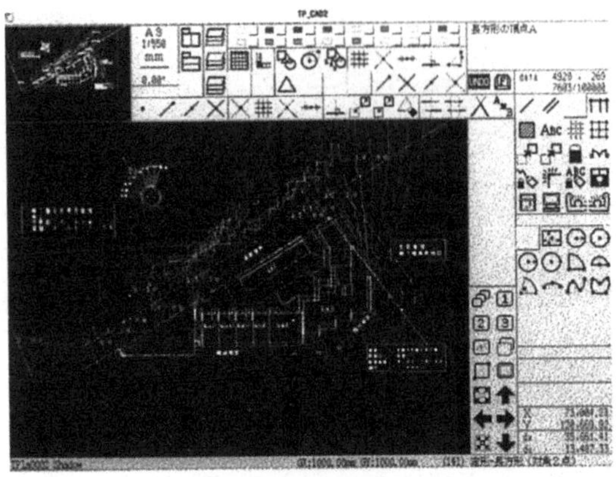

(a) 일영도의 예

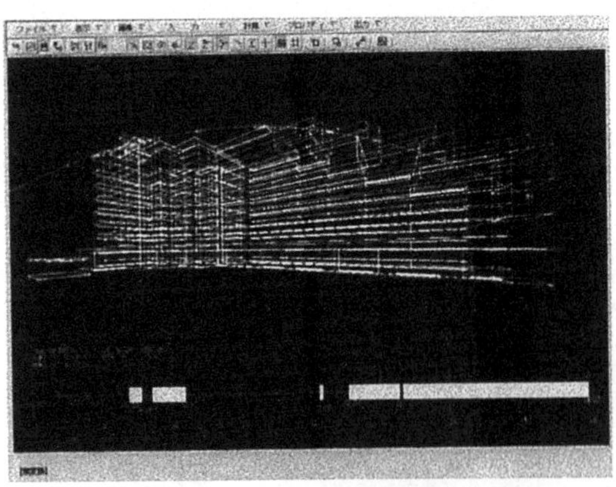

(b) 태양궤도에 의한 검토의 예

그림 5.50 컴퓨터를 이용한 일영검토

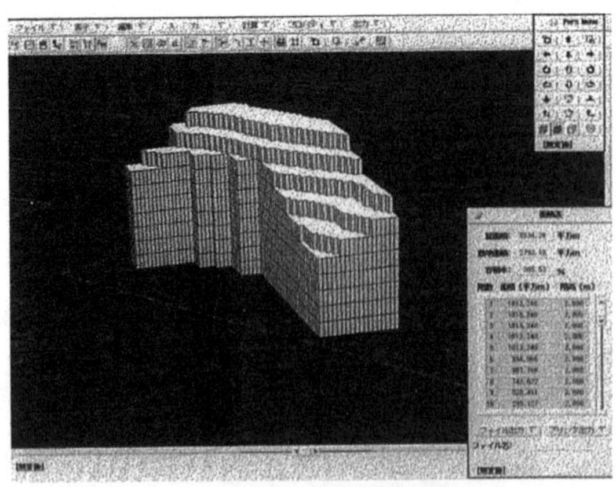

그림 5.51 역일영도의 예

5.4 일 사

1. 직달일사와 천공방사

1) 지표에서의 일사와 열방사

건축물이 받는 일사는 태양복사가 대기를 투과하여 지표에 직접 도달하는 직달일사와 대기 중에 산란한 후 지표에 도달하는 천공일사, 이들이 지표면에 반사한 지물반사로 나누어진다(그림 5.52). 이때 태양복사의 대기 중 산란은 공기를 구성하는 분자와 수증기, 먼지에 의해 일어난다.

건축물이나 지표면은 그 온도에 따라 주변과 대기를 향해 원적외선에 해당하는 장파장복사를 방출한다. 한편 대기 중의 이산화탄소와 수증기는 태양복사 안에 있는 파장을 선택적으로 흡수하고(그림 5.3 참조), 지표면으로부터의 장파장복사도 흡수한다. 이에 의해 받은 열로 인하여 대기는 일정 온도를 형성하며, 우주공간과 지표에 대하여 장파장반사를 방출하고 있다(그림 5.53). 이러한 대기로부터 지표에 대한 복사를 대기복사라 하며, 지표면으로부터의 복사와 대기복사와 차이를 실효복사라 한다.

2) 직달일사

지구의 대기권 외에 도달하는 일사의 강도 I_o 는 그림 5.54에 나타낸 바와 같이 지구와 태양과의 거리 변화에 따라 변화된다. 이러한 연평균치 I_o 는 태양정수라 불리며, 약 1,370W/㎡이다. 대기외 일사 중 대기를 투과해서 직접 지표에 도달하는 직달일사를 입사방향에 수직인 면(법선면)으로 잡은 일사의 강도 I_n 는 다음 식으로 나타낸다.

$$I_n = I_o P^m \quad \cdots\cdots (5\text{-}6)$$

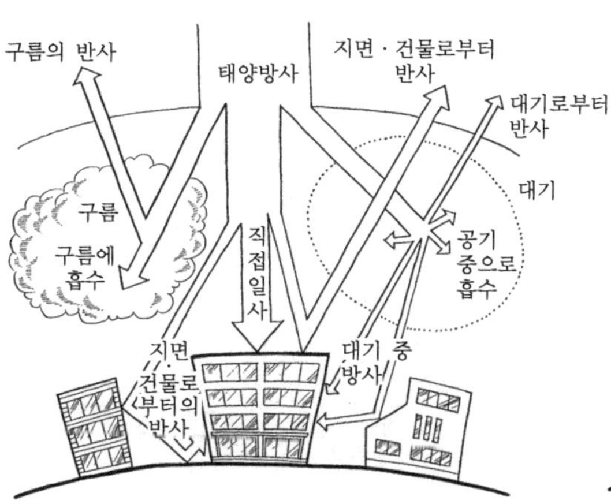

그림 5.52 건축물이 받는 일사

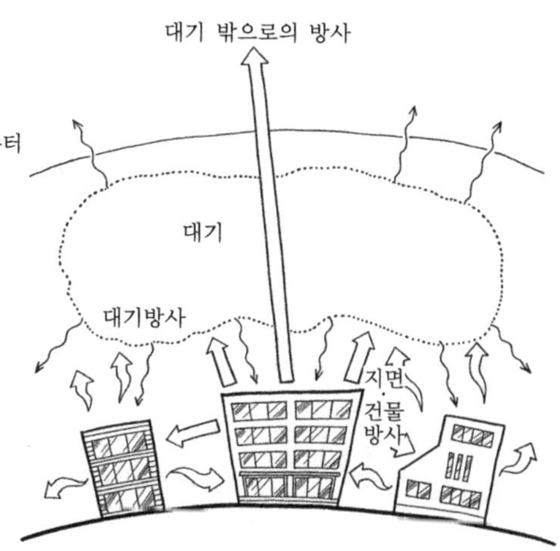

그림 5.53 대기방사와 지면·건물 반사

P는 대기투과율이며, 태양이 천정에 있을 때의 직달일사량의 대기외 일사량에 대한 비율이다. 이 대기투과율은 대기의 맑은 상태를 나타내는 수치로 수증기가 많은 여름철이나 먼지가 많은 도심에서는 낮게 나타난다. m은 일사가 대기를 투과하는 거리의 비율로 태양이 천정에 있을 때 $m=1$로 하고, 일반적으로 태양고도를 h로 하여 $m=1/\sin h$ 에 가까워진다(그림 5.55).

【예제 6】 $P=0.7,\ h=30°I_o=1{,}350\mathrm{W/m^2}$ 일 때 단위면적당 법선면 일사량을 구하시오.

【해 답】 $m=1/\sin 30°=2,\quad I_n=1{,}350\times 0.7^2=661.5\mathrm{W/m^2}$

3) 건축물의 각 면에 대한 직달일사량

실제 건축물의 각 면은 입사각 0˚인 법선면이 되는 경우는 드물다. 입사각 i의 면에서 단위면적당 일사량 I_i를 구해보기로 하자. 그림 5.56을 보면 법선면(면적 S_n)과 입사각 i의 면(면적 S_i)에 입사하는 일사량은 동일하다. 따라서

$$I_n S_n = I_i S_i \qquad (5\text{-}7)$$

$S_n = S_i \cos i$ 를 앞 식에 대입하여 S_i를 식으로 나타내면

$$I_i = I_n \cos i = I_o P^{1/\sin h} \cos i \qquad (5\text{-}8)$$

이 된다. 태양의 방향과 건축물의 각 면의 관계로부터 입사각 i는

$$\cos i = \sin h \cos\theta + \cos h \sin\theta \cos(\alpha - \alpha') \qquad (5\text{-}9)$$

로 나타낸다. 단, h는 태양고도, α는 태양의 방위각, θ는 수열면이 수평면이 되는 각, α'는 수열면의 방위각이다(그림 5.57). 또한 $\cos i<0$ 일 경우에는 $\cos i=0$ 으로 한다. 이렇게 해서 구해진 각 면의 일사량의 연변화와 일변화를 그림 5.58 및 그림 5.59에 나타낸다.

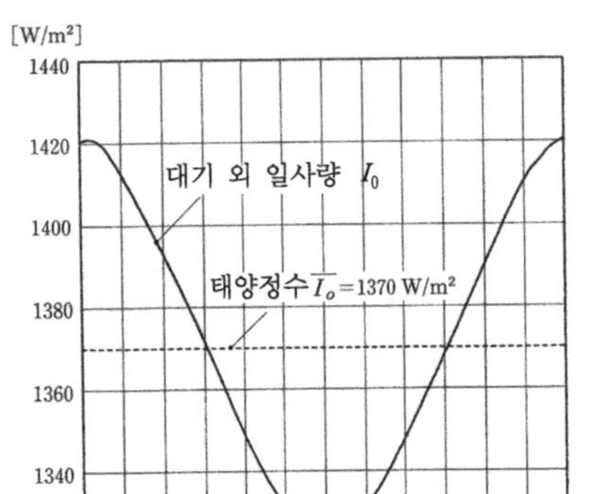

그림 5.54 대기 외 일사량

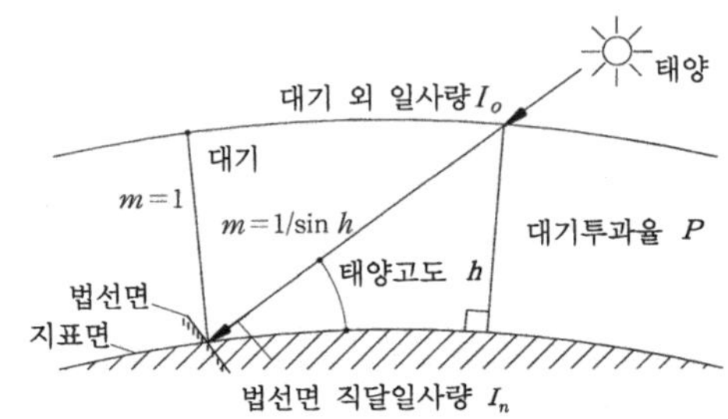

그림 5.55 법선면 직달일사량

그림 5.56 입사각 i 면에서의 일사량

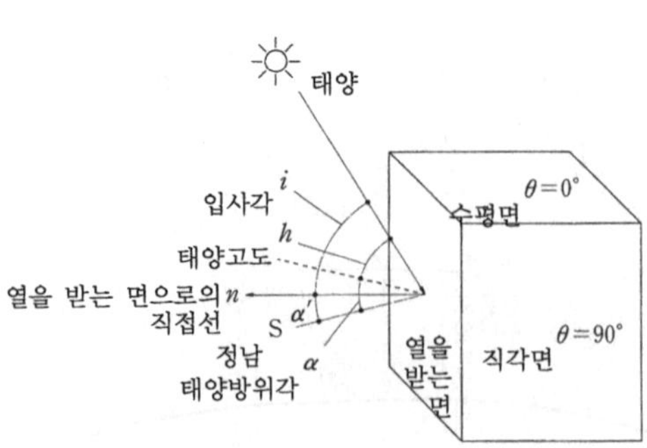

그림 5.57 수조면의 입사각

4) 천공일사량과 지물반사일사량

대기 중의 공기분자와 수증기, 먼지 등에 의해 태양복사가 산란하고 지표에 도달한다. 이러한 천공일사량의 맑은날 수평면에서의 값 I_{sh}는 다음 식으로 구해진다.

$$I_{sh} = \frac{0.5 I_o \sin h (1 - P^{1/\sin h})}{1 - 1.4 \log_e P} \quad \cdots\cdots (5\text{-}10)$$

이 식을 베르라게의 식이라 하며, 이 밖에도 여러 가지 식이 제안되고 있다. 연직면의 천공일사량 I_{sv}는 다음 식으로 구할 수 있다.

$$I_{sv} = \frac{1}{2} I_{sh} \quad \cdots\cdots (5\text{-}11)$$

천공일사량은 대기투과율이 작고 태양고도가 높을수록 수치가 커진다(그림 5.60). 또한 일반적으로 구름이 약간 끼어 있을 때가 맑을 때보다 천공일사량은 크게 증가한다.

직달일사와 천공일사가 지상의 도로나 건축물, 수목 등에 반사되어 확산된 일사성분인 지물반사일사량은 수평면 전일사량의 1/10 정도인데, 수열면의 방위와 지물의 반사율 등에 의해 크게 좌우된다. 지물반사는 맑은 날의 북쪽 면이 남쪽 면보다 크고, 주위가 모래땅일 경우보다 콘크리트로 포장된 도로면일 때가 더 커진다.

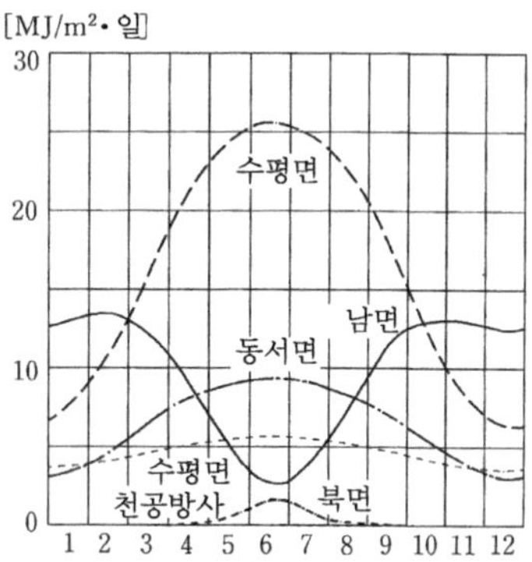

그림 5.58 일사량의 연변화

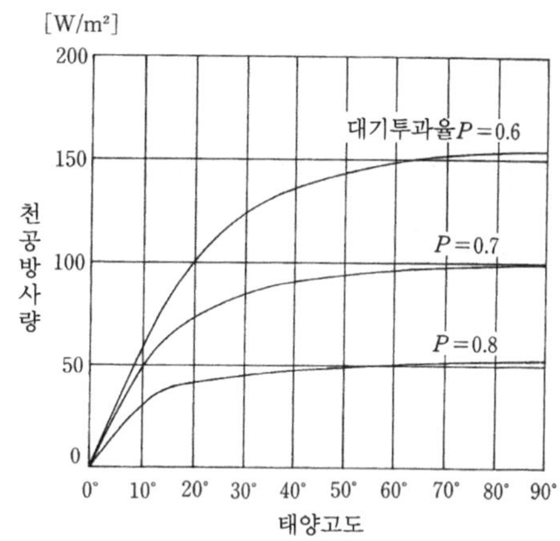

그림 5.60 수평면 천공방사량

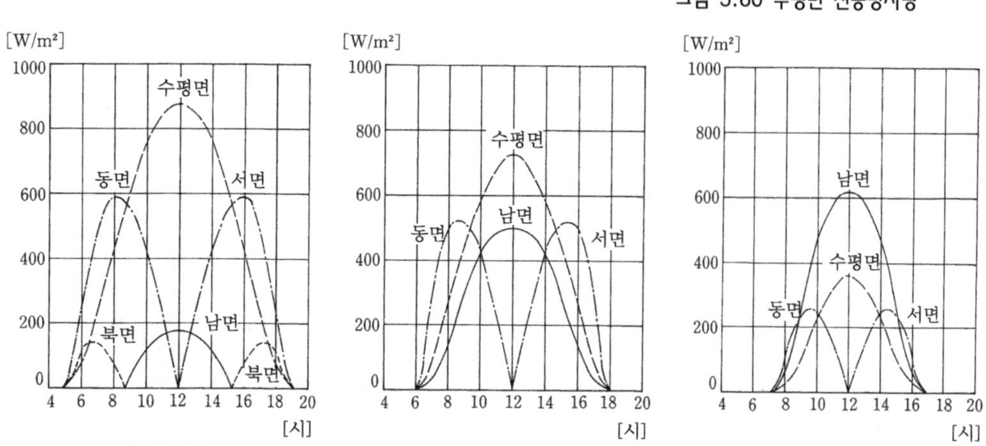

(a) 하지 (b) 춘추분 (c) 동지

그림 5.59 직달일사의 일변화

2. 일사열의 유입

1) 벽면으로부터의 유입

건축물 벽면에 입사된 일사는 벽 표면에 흡수되어 실내에 유입되며, 여름철 냉방부하를 증대시킨다. 일사열(직달일사, 천공방사, 지물반사의 합계)을 I, 벽 표면의 일사흡수율을 a, 외기측의 일사열 전달률을 α_o라 하면 $t = aI/\alpha_o$ 만큼 외기온이 상승한 것과 같은 열이 열관류에 의해 실내로 유입된다(그림 5.61). 이 t를 일사의 등가기온이라 하며, t에 외기온 t_o를 더한 것을 상당외기온 t_e라 한다. 일사의 수열을 고려한 열관류량 Q는 상당외기온과 실온 t_i와의 차이에 비례하며, 열관류율을 K, 벽면적을 S로 하면 다음 식으로 구할 수 있다(p.47 참조).

$$Q = KS(t_e - t_i) \qquad \cdots\cdots (5\text{-}12)$$

【예제 7】 일사흡수율 0.6, 일사량 500W/㎡, 외기측 열전달률 20W/(㎡ · k)일 때 일사의 등가기온을 구하시오.

【해 답】 $t = 0.6 \times 500 \div 20 = 15℃$

2) 유리면으로부터의 유입

유리면에 입사하는 일사는 일부는 반사되고, 다른 일부는 유리에 흡수되며, 나머지는 투과되어 실내의 열부하가 된다. 유리에 흡수된 일사열도 시간의 경과와 함께 실내외에 복사된다(그림 5.62). 그림 5.63은 유리의 종류와 반사, 흡수, 투과의 비율을 나타낸 것이다. 열선흡수유리(흡열유리)는 직접 투과하는 양은 적지만 흡수된 후에 복사하는 양과 합하면 일사 조절이라는 점에서 보통유리보다 약간 우수한 정도이다. 열선반사유리(거울유리)는 일사 조절면에서는 뛰어나지만 반사에 의한 다른 건축물에 대한 영향이나 실내가 어두워지는 결점도 있다.

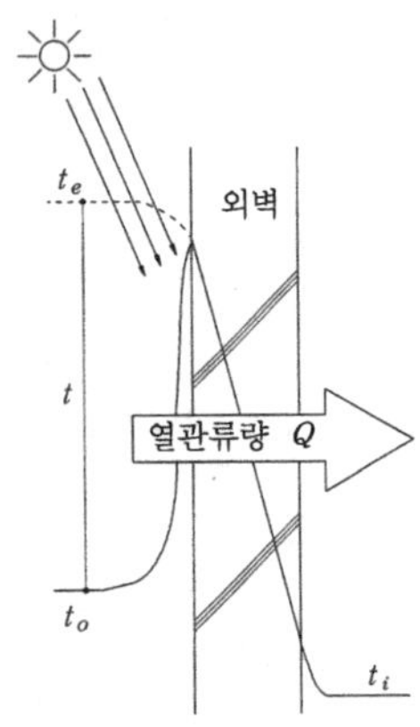

그림 5.61 벽면으로부터의 일사열 유입

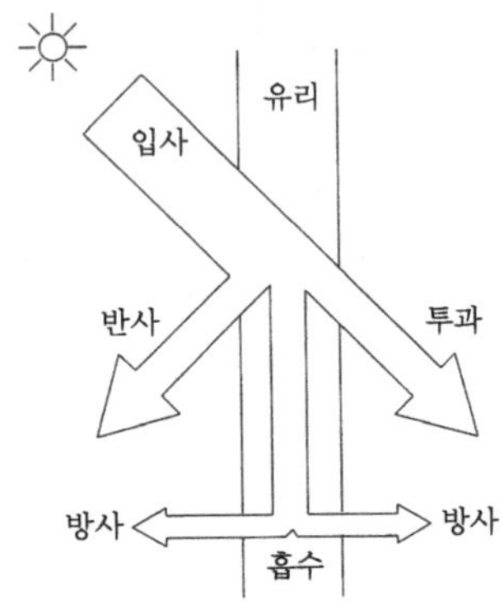

그림 5.62 유리면으로부터의 일사열 유입

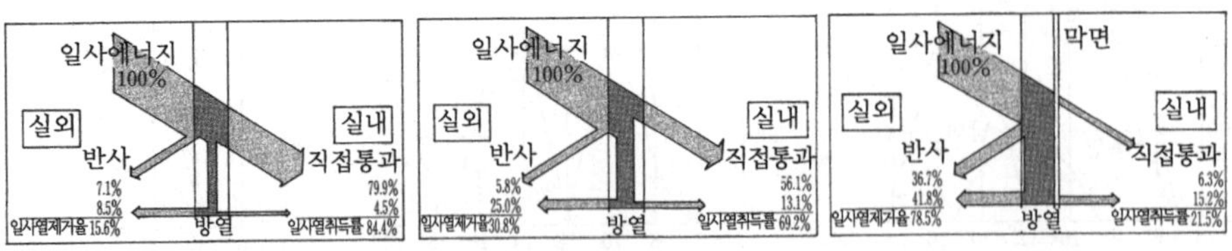

(a) 투명 유리 6mm (b) 열선흡수유리 6mm (c) 열선반사유리

그림 5.63 각종 유리의 일사열 투과

3. 일조 조정

1) 일조 조정의 의의

겨울철의 일사는 실온을 높이고, 결로 방지의 효과를 기대할 수 있으나, 여름철 일사는 냉방부하를 증대시킨다. 직사광에 의한 과다한 조도는 큰 대조와 글레어(p.112 참조) 현상을 일으키는 등 시환경을 악화시킨다. 또한 자외선이 강한 화학작용은 가구 등의 색상을 변색시킨다. 따라서 건축물 자체에 대한 일사와 창을 통한 일사는 필요한 경우에만 도입하고, 필요하지 않을 때에는 차폐하는 것이 좋다.

2) 일조 조정장치

차양은 가장 단순한 일조 조정장치이다. 북위 35°에서 남중시의 태양고도는 하지일 때 78°27′ 이고 동지일 때 31°33′ 이다. 따라서 차양을 적절히 이용하면 여름철의 일사를 쉽게 막을 수 있고, 동시에 겨울철의 일사가 실내에 유입되는 것을 방해하지 않는다(그림 5.64). 그림 5.65는 차양의 수평면에 대한 사영과 태양위치도를 겹친 것으로 점 O에 각 계절의 직달일사가 도달하는지에 대한 여부를 검토한 것이다.

그밖에 창에 대한 일조 조정장치로는 그림 5.66에 나타낸 것들이 있다. 수평루버는 차양과 마찬가지로 남쪽에 위치한 창쪽에 효과가 있고, 수직루버는 서쪽에서 햇빛이 드는 것을 막는 효과가 있다. 인텔리전트 빌딩에서는 반사유리의 반사율을 적게 하여 실내가 어두워지는 것을 막고, 강한 일사에 대해서는 자동으로 블라인드가 드리워져 빛을 조절하는 장치가 사용되기도 한다. 직사광의 경우 종래에는 차폐해야 하는 것으로 여겼었다. 그러나 직사광의 입사각도에 따라 블라인드의 핀 각도를 바꾸거나 또는 적당한 각도로 핀을 고정시켜 직사광을 천장으로 입사시킴으로써 확산광으로 바꿔 실내조명원으로 이용하는 것도 가능하다.

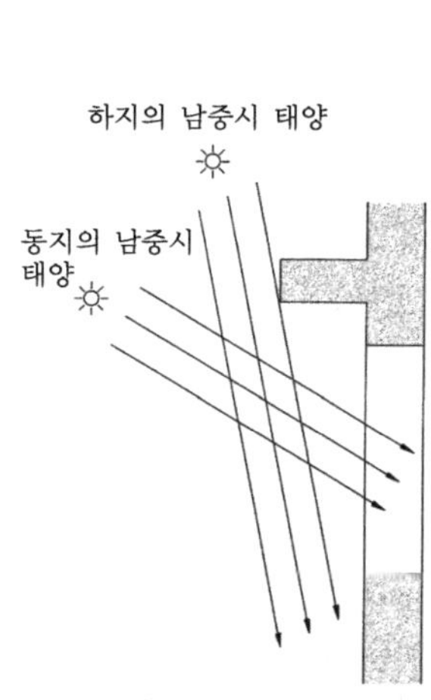

그림 5.64 차양의 효과

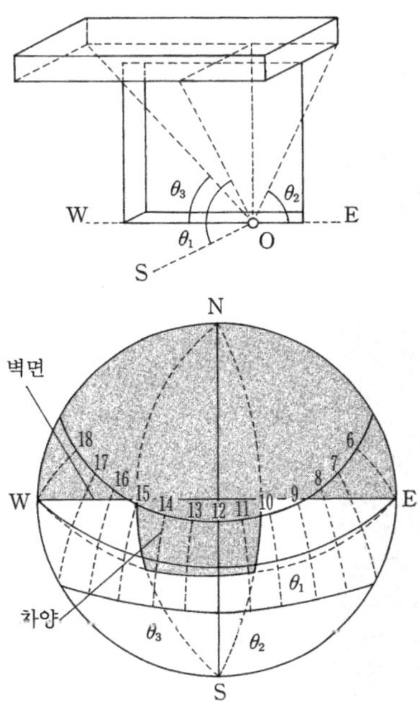

그림 5.65 차양의 일조조정 검토

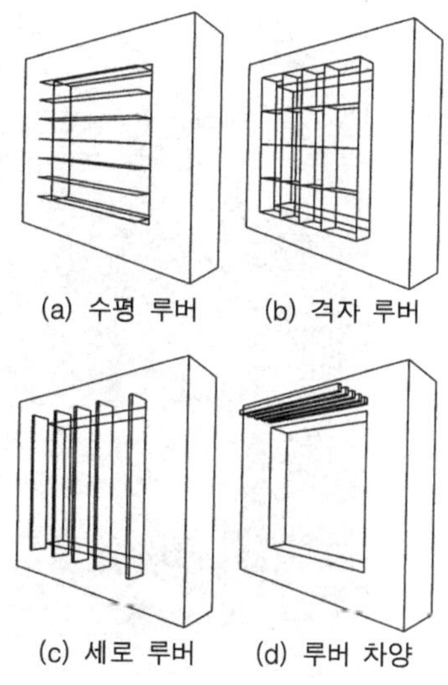

그림 5.66 일조조정장치

이 외에 그림 5.67과 그림 5.68에 나타낸 낙엽수나 담쟁이넝쿨 같은 식물은 여름철에는 잎이 무성하여 일사를 막는 효과가 있고, 겨울철에는 낙엽이 떨어져 벽면이나 실내로 일사를 유인하는 일종의 일조 조정장치 역할을 한다. p.105에 나타낸 바와 같이 일사의 등가기온은 벽면에 흡수되는 일사량에 따라 정해지기 때문에 반대로 외벽의 색을 하얗게 하는 등 벽 표면의 일사반사율을 높이는 것도 건축물에 대한 일사열의 유입량을 줄이는 역할을 한다. 또한 그림 5.69와 같이 벽체 내의 통기에 따라 외벽 표면으로부터 흡수된 열을 내부에 전하기 어렵게 하는 방법도 유효하다.

그림 5.67 여름철과 겨울철의 낙엽수

그림 5.68 벽면의 담쟁이 식물

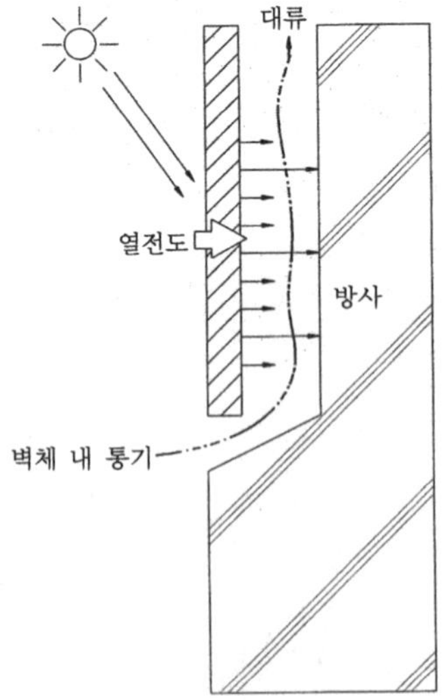

그림 5.69 벽체 내 통기

VI. 채광 · 조명과 색채

6.1 측광량

1. 빛의 양과 단위

1) 광 속

광속이란 광원에서 방사되어 공간을 흘러 어느 면에 입사하는 단위시간당 빛의 에너지량이며, 시감(視感, p.113 참조)을 근거로 측정한 양이다. 단위는 *lm* (루멘)을 이용하고, 기호 F로 나타낸다. 같은 와트수라도 백열전구보다 형광램프를 이용하는 것이 밝게 느껴지는 것은 형광램프의 효율이 좋고, 광속의 값이 크기 때문이다(그림 6.1).

2) 광 도

광도란 점광원의 특정 방향에 대한 빛의 강도를 나타내는 양을 말하며, 점광원으로부터 어느 방향으로 발산하는 단위입체각(단위 sr : 스테라디안)당 광속의 양을 나타낸 것이다(그림 6.2). 단위는 cd (칸델라)를 사용하며, 기호 I로 나타낸다. 이는 주파수 540×10^{12}Hz(헤르츠)의 단색방사를 방출하는 광원의 방사강도가 1/683 W/sr인 경우 그 방향의 광도가 1cd이다.

3) 조 도

조도란 단위면적당 입사하는 광속의 양으로 수조면의 밝기를 나타낸다(그림 6.3(a)). 단위는 *lx* (룩스)를 사용하며, 기호 E로 나타낸다. 점광원의 경우 조도는 광원으로부터의 거리의 제곱에 반비례한다(그림 6.3(b)).

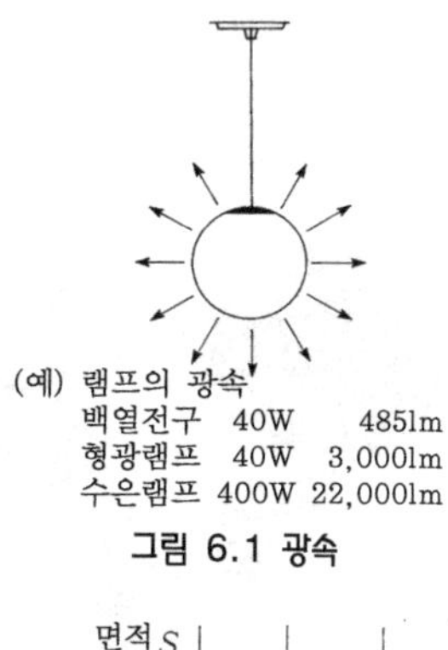

그림 6.1 광속

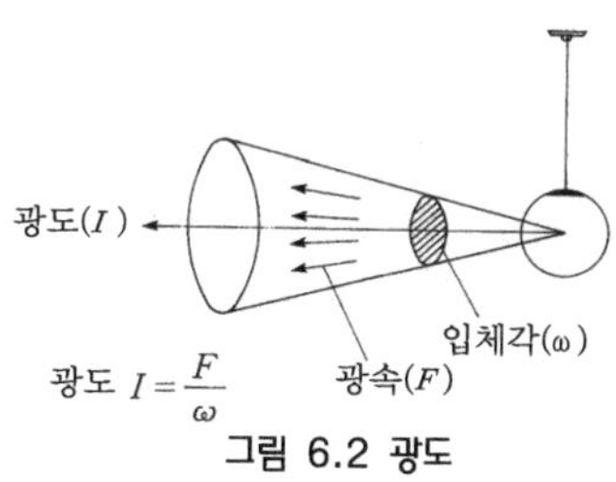

그림 6.2 광도

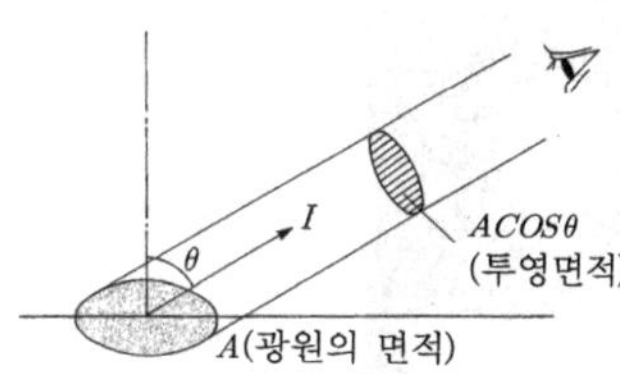

그림 6.4 휘도

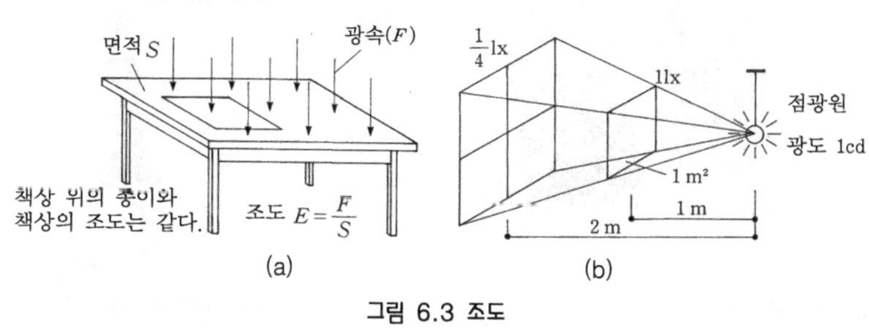

그림 6.3 조도

4) 휘 도

휘도란 광원 및 빛이 사입(斜入)되는 물체의 표면 밝기를 말한다. 즉 휘도란 광원으로부터 어느 방향으로의 광도를 그 방향에 대한 광원의 투영면적으로 나눈 값을 말하며, 단위는 cd/m^2(=nt : 니토)를 사용한다. 휘도가 너무 높으면 글레어(눈부심) 현상을 일으켜 불쾌함을 주고 피로를 느끼게 한다(그림 6.4).

2. 빛의 측정

1) 조도계

조도를 측정하는 데는 보통 광전지조도계(그림 6.5)가 사용된다. 광전지는 받은 빛의 강도에 비례하여 전류가 발생하는 반도체이며, 그 발생전류의 크기를 측정함으로써 조도를 알 수 있다. 측정범위는 기종에 따라 다른데 보통 0.01~100,000lx이고, 렌즈를 교체하지 않고 측정할 수 있다. 광전지조도계는 취급이 간단하여 널리 사용되고 있으며, 그림 6.5(b)와 같이 수광부를 분리하여 원격측정을 할 수 있는 기종도 있다. 수광부의 분광감도는 인간의 눈에 느끼는 밝기와 같은 것이 이상적이지만, 실제로는 빛의 파장에 따라 약간 다르다. 따라서 시감도의 보정필터를 사용하는 기종도 있다. 또한 일반적으로 조도계를 취급할 때는 다음과 같은 점에 주의할 필요가 있다.

① 측정자의 그림자 등이 수광부에 영향을 미치지 않을 것.
② 측정 렌즈보다 과대한 빛을 내지 않을 것.
③ 수광부를 바르게 배치할 것.
④ 조도계는 오래되면 지시값에 오차가 생길 수 있으므로 적절한 보정이 필요할 것.

2) 휘도계

휘도계는 각 벽면에 대한 조명광원의 휘도는 시야 내의 중앙부 휘도를 측정하는 것이다. 수광부에는 일반적으로 광원소자식이 사용되고 있다. 측정을 하는 개방각도는 보통 $0.1° \sim 3°$ 정도이며, 휘도의 측정범위는 $10 \sim 10^6$cd/m^2 정도이다.

휘도계를 사용할 때는 휘도를 측정하는 대상물의 크기와 휘도계를 설치하는 위치에 따라 적절한 개방각도를 가지고 있는 기종을 사용하도록 한다. 그림 6.6에 휘도계의 예를 나타낸다.

(a)

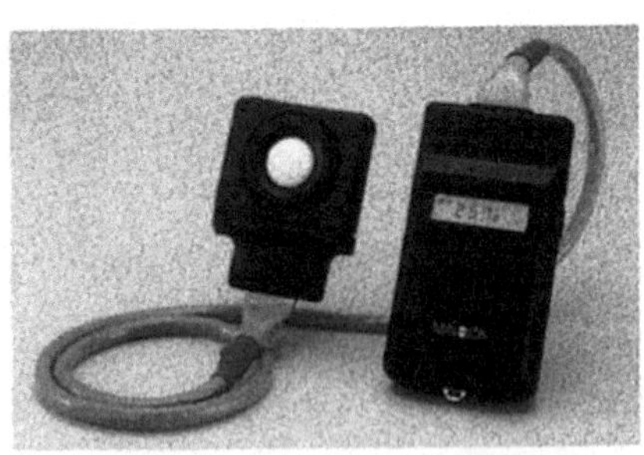

(b)

그림 6.5 조도계의 예

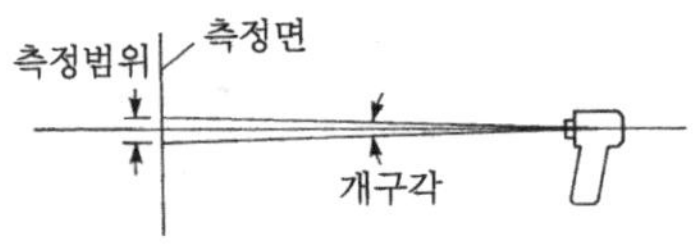

그림 6.6 휘도계의 예

6.2 시각과 잘보임

1. 눈의 기능

1) 눈의 구조

인간의 눈은 그림 6.7과 같이 매우 정교한 구조로 되어 있다. 망막상에는 추상체와 간상체라는 두 종류의 시세포가 있다. 추상체는 망막의 중앙부에 많고, 간상체는 주변에 많이 분포되어 있다. 추상체는 색을 식별하는 세포로, 밝은 곳에서 움직이고*1, 간상체는 명암을 식별하는 세포로 어두운 곳에서 움직인다*2. 빛에 의한 시세포 물질의 화학적 반응이 시신경에 연쇄적으로 진행되어 뇌세포에서 망막에 비치는 상을 인식하는 것을 시각(視覺)이라 한다.

2) 명순응과 암순응

어두운 곳에서 밝은 곳으로 갑자기 나올 때 순간적으로 눈부심을 느끼다가 곧바로 다시 앞이 보이게 된다. 이처럼 밝음에 익숙해지는 작용을 눈의 명순응이라 한다. 한편 밝은 곳에서 어두운 곳으로 들어갔을 때에는 잠깐 동안 아무것도 안 보이다가 점점 앞이 구별되는 경우도 있다. 이처럼 어두움에 익숙해지는 작용을 눈의 암순응이라 한다. 이들 순응의 과정을 그림 6.8에 나타낸다.

3) 비시감도

인간의 눈에 느끼는 빛은 파장 380~780nm 범위의 빛인데, 파장에 따라 밝기를 느끼는 방식(시감도)이 다르다. 밝은 곳에서는 파장이 555nm(황록색)의 빛에 가장 민감하며, 어두운 곳에서는 파장 507nm(청록색)의 빛에 가장 감도가 좋다. 이때의 시감도에 대한 다른 파장의 빛에 대한 시감도를 비시감도라 하고, 각 파장에 대하여 나타낸 것이 그림 6.9의 비시감도 곡선이다. 요하네스 푸르킨예는 맑은 날 빨간 꽃이 파란 꽃보다 일반적으로 밝게 보이는 것을 관찰하였다. 그러나 일출이나 일몰 무렵에는 파란 꽃이 빨간 꽃보다 밝게 보이는 반대현상을 발견하였다. 이것은 눈의 색채감광도가 변하는 것으로 이것을 푸르킨예현상이라 한다. 이것은 추상체의 지각에서 간상체의 지각으로 변화하기 때문이다.

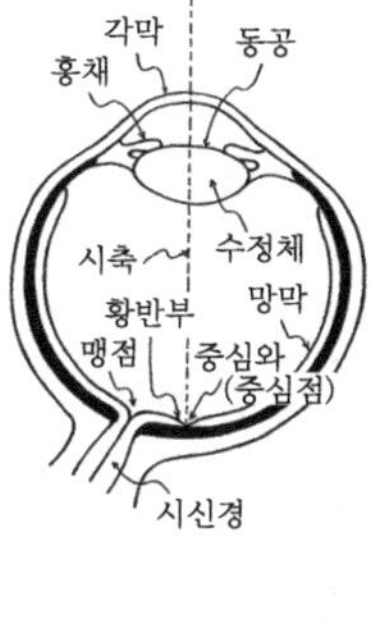

그림 6.7 안구의 구조

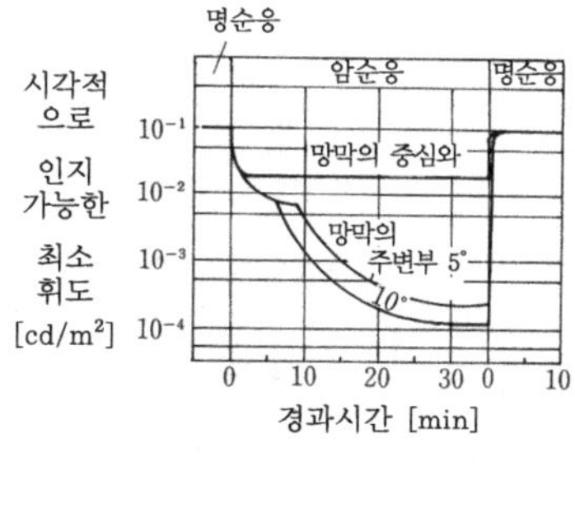

그림 6.8 순응의 과정

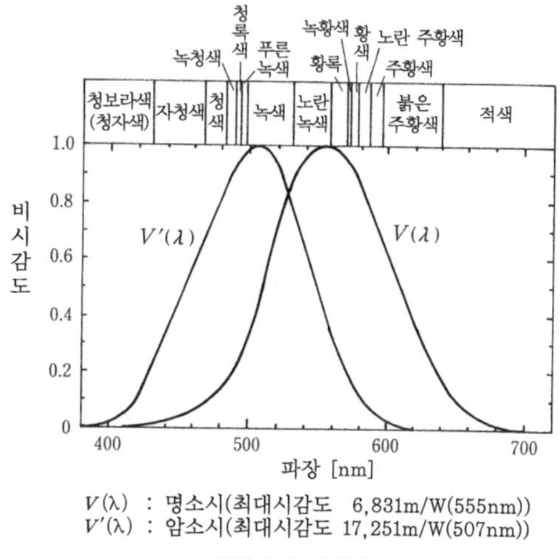

V(λ) : 명소시(최대시감도 6,831m/W(555nm))
V′(λ) : 암소시(최대시감도 17,251m/W(507nm))

그림 6.9 비시감도

*1 명소시라고 함.
*2 암소시라고 함.

2. 잘보임

1) 명시조건

일반적으로 물체가 잘 보이기 위한 가장 기초적인 조건에는 다음과 같이 4가지가 있다.

① 물체의 크기(시각으로 측정)

② 밝기(휘도로 측정)

③ 대상물과 배경의 밝기 차이(휘도대비) 또는 색 차이(색상대비)

④ 보는 시간

이 중 어느 하나가 빠져도 그 물체를 정확하게 볼 수 없으며, 또 하나라도 악조건이 될 경우에 다른 조건이 이를 보완해주지 않으면 명확하게 보이지 않는다. 예를 들면 작은 물체를 볼 때 조명을 더 밝게 하는 이유도 이 때문이다. 밝기, 대비, 그리고 시력의 관계는 그림 6.10에 나타낸다.

2) 글레어(눈부심)

우리가 무엇인가를 보려고 할 때 시야 내에 밝은 램프나 창을 통해 들어오는 햇빛 등 휘도가 높은 부분이 있다. 또한 불쾌한 눈부심을 느끼거나 보는데 방해가 되는 경우도 있다. 이러한 현상을 글레어라 하며, 전자를 불쾌 글레어(discomfort glare), 후자를 불능 글레어(disability glare)라 한다. 조명을 설계할 때 불능 글레어는 뚜렷한 시각적 장애를 나타내기 때문에 이를 완전히 없앨 필요가 있으며, 불쾌 글레어는 글레어를 불쾌하다고 느끼는 한계 이하가 되도록 해야 한다. 글레어는 다음과 같이 구분된다.

① 직접 글레어(direct glare) : 휘도가 높은 부분이 시선 또는 그 가까이에 있는 경우에 생기는 글레어이다. 조명기구인 경우에는 루버나 아크릴 커버를 부착하는 것이 필요하다.

② 반사 글레어(reflected glare) : 대상물의 표면에서 휘도가 높은 부분이 반사하여 대상물 자체의 휘도대비가 저하되는 것으로서 광막반사라고도 한다. 천장조명에 의한 책상면에서의 광막반사를 막기 위해서는 그림 6.11의 P의 범위에 고휘도의 광원을 두지 않도록 한다. 또한, 채광창으로 인한 흑판면에서의 광막반사를 방지하는 방법에는 커튼을 달거나 곡면흑판을 이용하는 방법이 있다.

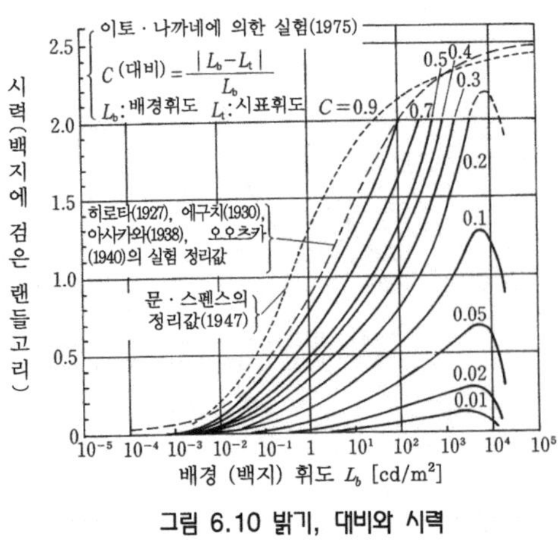

그림 6.10 밝기, 대비와 시력

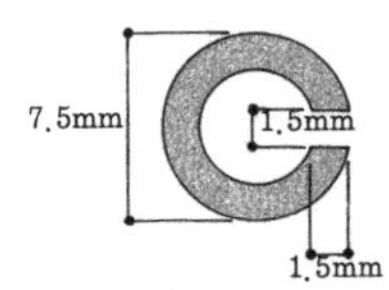

랜들고리

시력은 2개의 점을 별도로 인식할 수 있을 때의 시각의 역수로 표시하며, 눈으로부터 5m 거리에서 랜들고리의 자른면을 구분할 수 있을 때의 시력이 1이다.

6.11 광막반사를 발생시키지 않는 광원의 위치

③ 반사영상 : 액자 속에 있는 미술품이나 쇼윈도의 경우 유리면에 배후의 휘도가 높은 부분이 반사되어 유리면에 상(像)을 비추어 내부를 보기 어렵다. 이를 반사영상이라 하고, 조명의 각도와 유리면의 각도를 바꾸어 정반사를 막거나 OA기기의 CRT화면 등에서는 화면에 반사방지 필터를 부착하는 것이 필요하다. 또한 조명기구에 루버를 사용한 글레어 방지형 조명기구도 있다. 불쾌 글레어의 평가방법으로는 미국조명학회의 평가법 · 영국조명학회의 평가법 · 유럽휘도제한법 등이 있는데, 기본적으로는 불쾌 글레어에 관한 지수를 구해 평가기준과 비교하는 것이다.

3) 조도의 분포

사무실 등과 같이 실내의 어느 위치에서나 같은 작업이 행해지는 경우 실내의 작업환경이 같아지도록 조도분포도 균일화할 필요가 있다. 조도분포의 균일화상태를 나타내는 것으로서 균제도가 있는데 다음 식으로 구할 수 있다.

$$균제도 = \frac{최저조도}{최고조도} \qquad (6\text{-}1)$$

또한, 균제도는 1에 가까울수록 바람직한데, 그 권장값을 표 6.1에 나타냈다. 그림 6.12는 어느 제도실의 인공조명에 의한 조도분포의 예를 나타낸 것이다.

4) 휘도의 분포

앞서 기술한 바와 같이 시야 내에 심한 눈부심이 있는 경우와 큰 휘도대비가 있는 경우는 글레어의 원인이 되며, 잘 보는데 방해가 된다. 이는 작업능률에도 영향을 주며 일반적으로 시(視) 대상과 배경 사이의 휘도대비가 너무 커지면 눈에 피로가 생기지만 그 한계는 작업내용에 따라 다르다. 실내의 휘도 분포에 대해서는 일반적으로 시 대상 부근과 그 주변의 휘도비를 3 : 1 이하로, 시 대상 부근과 그로부터 약간 떨어진 곳의 휘도비를 10 : 1 이하로 하는 것이 바람직하다.

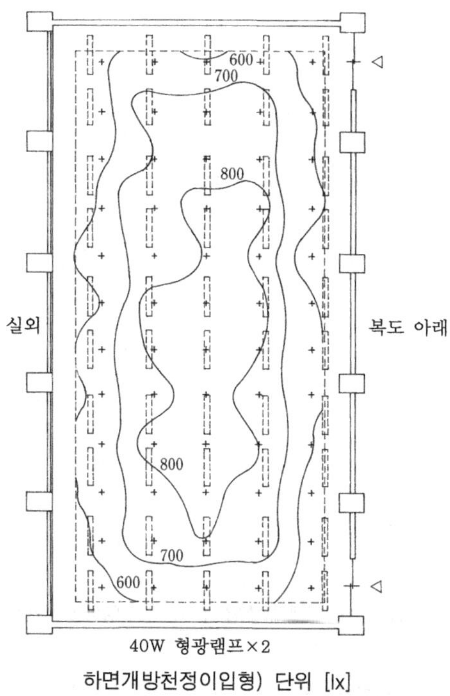

그림 6.12 인공조명에 의한 조도분포의 예

표 6.1 균제도

종 류	균 제 도
인공조명	1/3 이상
병용조명	1/7 이상
주광조명	1/10 이상
동일작업 범위 내	2/3 이상

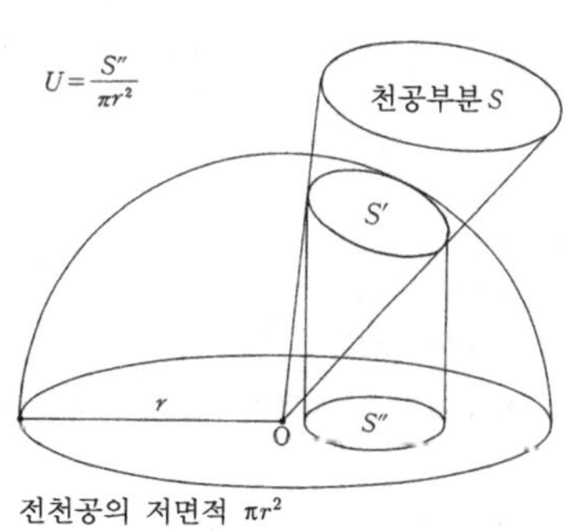

그림 6.13 입체각 투사율 U

6.3 채 광

태양으로부터의 빛은 직사광과 직사광을 제외한 천공광으로 분류된다. 채광은 실내 공간에 필요한 조도를 천공광에 의해 확보하는 것이다.

1. 주광률

1) 주광률

실내의 조도를 채광에 의해 얻을 경우 실외의 주광조도는 시시각각 변화하므로 실내의 조도 역시 이와 함께 변화된다. 채광 설계시 이와 같이 변화되는 조도를 실내의 밝기 기준으로 하는 것은 부적합하기 때문에 이를 대신하는 것으로서 주광률이 이용된다. 주광률 D는 다음 식으로 나타낸다.

$$D = \frac{E\,(\text{실내에서 어느 한 점의 조도})}{E_s\,(\text{이 때의 천공광조도}^*)} \times 100\% \quad \cdots\cdots (6\text{-}2)^*$$

예를 들면 옥외의 조도가 5,000lx이며 실내의 어느 한 점의 조도가 100lx일 때 주광률 D는 2%가 된다.

주광률에는 빛을 광원으로 하는 직접조도에 의한 성분과 실내의 상호 반사조도에 의한 성분이 있으며, 전자를 직접주광률이라 하고, 후자를 간접주광률이라 한다. 직접조도와 간접조도를 E_d와 E_r, 직접주광률과 간접주광률을 D_d와 D_r로 하면 주광률은 다음 식으로 나타낼 수 있다.

$$D = \frac{E_d + E_r}{E_s} = D_d + D_r \quad \cdots\cdots (6\text{-}3)$$

창유리가 없는 천공이 직접 보이는 창에서 직접주광률은 입체각투사율(그림 6.13)과 일치한다. 입체각투사율은 그림 6.14와 그림 6.15로부터 쉽게 구할 수 있다.

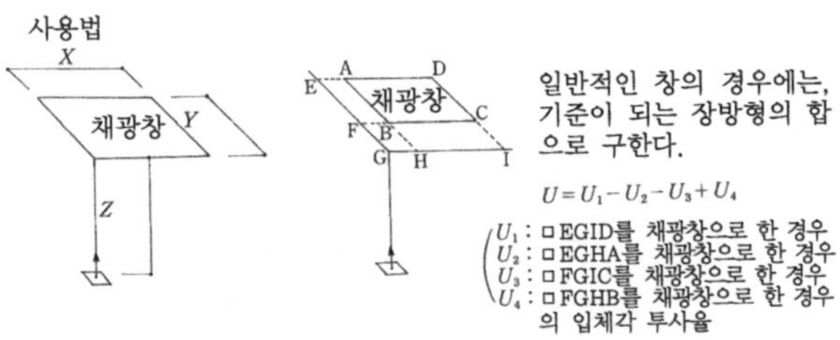

표 6.2 주광률의 기준

작업 또는 실	기준 주광률[%]	전천공조도가 15000lx의 경우의 값
정밀한 시(視)작업 · 일반제도	3	450
독서 · 사무실 일반	2	300
회의 · 교실 일반	1.5	230
단시간의 독서 · 주택의 거실	1	150
병원의 병실 · 사무실 복도	0.75	110

((사)일본건축학회 편, 『주광조명의 계산법』(마루젠) 참조)

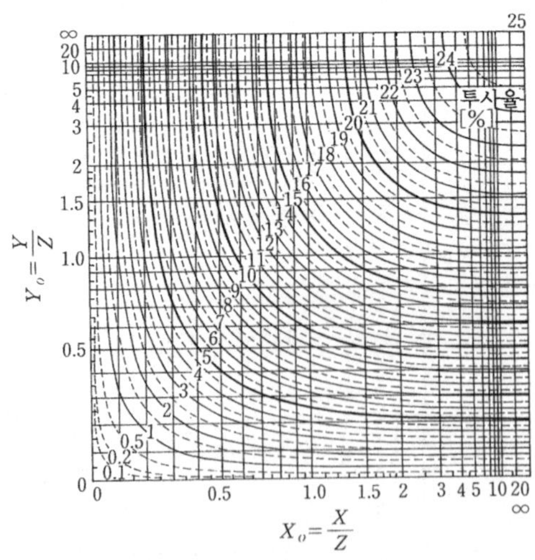

그림 6.14 입체각투사율(수조면과 평행장방형 광원의 경우)

---

* 전천공조도란 지평면으로부터 천장에 이르기까지 방해되는 물체가 없는 완전천공에 의해 얻을 수 있는 수평면 상의 조도이다. 전천공조도는 태양고도와 기후 등에 따라 다른데, 일반적으로 전천공조도의 기준치로는 5,000 lx가 사용되고 있다.

2) 주광률의 계산

주광률은 직접주광률과 간접주광률을 각각 구하여 이들을 합계한다.

【예제 1】 그림 6.16과 같은 채광창을 가진 실에서 A점의 주광률을 구하시오.

【해 답】 ① 직접주광률의 계산

㉠ 입체각투사율 U : 창을 점선과 같이 분할하고, 각 부분의 입체각투사율을 구한 후 이들을 합계하여 창 전체의 입체각투사율을 산출한다. 각 부분의 A점에서 입체각투사율 U_1, U_2는 그래프(그림 6.15)에서 다음과 같이 구할 수 있다.

U_1 : $X_0=\dfrac{X}{Z}=\dfrac{6}{4}=1.5$ $\quad Y_0=\dfrac{Y}{Z}=\dfrac{2}{4}=0.5$ 따라서 $U_1=2.4$

U_2 : $X_0=\dfrac{X}{Z}=\dfrac{2}{4}=0.5$ $\quad Y_0=\dfrac{Y}{Z}=\dfrac{2}{4}=0.5$ 따라서 $U_2=1.4$

따라서 전체 입체각투사율 U는 $U- U_1+U_2=2.4+1.4=3.8\%$

㉡ 창의 투과율 τ · 보수율 m : 투명유리의 투과율 τ는 입사각이 대부분 60° 이하이므로 그림 6.23으로부터 $\tau=0.91$ 로 한다. 창유리의 보수율 m은 주택지역으로서 표 6.3에서 $m=0.80$ 을 사용한다.

㉢ 창면적유효율 R :

$R=R_1\times R_2$ (여기서, R_1 : 창 새시에 의한 유효율, R_2 : 벽두께에 의한 유효율

$R_1=1-$(창 새시 면적/창 면적)으로 구할 수 있는데, 알루미늄 새시의 경우에는 $R_1=0.90$ 을 이용한다. R_2는 벽 두께를 20cm로 하여 그림 6.17에서 $R_2=0.88$. 따라서 $R=0.90\times0.88=0.79$ 가 된다.

㉣ 직접주광률 D_d : $D_d=U\tau mR=3.8\times0.91\times0.80\times0.79=2.19\%$

② 간접주광률의 계산

간접조도를 계산하기 위해서는 매우 복잡한 계산을 필요로 한다. 그러나 간접조도는 실내에 거의 일정하게 분포된다고 보기 때문에 다음과 같은 간이계산식에 의한 실내면 평균값식을 이용하는 것이 일반적이다.

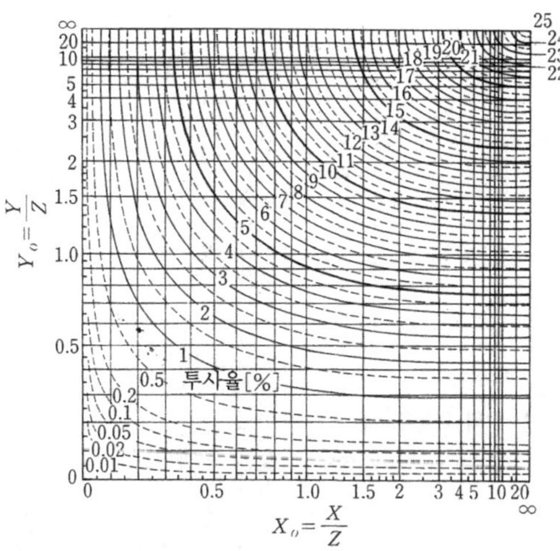

그림 6.15 입체각투사율(수조면과 수직인 장방형 광원의 경우)

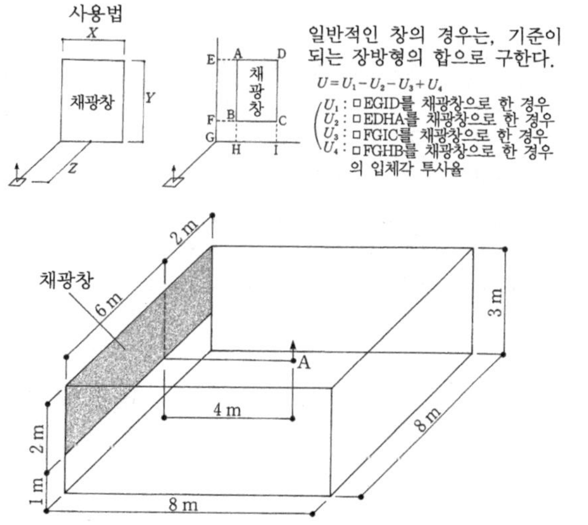

그림 6.16 예제 1의 그림

$$D_r = \frac{E_r}{E_s} = \frac{F_d \rho_m}{E_s S(1-\rho_m)} \quad \cdots\cdots (6\text{-}4)$$

여기서,

$$F_d = D_w S_w \tau m R E_s \quad \cdots\cdots (6\text{-}5)$$

F_d : 창으로부터의 입사광속[lm], ρ_m : 실내의 평균반사율

S : 실내전표면적[㎡], D_w : 창면 주광률, S_w : 창면적[㎡]

τ : 창 재료의 투과율, m : 보수율, R : 창면적유효율

여기서 창면주광률 D_w는 외부로부터 창면으로 입사하는 아래로 향하는 빛에 의한 주광률 $D_{w\,1}$과 위로 향하는 빛에 의한 주광률 $D_{w\,2}$를 합계한 것이다.

보통 창밖이 열려 있는 경우 $D_{w\,1} = 50\%$, $D_{w\,2} = 50\%$를 취한다. 창면적 $S_w = 16$㎡, 창유리의 투과율·보수율·창면적유효율은 각각 직접주광률 계산으로 이용한 $\tau = 0.91$, $m = 0.8$, $R = 0.79$를 취한다. 또한 실내전체 표면적은 $S = 224$㎡, 실내의 평균반사율을 $\rho_m = 0.3$으로 한다. 또한 각종 재료의 반사율은 표 6.4에 나타낸다. 이들 값을 식(6-5)에 대입하면

$$F_d = 0.55 \times 16 \times 0.91 \times 0.8 \times 0.79 \times E_s = 5.06 E_s$$

가 된다. 이를 식 (6-4)에 대입하면 간접주광률 D_r은

$$D_r = \frac{5.06 \times 0.3 \times E_s}{E_s \times 224 \times (1-0.3)} = 0.0097 = 0.97\%$$

가 된다.

③ 전체 주광률 ($D = D_d + D_r$)

따라서 전체주광률은 $D = 2.19 + 0.97 = 3.16\%$가 된다.

연습문제

〈6-1〉 그림 6.16과 같은 실에서 A점의 바닥면에서의 주광률을 구하시오. 단, 다른 조건은 예제 1과 동일하게 한다.

표 6.3 창유리의 보수율 m

지역	분류	경사각		
		0°~30°	30°~60°	60°~90°
시골·교외	청결	0.8	0.85	0.9
	오염	0.55	0.6	0.7
주택지역	청결	0.7	0.75	0.8
	오염	0.4	0.5	0.6
공장지역	청결	0.55	0.6	0.7
	오염	0.25	0.35	0.5

((사)일본건축학회 편, 『주광주명의 계산법』(마루젠) 참조)

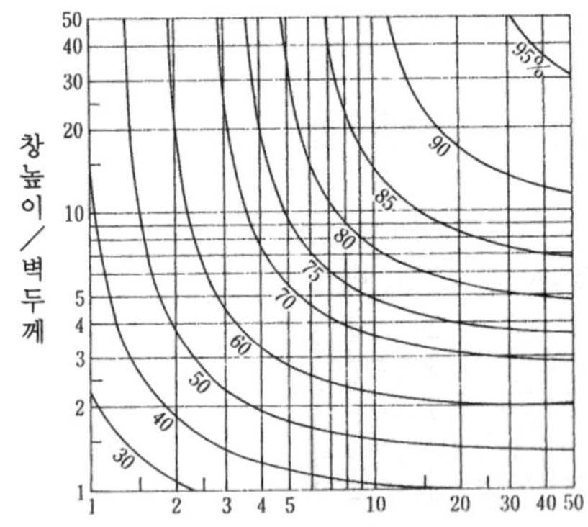

그림 6.17 벽두께에 의한 창의 면적유효율 R_2

표 6.4 각종 재료의 반사율

재료	반사율[%]
백색 회반죽	60~80
흰 벽	60
엷은 크림색 벽	50~60
진한 색의 벽	10~30
목재(백목)	40~60
목재(황색 니스 칠)	30~50
미닫이용 종이	40~50
붉은 벽돌	15
회색 텍스	40
콘크리트	25
백색 타일	60
깔개(다다미)	30~40
리놀륨	15
백색 페인트	60~80
엷은 색 페인트	35~55
진한 색 페인트	10~30
검은 색 페인트	5

((사)일본건축학회 편, 『건축 환경공학용 교재 환경편』 참조)

2. 채광계획

1) 채광방법

채광방법은 창의 위치에 따라 다음과 같이 분류된다.

◆ a **측창채광** 벽면에 설치된 연직창을 측창이라 한다(그림 6.18). 측창채광은 가장 일반적인 채광방법이며, 다음과 같은 특징이 있다.

① 구조 · 시공 · 개폐조작 · 보수 등이 용이하며, 빗물을 막기가 쉽다.

② 개방감을 얻을 수 있으며, 통풍에 유리하다.

③ 실내의 조도분포가 불균일하게 되기 쉽고, 인접한 건축물 등의 영향을 받기 쉽다.

또한 창면의 수에 따라 편측채광(일면채광) · 양측채광(이면채광) · 다면채광(3면 이상인 경우), 눈높이보다 높은 위치의 측창으로부터 고창채광, 방위에 따라 북측채광 · 남측채광 등이 있다.

◆ b **천창채광** 창면이 수평이거나 수평에 가까운 지붕면에 설치된 것을 천창이라 한다(그림 6.19). 천창채광에는 다음과 같은 특징이 있다.

① 높은 채광효과를 얻을 수 있으며, 실내의 조도분포가 균일화되기 쉽다. 일반적으로 측창보다 3배의 채광효과가 있다.

② 인접하는 건축물 등의 영향을 적게 받는다.

③ 구조 · 시공 · 조작 · 보수 등이 불리하고, 빗물을 막기가 어렵다.

④ 폐쇄감을 느끼기 쉬우며, 통풍에 불리하다.

또한, 실내에서 올려다보면 우물처럼 보이는 천창을 광정(光井)이라 한다. 이 밖에 천창으로부터의 빛을 천장면에서 확산시킨 광천장은 천장면의 휘도대비도 적고 우수한 편이다.

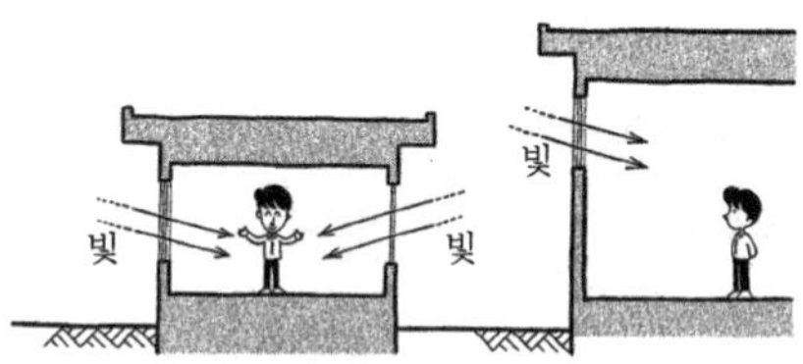

(측창(양측채광) (b) 측창(고창)

그림 6.18 측창채광

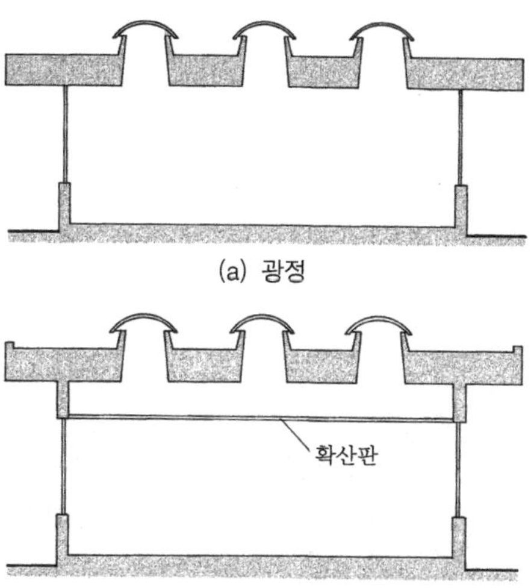

(a) 광정

(b) 광천정

그림 6.19 천공채광

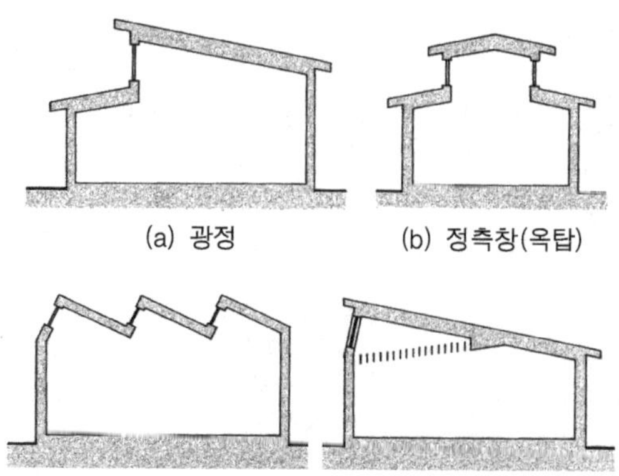
(a) 광정 (b) 정측창(옥탑)

(c) 정측창(옥외 개찰) (d) 정측창(擬似천창)

그림 6.20 정측창채광

◆ **c 정측창 채광** 천장면보다 높은 위치에 설치된 연직창을 정측창이라 한다(그림 6.20). 정측창 채광은 다음과 같은 특징이 있다.

① 실내의 연직벽면의 조도를 높일 수 있으므로 미술관의 전시실 등에 적합하다.

② 면적이 큰 실내에 비교적 균일한 분포로 채광할 수 있다.

③ 천창보다 빗물을 막기가 용이하다.

이와 같은 채광방식에는 모니터지붕 채광, 톱날지붕 채광 등이 있으며, 공장이나 미술관의 전시실 등에 이용된다.

◆ **d 특수 채광** 이상과 같은 창으로부터 채광 외에 표 6.5와 같은 방식도 이용되고 있다.

① 건축물의 옥상 등에 설치한 반사거울로 직사일광을 건축물 내부에 유도한 것으로 반사거울을 고정시킨 방식과 컴퓨터에 의해 태양을 자동으로 유도하는 방식이 있다. 반사거울은 고층건축물에 의한 일영대책으로 이용되기도 하고, 빌딩의 아트리움 등에 사용되고 있다. 이 방식은 빛의 통로가 직선이어야 하며, 설치시 제약이 많다.

② 천공광을 그림 6.21과 같은 도광(導光)덕트에 의해 실내로 유도한 것이다. 덕트의 길이는 10m 정도로 제약이 따른다.

③ 저광채광에 의한 것으로, 내민창의 바닥면에서 지면의 반사광을 채광하는 방식인데, 실내로의 채광량은 적다.

④ 광파이버를 이용하여 옥상으로부터의 빛을 건축물 내에 유도하는 것으로, 광파이버에 의해 빛을 자유롭게 유도하므로 반사거울 방식보다 자유롭게 이용할 수 있으며, 직사일광이 미치지 않는 실내의 식물재배 등에 적합하다.

표 6.5 태양광 도입방식

도입장소의 종류		방 식
(a) 건축물의 일영부분	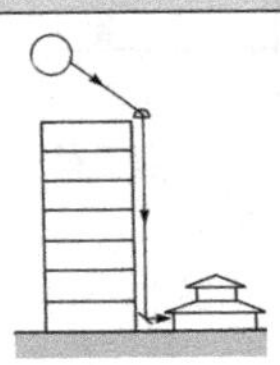	① 태양광자동추미방식 ② 태양광수동추미방식
(b) 건축물의 중정·돌출부분	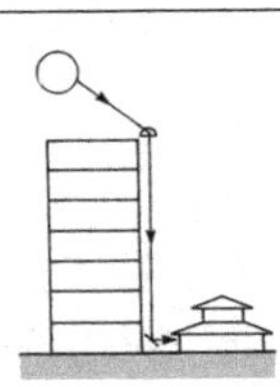	① 태양광자동추미방식 ② 블록미러방식 ③ 건축화덕트방식
(c) 건축물의 내부·아트리움	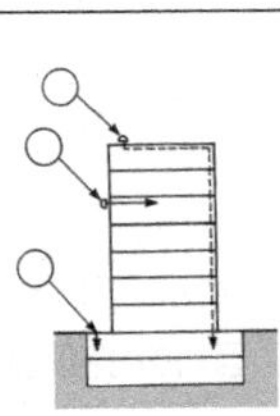	① 톱라이트방식 ② 덕트방식 ③ 태양광자동추미덕트 방식 ④ 광파이버방식 ⑤ 굴절방식 ⑥ 건축화방식

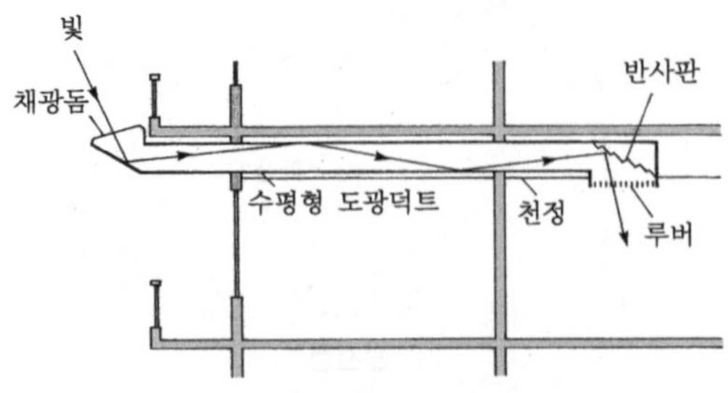

그림 6.21 수평형 채광덕트의 구성

2) 창의 재료

건축물의 채광창에 사용되는 재료에는 표 6.6에 나타낸 바와 같이 판유리, 유리가공제품, 종이, 천, 플라스틱 등의 종류가 있다. 이들 중 건축물에는 주로 유리 및 유리가공제품이 이용되고 있다. 유리는 빛을 반사 · 흡수 · 투과시키는 성질을 갖고 있는데, 그 특성은 유리의 종류나 두께, 표면의 형상, 입사하는 빛의 파장 및 입사각도에 따라 다르다(그림 6.22). 유리에 입사하는 빛의 굴절률은 빛의 파장이 길수록 크고, 흡수율은 판두께가 두껍고, 착색된 정도가 짙을수록 크다. 또한 그림 6.23에 나타낸 바와 같이 빛의 입사각이 클수록 투과율은 적고, 보통 판유리의 경우 입사각이 50° 이하인 경우 투과율은 거의 일정하다. 또한 투과율은 유리의 취급상태 및 보수 정도에 따라서도 다르다. 여기서는 빌딩의 커튼월 등에 자주 이용되는 열선흡수유리 및 열선반사유리의 특징에 대하여 기술한다.

◆ **a 열선흡수유리** 열선흡수유리는 유리 성분에 미량의 철이나 니켈 등과 같은 금속을 첨가해 만든 것이다. 이 유리는 태양의 방사열을 비교적 잘 흡수하기 때문에 보통유리에 비해 여름철 냉방부하를 적게 할 수 있다.

◆ **b 열선반사유리** 열선반사유리는 유리 표면에 티탄과 같은 금속을 100~5,000옴스트롬 정도의 아주 얇은 막으로 만든 것이다. 이 금속 막은 매우 얇아서 반투명해진다. 즉 밝은 곳에서 유리면을 들여다보면 그 금속의 막이 빛을 반사시켜 거울처럼 보인다. 그러나 어두운 곳에서 밝은 곳을 보면 금속면이 투과되어 보통 유리처럼 보인다. 이 유리는 태양의 복사열을 비교적 잘 반사 · 차단하여 단열성을 높일 수 있다.

표 6.6 창의 재료의 투과특성과 투과율

재 료		판두께[mm]	투과특성	투과율[%]
판유리류	투명판유리	1.9~19.0	투명	80.9~91.5
	염색판유리	1.9~5.0	반투명·반확산	75~85
	형판유리	2.2~6.8	반투명	60~90
	부분유색유리		확산	40~60
	전유색유리		확산	8~20
	망입 · 선입판유리	6.8~10.0	투명	80.5~86.5
	열선흡수판유리	3.0~15.0	반투명	35.1~82.1
유리가공제품류	접합유리	6.3~24.3	투명	77.3~88.8
	열선반사판유리	6.0~12.0	반투명	19.2~65.1
	유리블록		확산	23~33
	지향성 유리블록		지향성	23.6
	열선반사유리블록		반투명	16.0
	프리즘유리		반투명	19.6~34.0
종이류	드레싱 페이퍼		반확산	65~75
	미닫이종이(문종이)		확산	35~50
천류(직물류)	무명(면)		확산	2~5
	커튼(얇은 천·엷은 색)		확산	10~30
	커튼(얇은 천·짙은 색)		확산	1~5
	커튼(두꺼운 천)		확산	0.1~1
	나일론(투명)		반투명	65~75
플라스틱류	아크릴라이트(무색)		투명	70~90
	아크릴라이트(짙은 색)		투명	50~75
	플라스틱(백색)		반투명	30~50
	플라스틱(짙은 색)		반투명	1~10

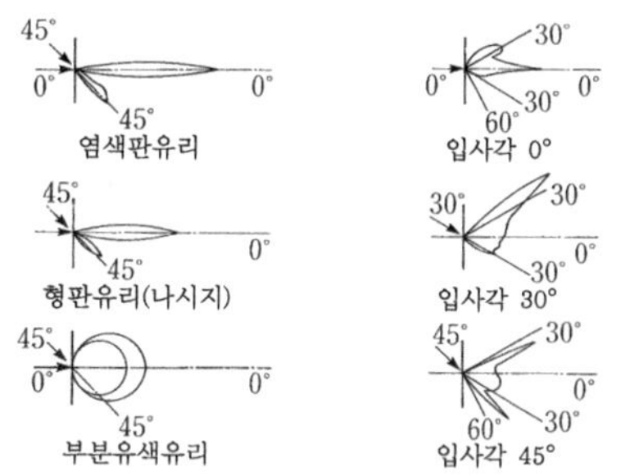

(a) 판유리 (b) 지향성 유리블록

그림 6.22 창유리의 투과지향성

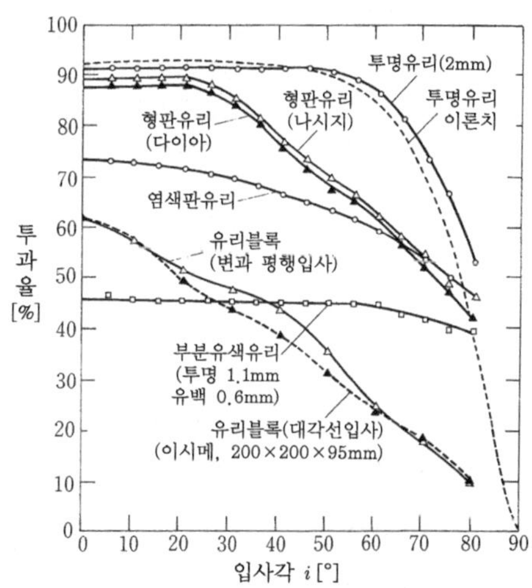

그림 6.23 창유리의 입사각별 투과율

3) 법적 규제에 대하여

학교의 교실이나 주택의 거실 등과 같은 실내를 밝고 건강한 환경으로 만들기 위해 건축법에서는 최소한의 자연채광을 확보하기 위해 창면적을 실의 바닥면적에 비례시켜 규정하고 있다. 실의 바닥면적에 대한 유효채광면적의 비율은 표 6.7에 나타낸 바와 같이 대상이 되는 실의 종류에 따라 다르다.

유효채광면적이란 각 개구부의 면적에 표 6.8에 나타낸 채광보정계수(λ)를 곱해서 얻은 값을 실마다 합계한 것이다. 또한, 실의 외측에 폭 90cm 이상의 모서리측(緣側)이 있는 경우 채광보정계수는 표 6.8에서 구한 값에 0.7을 곱하여 계산한다. 반대로 천창은 표 6.8에서 구한 값을 3배로 한다. 그리고 칸막이나 미닫이 등으로 나누어진 두 개의 실은 하나의 실로 간주하여 계산할 수 있다.

표 6.7 거실의 바닥면적에 대한 유효채광면적의 부분

건축물의 종류	대상실	$\frac{\text{유효채광면적}}{\text{실의 바닥면적}}$
보육원	보육실	$\frac{1}{5}$ 이상
유치원 · 초등학교 · 중학교 · 고등학교 · 중등교육학교	교실	
주택	거실	$\frac{1}{7}$ 이상
병원 · 진료소	병실	
기숙사	침실	
하숙	숙박실	
아동복지시설 등의 각종 복지시설	침실 · 주요 거실	
상기(上記) 이외의 학교	교실	$\frac{1}{10}$ 이상
병원 · 진료소 · 아동복지시설 등	담화실 · 오락실	

표 6.8 채광보정계수

용도지역		채광보정계수(λ)
(가) 주거계	제1종저층주거전용지역 제2종저층주거전용지역 제1종중고층주거전용지역 제2종중고층주거전용지역 제1종주거지역 제2종주거지역 준거주지역	$\frac{6D}{H} - 1.4$
(나) 공업계	준공업지역 공업지역 공업전용지역	$\frac{8D}{H} - 1.0$
(다) 상업계 외	근린상업지역 상업지역 미지정구역	$\frac{10D}{H} - 1.0$

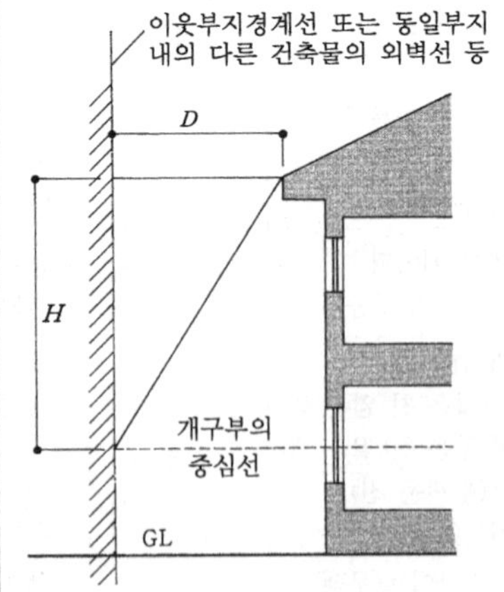

주 1) (가)는 $D \geq 7\text{m}$, (나)는 $D \geq 5\text{m}$, (다)는 $D \geq 4\text{m}$가 되면, 수치가 1.0 미만이 되는 경우에도 1.0으로 한다.
2) 개구부가 도로에 면하고 수치가 1.0 미만이 되는 경우에는 1.0으로 한다.
3) 수치가 3.0을 넘는 경우에는 3.0으로, 음소가 되는 경우에는 0으로 한다.

6.4 조 명

1. 인공광원

1) 광원의 종류

조명용 광원의 종류에는 표 6.9에 나타낸 바와 같은 것들이 있다. 우선 크게 백열램프와 방전램프의 2가지로 나누며, 방전램프는 다시 형광램프와 HID램프로 나누어진다. HID램프는 High Intensity Discharge Lamp의 약어로, 고휘도방전램프라고도 하며, 수은램프 · 메탈할라이드램프 · 고압나트륨램프를 총칭한다. 장점으로는 소형이고 고출력을 내며, 램프 효율이 높고 수명이 길다는 점을 들 수 있다. 다음은 각 광원의 특징을 기술한 것이다.

① 백열램프는 형광램프와 함께 가장 널리 보급되어 있는 것으로 투명램프 외에도 유리 내면에 백색실리카분말을 도포한 실리카램프, 불활성가스와 할로겐원소를 주입한 할로겐램프 등이 있으며, 유리 내면에 알루미늄을 증착시켜 광선의 빔 특성을 좋게 한 반사형 램프 등이 있다.

② 형광램프는 효율이 높고 저휘도이며, 고수명, 적은 발열량 등과 같은 특징이 있고, 조명용으로 널리 사용되고 있다. 관 내면에 도포하는 형광물질에 따라 분광에너지분포를 다르게 할 수 있다. 색온도에 따라서는 주광색 · 백색 · 온백색이 있으며 황색성을 개선시킨 고연색형 형광램프도 있다.

③ 수은램프는 수은증기 중의 방전에 의해 발광하는 것으로, 수은증기압에 따라 고압수은램프와 저압수은램프로 나누어진다. 조명에 사용되는 것으로는 고압수은램프가 있고, 외관의 내면에 형광물질을 도포하여 황색성을 개선시킨 형광수은램프와 외관의 내면에 알루미늄을 증착시킨 반사형 형광램프도 있다.

표 6.9 주요 광원의 종류와 특징

특성 \ 광원의 종류	백열전구	할로겐전구	형광램프	형광수은램프	메탈하라이드램프	고압나트륨램프
형광 원리	온도 방사		루미네센스(저압방전)	루미네센스		
소비전력 [W]	~1000	75~1500	4~220	40~2000	125~2000	150~1000
전광속 [lm]	75~3450	1500~33000	100~16500	1300~64000	175000~90000	22000~40000
효율 [lm/W]	15~20	15.5~21	60~91	40~65	70~95	95~149
시동시간	0	3min (재시동시간 10)	2~3s(예열형) 0(래피드 스타트형)	5min	5min	5min (재시동시간 1~2)
수명 [h]	1000~2000	2000	10000	12000	9000	12000
연색성 (평균연색평가수 R_a)	양호, 붉은 색이 많음(100)	양호 (100)	비교적 양호, 특별히 연색성을 개선한 것도 있음(백색 64)	그다지 좋지 않음(44)	양호, 고연색형은 대단히 좋음(65)	좋지 않음 (28)
색온도 [K]	2850	3000	4500(백색)	4100	5600	2100
코스트 [설비비 유지비	저렴 비교적 비쌈	] 비교적 비쌈	] 비교적 저렴	조금 비쌈 비교적 저렴		조금 비쌈 저렴
보수 · 취급 등	지극히 용이	보통	비교적 번잡	보통		
구조	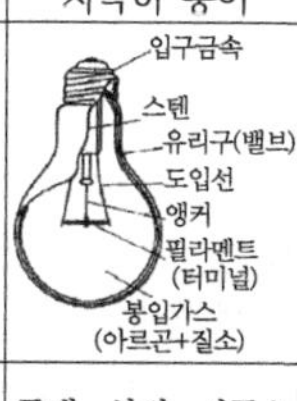	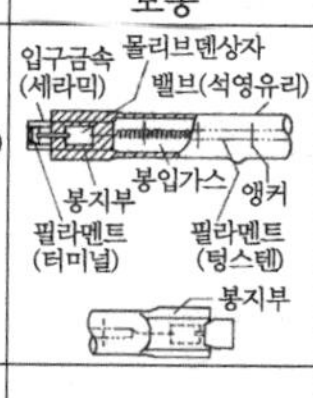	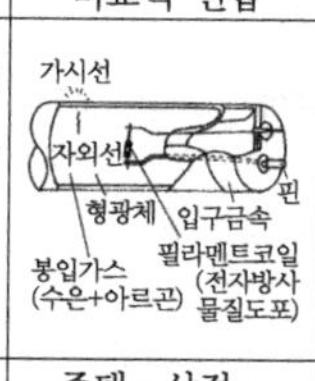	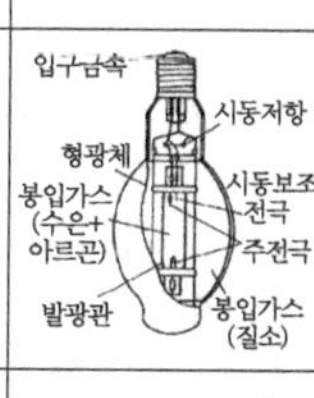	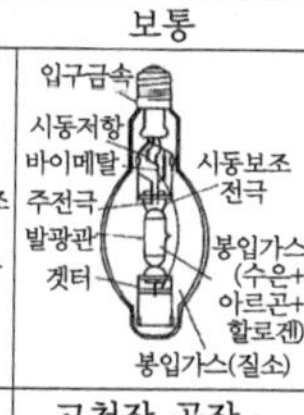	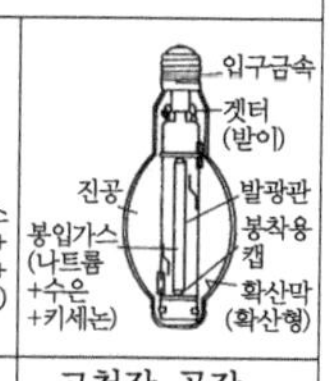
용도	주택 · 상점 · 사무소	투광용 · 상점	주택 · 상점 · 사무소 · 공장	고천장 공장 · 상점가	고천장 공장 · 체육관 · 상점가	고천장 공장 · 주유소
기타	고휘도, 표면온도가 높다	일반 전구보다 고효율이며 수명이 길다	주위 온도에 의해 효율이 변화한다	점등 후의 광속안정에 시간을 필요로 한다 내진성이 좋다	고효율과 고연색성의 겸비	백색광원은 준간, 효율최고, 점등방향이 임의

((사)일본건축학회 편, 『건축환경공학용 교재 환경편』(마루젠) 참조)

④ 메탈할라이드램프(멀티할로겐램프)는 고압수은램프 속에 할로겐화 금속을 주입하고, 황색성을 개선시킨 광원으로 구조는 고압수은램프와 거의 동일하다.

⑤ 고압나트륨램프는 고압나트륨 증기 내에서의 방전에 의해 발광하는 것으로 램프 효율이 높고 수명이 길어 공장이나 체육관의 조명으로 사용된다.

2) 조명방식

조명방식은 배광분포에 따라 직접조명 · 반직접조명 · 전반확산조명 · 반간접조명 · 간접조명으로 분류된다. 직접조명은 광원으로부터의 직접광을 이용하는 것으로, 조명효율은 좋으나 그림자가 강해 딱딱한 느낌을 주는 것에 비해, 간접조명은 간접광을 이용하기 때문에 조명의 효율은 나쁘지만 그림자가 약해서 부드러운 느낌의 빛이 된다는 특징이 있다. 이들 조명방식과 조명기구와의 관계를 표 6.10에 나타낸다.

3) 조명기구

조명기구를 배광, 부착상태, 사용목적, 성능에 따라 분류하면 다음과 같다.

① 배광에 의한 분류 : 직접조명형 · 반직접조명형 · 전반확산조명형 · 반간접조명형 · 간접조명형

② 부착상태에 의한 분류 : 직접부착형 · 펜던트형 · 매입형 · 반매입형 · 브라켓형 · 스탠드형 · 샹들리에형

③ 사용목적에 의한 분류 : 일반조명용 외에 의료용 · 전시용 · 방재용 등

④ 성능에 의한 분류 : 글레어규제형* · 방진형(防塵型) · 방적형(防滴型) · 방폭형(防爆型) 등

표 6.10 조명방식과 조명기구의 분류

분 류		직접조명형	반간접조명형	전반확산조명형	반간접조명형	간접조명형
배광곡선	상향광속 (%)	0~10	10~40	40~60	60~90	90~100
		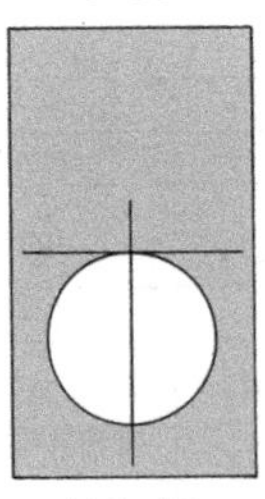	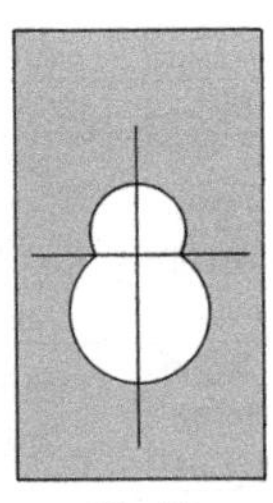	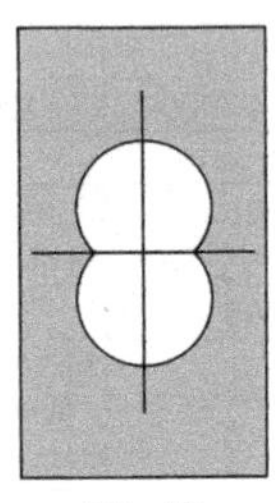	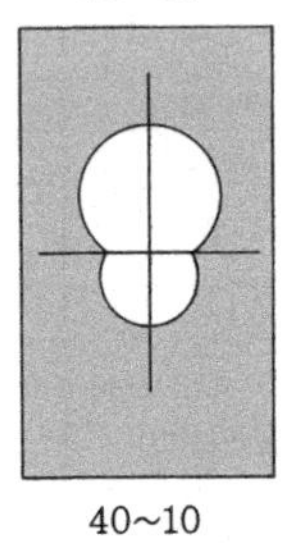	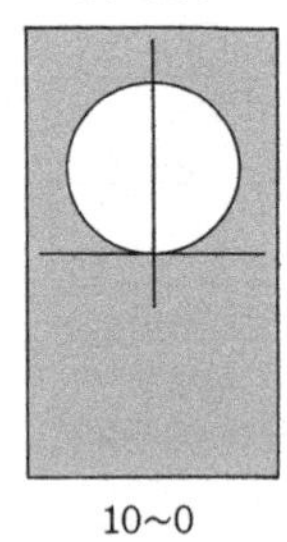
	하향광속 (%)	100~90	90~60	60~40	40~10	10~0
조명기구의 종류		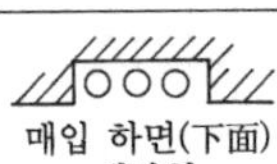 매입 하면(下面) 개방형 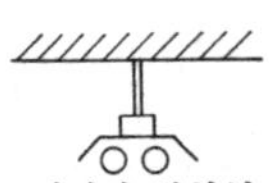 반사갓 부착형	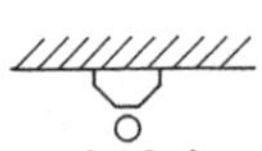 역돌출형 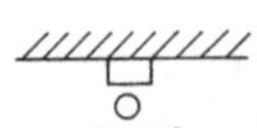 굴곡형	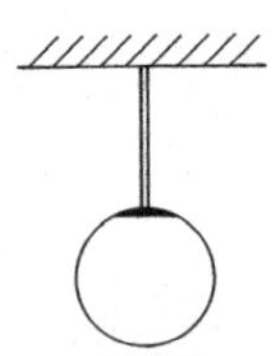 유백색 유리글로브(구)	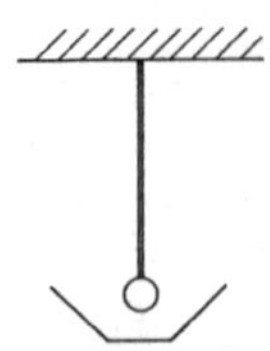 유백색 유리	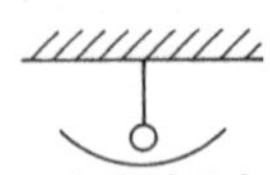 금속제 불투명 반사갓 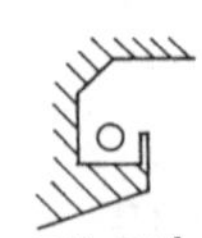 코브 조명

* 불쾌한 글레어를 감소시키기 위해 루버 등을 부착한 조명기구

2. 조도기준

건축물에 필요한 조도는 실의 용도나 작업내용에 따라 다른데, 그 기준은 KS에 규정되어 있으며, 그 일부를 나타내면 표 6.11과 같다.

이 조도는 주로 시작업면(특히 시작업면의 지정이 없는 경우에는 바닥 위 85cm, 앉아서 작업하는 경우에는 바닥 위 40cm, 복도 · 옥외 등은 바닥면 또는 지면)에서의 수평면 조도를 나타내는데, 작업내용에 따라서는 경사면의 조도를 나타내는 것도 있다. 또한 이 조도는 설비 당시의 값이 아니라 항상 유지해야 하는 값을 나타낸 것이다. 표에서 ○표시된 작업의 장소는 국부조명에 의해 이 조도를 얻어도 좋으나 이 경우 전반조명의 조도는 국부조명에 의한 조도의 1/10 이상으로 하는 것이 바람직하다. 또한 인접한 실 및 실과 복도 등의 조도 차이가 심하지 않도록 한다.

표 6.11 조명기준의 예

조도 lx	사 무 소			학 교		
2000	—	—		—	—	
1500~750	사무실(a), 영업실, 설계실, 제도실, 현관 홀(주간)	설계°, 제도°, 타이프°, 계산°, 키 펀치°		—	제도실, 피복(被服)교실, 전자계산기실	정밀제도°, 정밀실험°, 미싱기°, 키 펀치°, 도서열람°, 정밀공작°, 미술공예°, 제작°, 판서°, 저울에 의한 계량°
750~500	—	사무실(b), 임원실, 회의실, 인쇄실, 전화교환실, 전자계산기실, 제어실, 진료실, 전기 · 기계실 등의 배전반 및 계기반°, 수납°		교실, 실험실습실, 실습공장, 연구실, 도서열람실, 서고, 사무실, 교직원실, 회의실, 보건실, 식당, 주방, 급식실, 방송실, 인쇄실, 전화교환실, 수위실, 실내운동장	제도실, 피복(被服)교실, 전자계산기실	정밀제도°, 정밀실험°, 미싱기°, 키 펀치°, 도서열람°, 정밀공작°, 미술공예°, 제작°, 판서°, 저울에 의한 계량°
500~200	집회실, 응접실, 대합실, 식당, 조리실, 오락실, 수양실, 수위실, 현관 홀(야간), 엘리베이터	서고, 금고실, 전기실, 강당, 기계실, 엘리베이터, 잡무실	—	교실, 실험실습실, 실습공장, 연구실, 도서열람실, 서고, 사무실, 교직원실, 회의실, 보건실, 식당, 주방, 급식실, 방송실, 인쇄실, 전화교환실, 수위실, 실내운동장	강당, 집회실, 휴양실, 락커실, 현관, 복도, 계단, 세면실, 변소, 숙직실, 연결 복도	
200~150	—	서고, 금고실, 전기실, 강당, 기계실, 엘리베이터, 잡무실	세면실, 탕비실, 욕실, 복도, 계단, 화장실	—	강당, 집회실, 휴양실, 락커실, 현관, 복도, 계단, 세면실, 변소, 숙직실, 연결 복도	
150~100	차도실, 휴게실, 숙직실, 갱의실, 창고, 현관(승차(乘車) 부분)		세면실, 탕비실, 욕실, 복도, 계단, 화장실	—	강당, 집회실, 휴양실, 락커실, 현관, 복도, 계단, 세면실, 변소, 숙직실, 연결 복도	
100~70	차도실, 휴게실, 숙직실, 갱의실, 창고, 현관(승차(乘車) 부분)		—	—	강당, 집회실, 휴양실, 락커실, 현관, 복도, 계단, 세면실, 변소, 숙직실, 연결 복도	
70~30 (50)	실내 비상계단			창고, 차고, 비상계단		

주) 사무실은 섬세한 시(視)작업을 행하는 경우 및 창 밖이 밝고 실내가 어둡게 느낄 경우에는 (a)를 선택하는 것이 바람직하다.

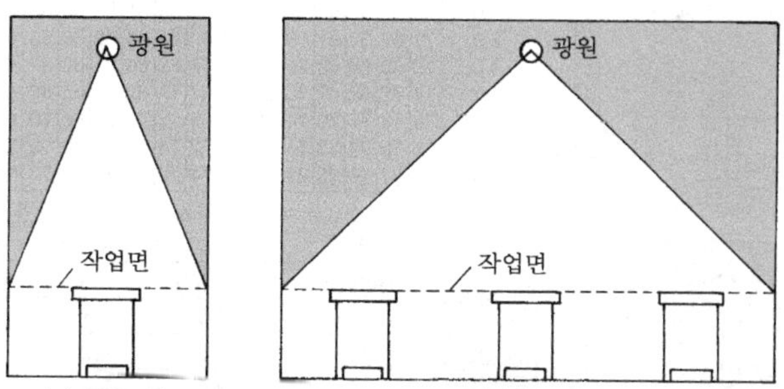

(a) 좁은 실
실지수(小)
조명률(小)

(b) 넓은 실
실지수(大)
조명률(大)

그림 6.24 실지수와 조명률의 관계

3. 조명계산

조명계산에는 전반조명에 사용하는 광속법과 스폿조명이나 도로조명 등의 국부조명에 사용하는 수점법이 있다. 이 중 여기서는 광속법에 대하여 기술하기로 한다.

1) 광속법의 개요

어떤 작업을 하는데 필요한 평균조도는 작업면에 입사하는 전체 광속을 그 작업면의 면적으로 나눈 것으로, 다음 식으로 구해진다.

평균조도 $E = \dfrac{NFUM}{A}$ ·· (6-6)

E : 평균조도[lx], M : 보수율[%], N : 조명기구의 대수[대]

A : 작업면적[m^2], U : 조명률[%], F : 램프 광속[lm]

① 보수율 : 광원의 광속은 점등시간의 경과 및 기구의 오염상태 등에 따라 감소되므로 이같은 조도저하를 보완하기 위한 보정계수가 보수율이다.

② 조명률 : 광원에서 나온 광속 중 작업면에 도달하는 비율로 이 값은 조명기구의 배광, 기구효율, 실지수, 실내의 반사율에 따라 다르다. 표 6.13에 조명률의 예를 나타낸다.

③ 실지수 : 광원에서 직접 작업면에 도달하는 빛의 비율은 그림 6.24와 같이 실의 형태나 광원의 위치에 따라 다르다. 따라서 폭, 안길이, 광원의 높이 관계를 나타낸 것이 실지수 K이며, 다음 식을 구한다.

실지수 $K = \dfrac{XY}{(X+Y)H}$ ·· (6-7)

X : 실의 폭[m], Y : 실의 안길이[m], H : 작업면에서 광원까지의 높이[m]

여기서 작업면이란 일반적으로 책상 · 작업대를 포함하는 수평면을 말하며, 바닥 위로부터의 작업면 높이는 일반사무실에서 0.85m, 앉아서 작업하는 실에서는 0.4m, 체육관 · 복도에서는 0m로 한다.

표 6.12 조명률표의 예

조명기구

•40w 백색형광등 2등
•광속 3,000lm×2등

반사판 : 강판(경면임의상)
루버 : 알루미늄

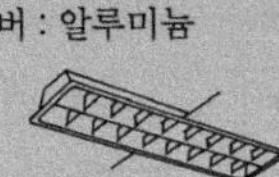

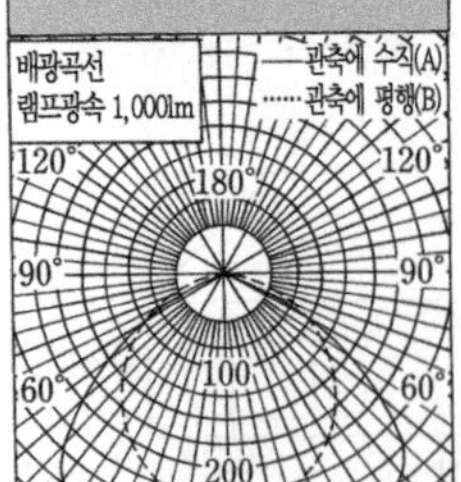

반사율 천장	80%				70%				50%				30%				0%
반사율 벽	70	50	30	10	70	50	30	10	70	50	30	10	70	50	30	10	0%
반사율 바닥	10%				10%				10%				10%				0%
실지수	조명률(×0.01)																ZCM
0.6	43	34	29	25	42	36	28	25	40	33	28	24	39	32	28	24	23
0.8	51	43	38	34	70	43	37	34	48	42	37	33	46	41	36	33	32
1.0	57	49	44	40	55	49	44	40	53	47	43	40	51	46	42	39	38
1.25	61	55	50	46	60	54	50	46	58	53	49	46	56	51	48	45	43
1.5	64	59	54	51	63	58	54	50	61	45	53	50	59	55	52	49	47
2.0	65	64	60	57	67	63	59	56	65	61	58	55	63	60	57	55	53
2.5	71	67	63	61	69	66	63	60	67	64	62	59	65	63	60	58	56
3.0	72	69	66	63	71	68	65	63	69	66	64	62	67	65	63	61	59
4.0	74	72	69	67	73	71	67	67	71	69	67	65	69	67	66	64	62
5.0	75	73	71	70	74	72	69	69	72	71	69	68	70	69	68	66	64
7.0	77	75	74	72	76	74	72	72	74	72	71	70	72	71	70	69	66
10.0	78	77	76	75	77	76	74	74	75	74	73	72	73	72	71	71	68

광 원	FLR40S.W /M · X	부착 높이	기구간격 최대한 가로방향(A)	기구간격 최대한 세로방향(B)
BZ분류	BZ5/0.7 /BZ4/1.8/BZ3	1.5[m]	2.6[m]	2.1[m]
		2.0	2.4	2.6
아래쪽투영면적 등가발광면적	3707 cm² 1706 cm²	2.5	4.2	3.2
		3.0	5.0	3.8
기구효율 위쪽광속 아래쪽광속	74% 1% 73%	보수율		양호 0.74 중간 0.70 불량 0.62

(마쯔시다전공(주) 편, 『조명의 기초』 참조)

2) 조명계산 예

【예제 2】 그림 6.26과 같은 교실을 다음 조건으로 조명설계 하시오.

교실의 크기 : 폭 10m, 안길이 8m, 천장높이 3.0m, 작업면의 높이 0.75m

이 교실의 작업면(책상)을 550lx로 하고자 한다.

사용조명기구 : 40W 2등용 형광등기구(하면 개방매입형) 램프 40W 백색형광등(40W 1등 당 3,000 lm), 조명기구 등의 데이터는 표 6.13에 나타낸 대로 한다.

실내의 반사율 : 천장 50%, 벽 30%, 바닥 10%로 보수 정도는 보통(중간 정도)으로 한다.

【해　답】 ① 실지수를 구한다.

교실의 크기 : 폭 : $X=10$m, 안길이 : $Y=8$m, 천장높이 : $Z=3.0$m

광원의 높이

$$\begin{aligned} H &= Z - H_f - H_c \\ &= 3.0\text{m} - 0.75\text{m} - 0\text{m} \\ &= 2.25\text{m} \end{aligned}$$

H : 광원의 높이, Z : 천장높이, H_f : 작업면의 높이, H_c : 매다는 길이

실지수 식 (6-7)에서

$$K = \frac{10\times 8}{(10+8)\times 2.25} = 1.98 \fallingdotseq 2$$

② 조명률과 보수율을 구한다.

조명률 : 표 6.13에서 실내의 반사율과 실지수로부터 $U=0.59$

보수율 : 표 6.13의 데이터 중 보수율 항에서 중간 정도의 값을 택하면 $M=0.70$

표 6.13 조명기구의 데이터

반사율 천장	80%				70%				50%				30%				0%
반사율 벽	70	50	30	10	70	50	30	10	70	50	30	10	70	50	30	10	0%
반사율 바닥	10%				10%				10%				10%				0%
실지수	조명률(×0.01)																ZCM
	44	35	29	25	43	35	29	25	42	34	28	25	40	33	28	25	23
0.6	52	44	38	33	51	43	38	33	49	42	37	33	47	41	37	33	31
0.8	58	50	44	40	57	49	44	40	54	48	43	39	52	47	42	39	37
1.0	63	55	50	46	61	55	50	46	59	56	49	45	57	52	48	45	43
1.25	66	59	54	50	65	59	54	50	62	57	53	50	60	56	52	49	47
1.5	70	65	61	57	69	64	60	57	67	62	59	56	65	61	58	55	54
2.0	73	68	65	61	72	68	64	61	69	66	63	60	67	64	62	59	58
2.5	75	71	67	65	74	70	67	64	71	68	66	63	69	67	64	62	60
3.0	77	74	71	69	76	73	71	68	74	71	69	67	72	70	68	66	64
4.0	78	76	74	71	77	75	73	71	75	73	71	70	73	72	70	69	67
5.0	80	78	76	75	79	77	76	74	77	75	74	73	75	74	73	72	69
7.0 10.0	81	80	79	77	80	79	78	77	78	77	76	75	76	75	75	74	72

광 원	FLR40S.W		기구간격 최대한 가로방향(A)	기구간격 최대한 세로방향(B)
BZ분류	BZ5/0.7/BZ4	1.5[m]	2.0[m]	2.2[m]
		2.0	2.7	2.8
아래쪽투영면적	3707 cm^2	2.5	3.3	3.4
등가발광면적	1852 cm^2	3.0	4.0	4.0
기구효율 위쪽광속 아래쪽광속	77% 0% 77%	보수율		양호 0.74 중간 0.70 불량 0.62

(마쯔시다전공(주) 편, 『조명의 기초』 참조)

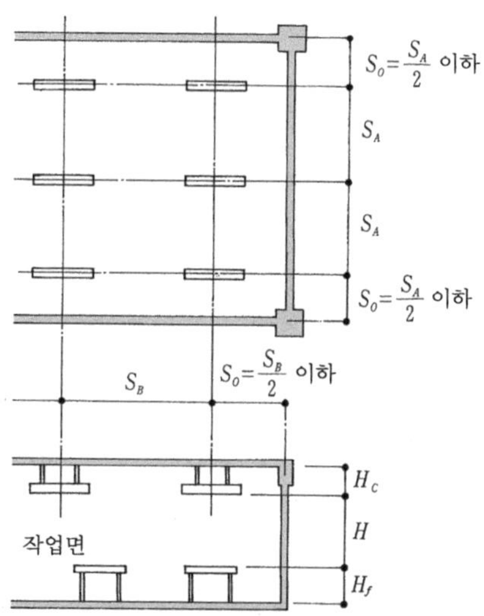

기구 상호간의 거리 $S \leqq 1.5H$ 작업면

벽과 기구간의 거리 $S_O \leqq \frac{S}{2}$ (벽쪽 사용 안함)

$S_O \leqq \frac{S}{3}$ (벽쪽 사용)

그림 6.25 조명기구의 배치

③ 조명기구의 소요 대수를 구한다.

식 (6-6)을 변형하여 N을 구하는 식으로 하면 $N = \frac{EA}{FUM}$

여기서 $E = 550 lx$, $A = 80\text{m}^2$, $F = 3,000 \times 2 = 6,000 lm$ 이므로

$$N = \frac{550 \times 80}{6,000 \times 0.59 \times 0.70} = 17.8 \fallingdotseq 18\text{대}$$

조명기구의 배치를 고려하여 기구대수는 $N = 3 \times 6 = 18$대로 한다(그림 6.27).

④ 설계조도의 확인

계산식

$$E = \frac{FNUM}{A} = \frac{6,000 \times 18 \times 0.59 \times 0.70}{80} = 557.6 > 550\, lx \qquad \text{(설계조도)}$$

초기평균조도

$$E_o = \frac{E}{M} = \frac{557.6}{0.70} = 796\, lx$$

⑤ 기구의 배치

기구부착높이 $H = 2.25\text{m}$ 인데, 안전측을 잡아 2.0m 로 보고 기구간격의 최대를 $S_A = 2.7\text{m}$, $S_B = 2.87\text{m}$ (그림 6.25의 데이터에서)로 한다.

다음으로 기구간격이 S 이하로, 벽제와의 간격이 S의 1/2 이하가 되도록 배치한다(그림 6.28).

연습문제

〈6-2〉 그림 6.26의 교실에서 작업면 조도를 700 lx로 하기 위한 조명설계를 하시오. 단, 다른 조건은 예제 2와 동일하게 한다.

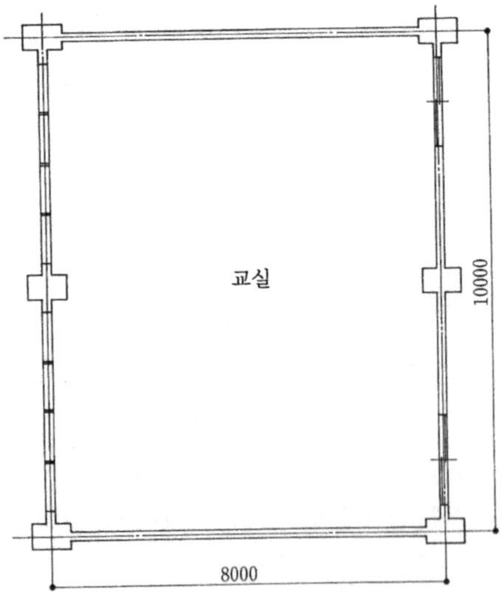

그림 6.26 예제 2의 실

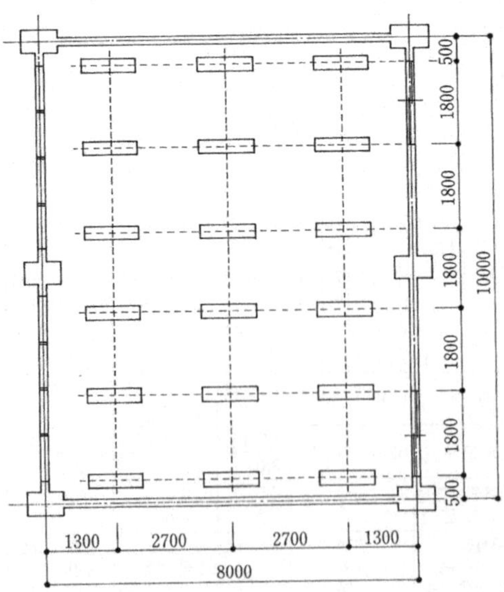

그림 6.27 조명기구의 배치 예

4. 조명계획

1) PSALI

PSALI*1(상시보조인공조명)이란 1959년 영국의 홉킨슨과 롱모어가 제안한 병용조명설계 방식이다. 기본원칙은 주간의 실내조명에서 창으로부터 들어오는 주광과 실내의 인공조명을 쾌적하고 합리적으로 조화시켜 좋은 조명환경을 만드는 것이다. 측창을 통해 보이는 바깥의 경치를 중시하고, 실 전체가 주광으로 비쳐지는 느낌을 유지하며, 창 가까이에 있는 벽과 실 안쪽에 있는 벽의 밝기가 균일하도록 보조인공조명을 병용하는 것이다. 눈의 순응을 고려하여 보조조명의 조도는 창밖의 휘도 상승과 함께 크게 해야 한다(그림 6.28).

PSALI에는 다음과 같은 개선형 병용조명과 에너지절약형 병용조명의 2가지 방식이 있다.

① 개선형 병용조명(휘도밸런스형 병용조명) : 창을 등지고 앉았을 경우 역광으로 인해 나타나는 실루엣 현상(그림 6.29)을 방지할 뿐만 아니라 창쪽에서 창과 평행하게 앉은 사람에게 나타나는 모델링*2(그림 6.31) 현상을 개선하는 것이다. 표 6.14에 실루엣 현상 방지에 필요한 안면조도, 표 6.15에 모델링 평가척도가 되는 사람의 측면 조도비를 나타낸다.

② 에너지절약형 병용조명(조도밸런스형 병용조명) : 1973년 오일파동 이후 주류를 이루었던 것으로 측창채광의 실내 조도 부족을 보완하고, 창이 밝은 곳은 소등을 행하는 등 절전을 위해 주광을 적극적으로 이용하고자 하는 것이다. 에너지절약형 병용조명은 작업면 조도의 확보와 조명의 질을 저하시키지 않도록 할 필요가 있다.

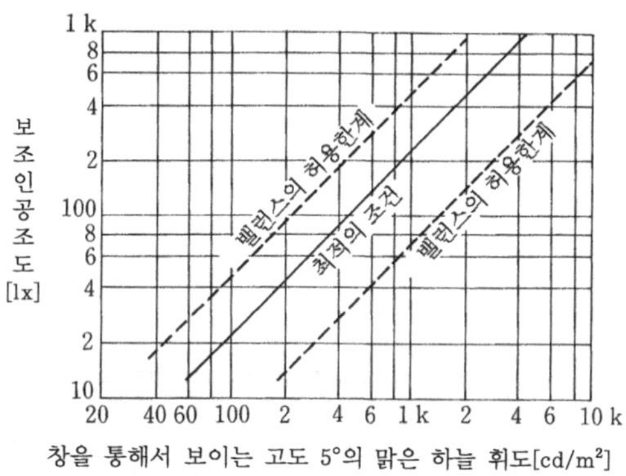

그림 6.28 창면 휘도와 밸런스된 보조인공조도

그림 6.29 실루엣 현상의 예

그림 6.30 모델링의 예

표 6.14 실루엣 현상의 방지에 필요한 안면조도

단 계	얼굴면 조도/배경휘도 $\left[\frac{lx}{cd/m^2}\right]$
Ⅰ 실루엣이 보이지 않기 위한 최저치	0.07
Ⅱ 눈 · 코가 보이지 않기 위한 최저치	0.15
Ⅲ 어느 정도 좋음	0.30

((사)일본건축학회, 『건축 환경공학용 교재 환경편』(마루젠) 참고)

표 6.15 얼굴의 모델링 평가척도가 되는 얼굴 측면의 조도비

단 계	얼굴 측면의 연직면 조도비
Ⅰ 강렬함	10
Ⅱ 바람직	2~6

((사)일본건축학회, 『건축 환경공학용 교재 환경편』(마루젠) 참조)

*1 Permanent Supplementary Artifical Lighting of Interiors의 약어
*2사람의 얼굴 등에 나타나는 입체감과 재질감 등을 총합적으로 평가하는 것

2) 건축화 조명

건축화 조명이란 건축구조체와 일체화시킨 조명으로 건축물의 일부를 밝게 하여 실내를 조명하는 방식이다. 구체적으로는 건축물 내부에 광원과 조명기구를 부착하거나 매입하여 건축물 표면의 반사와 투과하는 빛을 이용하는 것으로, 건축물로서의 천장 · 벽 등의 크기 · 재료 · 색채 · 의장 등과 조명의 광색 · 배치 · 효율 등을 고려하면서 건축설계와 조명설계를 병행해 나가야 한다.

3) 분위기 조명

분위기 조명이란 기능 위주의 명시조명과는 달리 조명의 목적을 쾌적성에 둔 것을 말하며, 광벽(光壁) · 실루엣조명 · 무드조명 · 배경(단란주점이나 바 등)에 의한 조명 등을 들 수 있다. 예를 들어 차분한 분위기를 원할 경우에는 백열램프를 이용하는 것도 효과적이다.

4) 태스크 앤 앰비언트 라이팅(Task and Ambient Lighting)

조명의 목적은 다음과 같다.

① 대상물(test)이 충분히 보이도록 조명하는 것.

② 천장 · 바닥 · 벽 등 작업자 주변(Ambient)을 조명하여 안전성 · 쾌적성을 높이는 것.

기존의 조명은 천장에 균일하게 배치한 조명기구로 이를 행해왔다. 이에 대하여 태스크와 앰비언트 각각의 조명설비를 조화시켜 조명하는 방식을 태스크 앤드 앰비언트 라이팅이라 하며, 사무소뿐만 아니라 각 분야에서도 이용할 수 있다(그림 6.32).

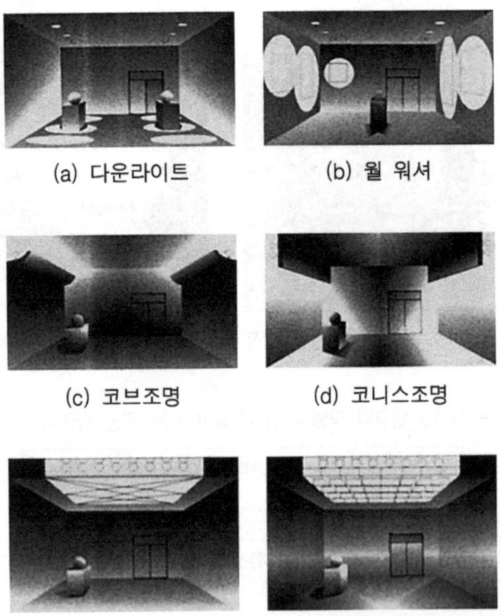

(a) 다운라이트 (b) 월 워셔 (c) 코브조명 (d) 코니스조명 (e) 광천장 (f) 루버조명

그림 6.31 건축화조명의 예

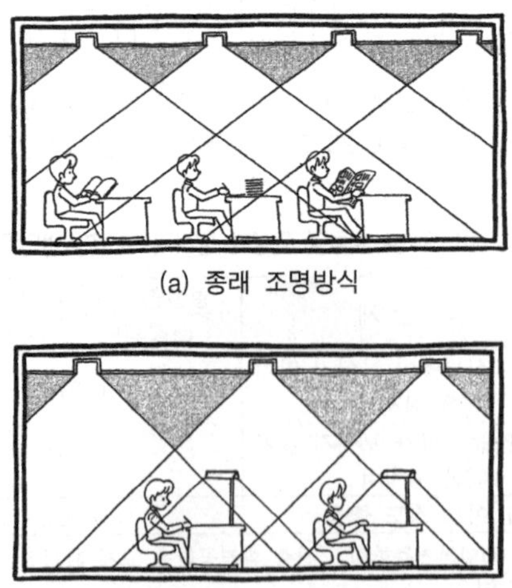

(a) 종래 조명방식

(b) 태스크 앤드 앰비언트 라이팅

그림 6.32 종래의 조명방식과 태스크 앤드 앰비언트 라이팅

6.5 색 채

1. 색을 나타내는 방법

1) 색의 3속성

사람의 눈은 가시광선 중 파장이 가장 짧은 빛에 대해서는 보라색으로 느끼고, 파장이 가장 긴 빛에 대해서는 빨강색으로 느낀다. 또한 보라색부터 빨간색에 이르기까지의 모든 색 중에서 약 130~240종 정도의 색을 식별할 수 있다고 한다. 이와 같이 색상을 가지는 색을 유채색이라 하며, 흰색 · 회색 · 검정색 등과 같은 색을 무채색이라 한다.

한편 같은 색상을 가진 색 중에서도 밝은 색, 어두운 색 등의 차이가 있는데, 이를 색의 명도라 한다. 또한 색에는 선명함의 차이가 있다. 예를 들면 같은 빨강색이라도 선명하고 짙은 느낌의 빨강과 선명하지 않은 빨강이 있다. 이러한 색의 선명함을 색의 채도라 한다.

이들의 색상 · 명도 · 채도의 조합에 의해 색이 대부분 정해지는데, 이를 색의 3속성이라 한다.

2) 먼셀표색계

미국의 화가인 먼셀에 의해 1905년에 고안된 표색법으로서, 색채의 심리적인 3속성에 의해 색을 표시하는 것이다. 먼셀색입체는 그림 6.33에 나타낸 바와 같이 수직축에 명도를 취하고, 각 명도에 따라 수평방향으로 둥글게 색상이 나열되며(그림 6.34), 명도축을 중심으로 동심원상으로 채도의 척도가 있다. 이 색입체의 수평단면과 수직단면을 그림 6.35 및 6.36에 나타낸다.

먼셀표색계로 색을 표시하려면 색상H · 명도V/채도C의 형식으로 나타낸다. 예를 들면 빨강 순색은 5R4/14와 같이 표시한다.

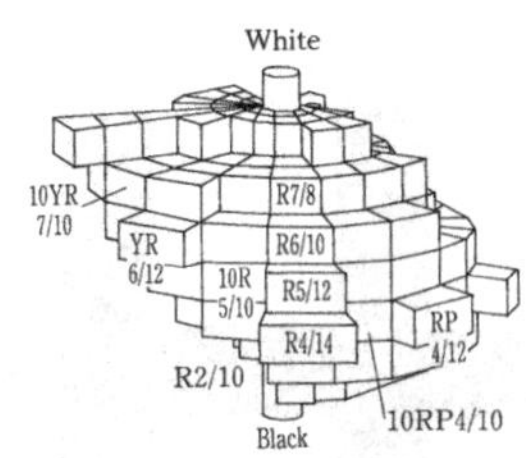

그림 6.33 먼셀색입체

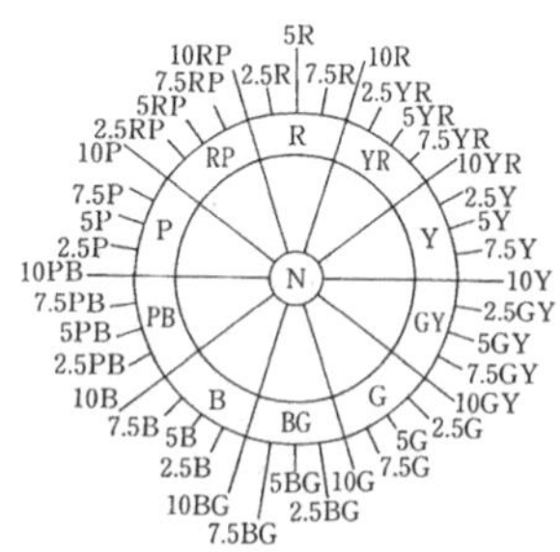

그림 6.34 먼셀색상환의 비율

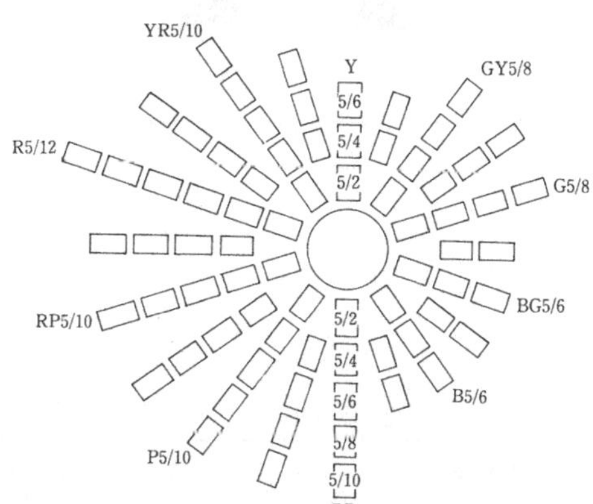

그림 6.35 먼셀색입체의 수평단면

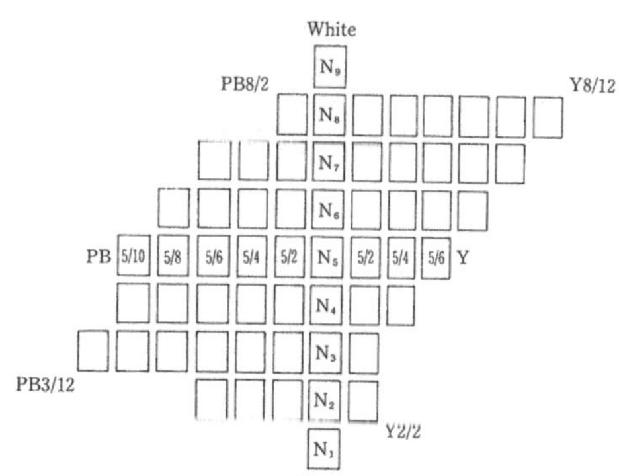

그림 6.36 먼셀색입체의 수직단면

2. 색채의 심리적 · 생리적 효과

1) 온도감 · 중량감 · 거리감 · 크기

색채의 온도감은 색상에 의한 영향이 크며, 빨강이나 노랑은 따뜻하고, 파랑이나 녹색은 차갑게 느껴진다. 전자를 난색이라 하고, 후자를 한색이라 한다. 색상에서 RP, R, YR, Y는 난색이고, G, BG, B, PB가 한색이다(그림 6.37). 또한 조도의 영향을 받아 일반적으로 명도가 높은 색일수록 차갑고, 명도가 낮은 색일수록 따뜻하게 느껴진다.

중량감은 주로 명도의 영향을 받으며 명도가 높은 색은 가볍고, 명도가 낮은 색은 무겁게 느껴진다. 또한 난색은 가볍고, 한색은 무겁게 느껴지기도 한다.

거리감은 일반적으로 난색과 명도가 높은 색이 가깝게 느껴지고, 한색이며 명도가 낮은 색은 멀게 느껴진다. 전자를 진출색이라 하며, 후자를 후퇴색이라 한다.

또한 색채에 따라 크기 감각도 다른데, 진출색은 크고 후퇴색은 작아 보인다. 전자를 팽창색이라 하고, 후자를 수축색이라 한다.

2) 대비효과

색을 볼 때 그 자체를 단독으로 볼 때와 배경색과 동시에 볼 때는 다르게 보이는 경우가 많다. 이와 같이 두 색채가 서로 영향을 주고받아 색의 차이가 강조되어 보이는 현상을 색의 대비라 한다. 색의 대비는 두 색을 동시에 볼 때 일어나는 동시대비와 시간적인 차이를 두고 볼 때 일어나는 경시대비(經時對比)가 있으며, 각각 색상대비, 명도대비, 채도대비가 있는데, 여기서는 동시대비의 경우에 대하여 기술한다. 또한 경시대비의 경우에는 보색잔상의 영향이 작용하여 처음 색의 보색은 나중 색과 섞인 색으로 보인다. 그림 6.38은 잔상의 실험 예를 나타낸 것이다.

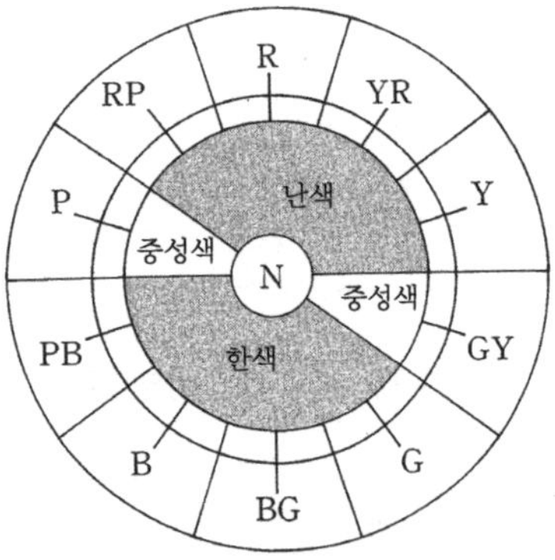

그림 6.37 난색과 한색

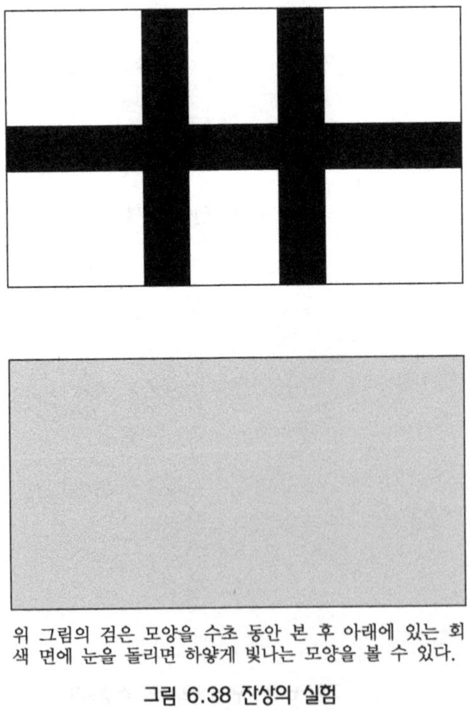

위 그림의 검은 모양을 수초 동안 본 후 아래에 있는 회색 면에 눈을 돌리면 하얗게 빛나는 모양을 볼 수 있다.

그림 6.38 잔상의 실험

색상대비는 도형의 색상이 배경색의 보색이 되는 색상 방향으로 변화되어 보이는 것으로, 즉 색상 차가 커지는 방향으로 변화되어 보이는 현상이다. 예를 들면 배경이 노란색일 경우 녹색은 청록색으로 보인다. 특히 보색관계에 있는 색을 같이 놓으면 서로 채도를 높여 선명함을 증가시키는데, 이를 보색대비라 한다.

명도대비는 도형과 배경색과의 명도 차이가 커지는 방향으로 변화되어 보이는 현상이다. 따라서 배경보다 도형의 명도가 높을 경우 도형은 더욱 밝게 보이고, 배경보다 도형의 명도가 낮을 경우 도형은 더 어두워 보인다(그림 6.39).

채도대비는 도형과 배경색과의 채도 차이가 커지는 방향으로 변화되어 보이는 현상이다. 채도의 차이에 의해 채도가 높은 쪽은 더욱 선명하게 보이고, 채도가 낮은 쪽은 더욱 채도가 낮아 보인다. 그림 6.40은 먼셀색입체상에서 이들의 대비효과를 나타낸 것이다.

3) 면적효과

색채는 그 면적이 클수록 명도와 채도가 높게 느껴진다. 이를 색채의 면적효과라 하며, 일반적으로 작은 색견본에 의해 벽의 색채를 결정하는 경우 등에 유의해야 한다.

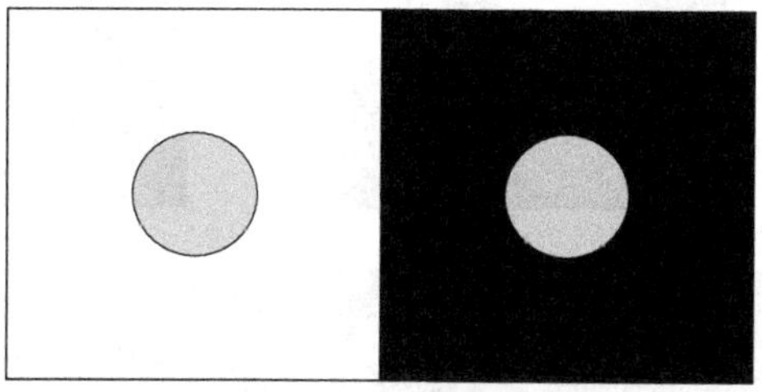

중앙의 ○형의 회색은 모두 같은 밝기인데, 하얀 배경의 회색은 어둡고 검은 배경의 회색은 밝게 보인다.

그림 6.39 명도대비

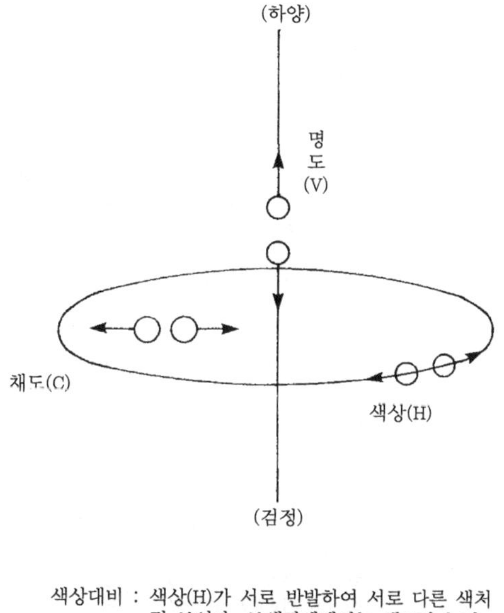

색상대비 : 색상(H)가 서로 반발하여 서로 다른 색처럼 보인다. 보색관계에서는 채도가 높다.
명도대비 : 명도(V)가 서로 떨어진 것처럼 느낀다.
채도대비 : 채도(C)가 서로 떨어진 것처럼 느낀다.

그림 6.40 대비효과

3. 색채조절

1) 색채조절

색채조절(color conditioning)이란 색채가 가진 생리적 · 심리적 성질을 이용하여 건축물뿐만 아니라 생산공장의 기계 · 설비와 교통표지 등에 색채를 이용하며, 쾌적하고 능률적이며 안전한 생활환경을 만들고자 하는 기술로서, 미국의 색채연구자 비렌에 의해 제창되었다.

색채조절의 효과로는 생활환경의 분위기를 조정하는데 사용되는 환경색과 안전지시나 주의환기 등에 사용되는 안전색이 있으며, 그 목적으로는 ① 명쾌하고 기분의 상쾌, ② 눈의 피로에서 오는 심신피로 예방, ③ 작업의식 집중과 사기 고무, ④ 안전제일과 사고예방, ⑤ 정리정돈 · 보수와 능률 향상을 들 수 있다.

2) 안전색

안전색은 공장 안과 사무소 내 또는 교통환경 등에서 예기치 못한 재해를 예방하고 행동의 안전과 능률을 올리기 위해 사용을 정하는 것으로, KS(안전색 및 안전표지)에 표 6.16과 같이 적 · 황적 · 황 · 녹 · 청 · 적자의 6가지 색이 안전색이며, 백 · 흑의 2색이 대비색으로 규정되어 있다. 그림 6.41에 안전색의 사용 예를 나타낸다.

표 6.16 안전색의 일반적 의미

안전색	의미 또는 목적	사용 예	대응하는 대비색
적색	방화	방화표식, 배관계 식별의 소화표시	백색, 흑색
	금지	금지 표식	
	정지	긴급 정지 버튼, 정지신호기	
	고도의 위험	화약 경계 표시, 발파 경계 표시, 화약류의 표시	
황적색	위험	위험표식, 배관계 식별의 위험표시, 스위치 박스 뚜껑의 내면, 기계의 안전 커버의 내면, 노출톱니바퀴의 측면, 눈금계의 위험범위	흑색
	항해, 항공의 보안시설	구명보트, 구명구, 구명대, 수로표식, 선박 계류대, 비행장용 구급차, 비행장용 연료차	
황색	주의	주의 표식, 감전주의 표식, 크레인, 낮은 보, 충돌의 위험이 있는 기둥, 바닥 돌출물, 정비소의 돌출처마, 마루의 끝부분, 비계, 전선의 방호구 등	흑색
녹색	안전	안전지도표식 및 안전기	백색, 흑색
	피난	유도 표식, 비상구의 방향을 나타내는 표식 등	
	위생 · 구호 · 보호	위생 지도 표식, 구호 표식, 보호구 상자, 위생용 들것, 구급상자, 대피소의 위치 및 방향을 나타내는 표식 등	
	진행	진행 신호기	
청색*	의무적 행동	지시 표식	백색, 흑색
	지시	보호안경의 착용, 가스 측정 등을 지시하는 표식, 스위치 박스의 외면 등	
적자색	방사능	방사능 표식, 방사성 동위원소 및 이것에 관한 폐기작업실, 저장 시설, 관리구역 등에 설치하는 울타리 등	흑색

* 청색은 둥근 형태의 가운데에 놓여지는 경우만 안전색으로 인정된다.
(JIS Z9101-1995 안전색 및 안전 표식에 의해 작성

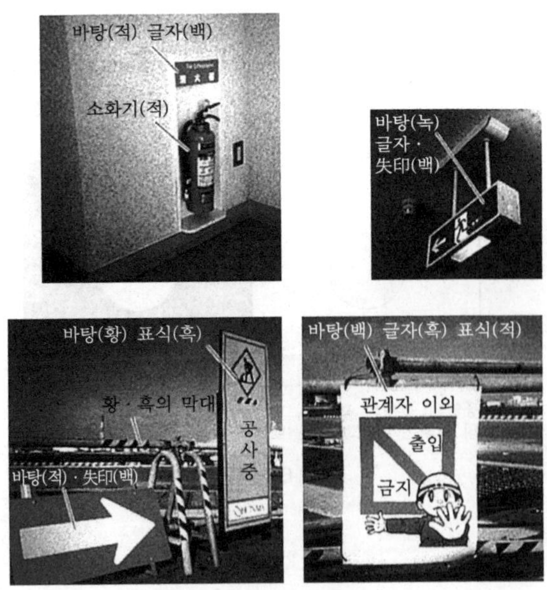

그림 6.41 안전색의 사용 예

VII. 음환경

7.1 음의 성질

1. 음의 발생과 전달

1) 음의 발생과 인식

물체와 물체가 부딪치면 표면에 진동이 생긴다. 이 진동은 공기를 진동시켜 음의 파장으로 공기 중에 전달되고 귀의 고막을 진동시킨다. 그리고 그 자극이 뇌에 전해져 경험이나 상황에 따라 판단을 한 후 '음'으로 인식된다(그림 7.1).[12]

2) 음의 속도

음파가 전달되는 속도를 음속이라 하며, 공기 중의 음속 c[m/s]는 다음 식으로 구할 수 있다.

$$c = 331.5 + 0.6t \qquad (7\text{-}1)$$

따라서 $t = 15℃$ 일 때 음속은 약 340m/s가 된다.

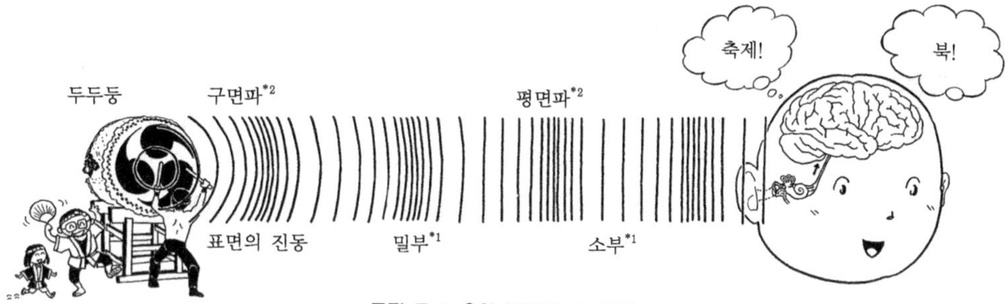

그림 7.1 음의 발생과 그 인식

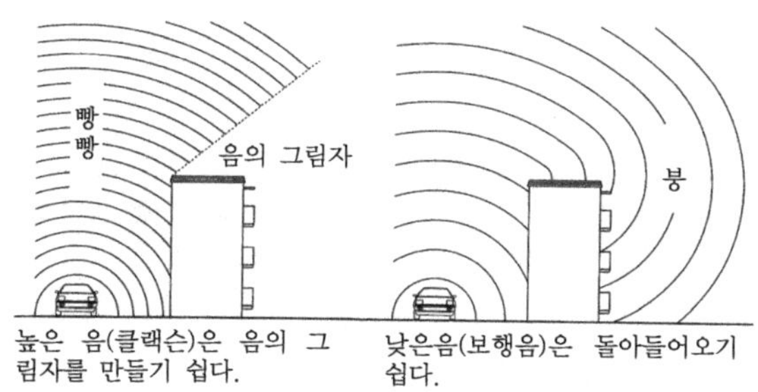

그림 7.2 음의 회절현상

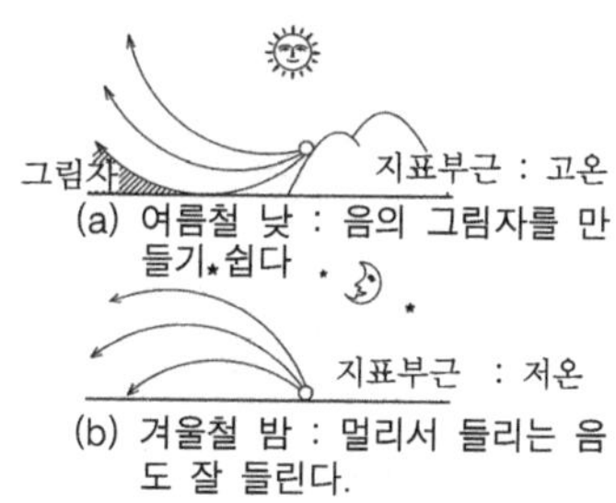

그림 7.3 굴절에 의해 음이 들려오는 방식

---

*1 소부(疎部)와 밀부(密部) : 공기를 통해 전달되는 음은 공기밀도가 낮은 부분과 높은 부분으로 구성된다. 공기밀도가 낮은 곳은 파장의 간격이 거친 부분으로 소부라 하며, 공기밀도가 높은 곳은 파장의 간격이 촘촘한 부분으로 밀부라 한다. 이들을 합하여 조밀파라 한다.

*2 구면파(球面波)와 평면파(平面波) : 음원에서 발생한 파는 구면적으로 확산되는데, 음원에서 어느 정도 거리가 떨어지면 평면적으로 확산되는 것으로 보아도 된다.

3) 음의 회절과 굴절

담장 뒤에 숨어 있어도 음은 들린다. 이는 음이 담장을 돌아 나오기 때문이며, 이를 회절현상이라 한다. 파장이 긴 음, 즉 주파수가 낮은 음일수록 회절현상을 일으키기 쉽다(그림 7.2).

또한 기온의 변화에 따라 음속이 변화하기 때문에 서로 다른 기온의 공기층이 접한 부분에는 음파가 나가는 방향이 구부러지는데, 이를 굴절현상이라 한다. 특히 기온이 연속적으로 변화하는 지표 부근에서는 이같은 현상이 일어나기 쉽다.

2. 음의 3요소

사람이 음의 차이를 지각할 수 있는 것은 음의 크기, 음의 높이, 음색의 미묘한 조합의 차이를 판단하기 때문이다. 이와 같은 3가지 조건을 음의 3요소라 한다.

1) 음의 주파수와 높이

1초 동안 반복되는 음파의 1파장수를 주파수[Hz]라 한다. 주파수가 많은 음을 높은 음으로, 적은 음을 낮은 음으로 느낀다. 보통 사람이 지각할 수 있는 주파수는 20~20,000Hz이다. 이와 관련하여 일본 NHK 방송에서 나오는 시보는 처음의 3음이 440Hz, 4번째 음이 880Hz이다.*

2) 음의 강도와 크기

음의 강도란 에너지의 대소를 말하며, 진폭이 큰 것일수록 큰 음으로 지각된다. 그러나 주파수가 다른 경우에는 들리는 방식이 다르기 때문에 반드시 진폭의 크기에 비례하지는 않는다(p.132 참조). 즉 음의 크기란 감각적인 음의 대소를 말한다.

3) 음의 파형과 음색

같은 크기와 같은 높이의 음이라도 음원의 종류가 다르면 음이 들리는 방식도 다르다. 이는 진동수와 진폭이 같아도 그 파형이 다르기 때문이며, 각각의 음원이 가지고 있는 특유의 음을 음색이라 한다. 또한 음차(소리굽쇠)와 같이 파형에 혼란이 없는 음을 순음(純音)이라 한다.

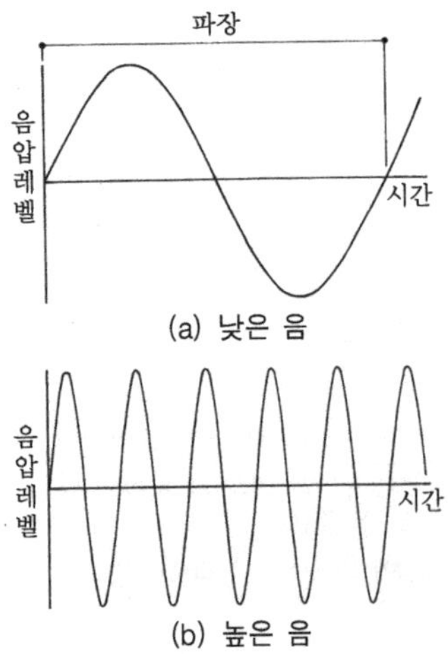

그림 7.4 음의 고저에 의한 파형의 차이

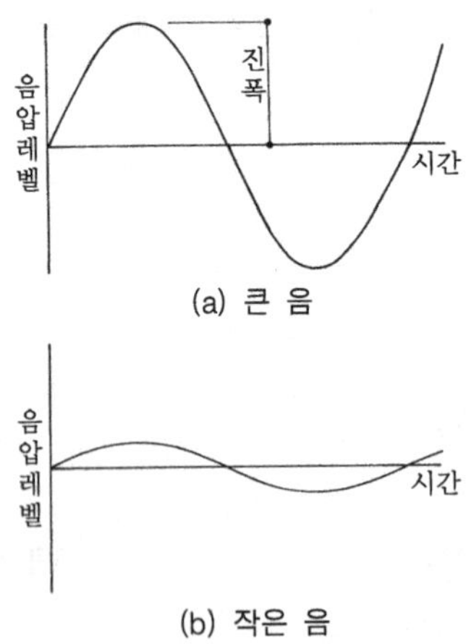

그림 7.5 음의 크기에 의한 파형의 차이

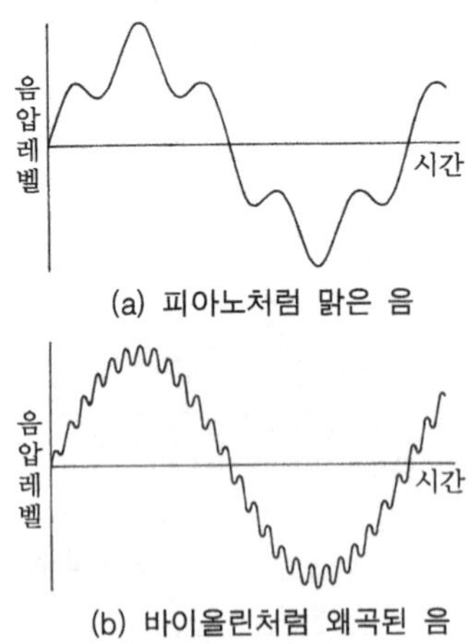

그림 7.6 음색에 의한 파형의 차이

---

* 이와 같이 어떤 음이 다른 음의 2배인 주파수일 경우 '1옥타브 위의 음정'이라고 한다. 음의 측정은 1옥타브 또는 1/3 옥타브마다 평균화된 특성으로 취급하는 경우가 많다.

3. 음의 양과 단위

1) 음 압

음파에 따라 공기에 발생하는 압력의 변동을 음압(Sound Pressure)이라 하고, 단위는 [N/㎡] (=P_a : 파스칼)을 사용한다. 일반적으로 사람이 인식할 수 있는 최소음압은 2×10^{-5}N/㎡, 최대음압은 20N/㎡이다.

2) 음압레벨

음압의 수치는 일상적으로 사용하기에는 작고, 더욱이 그 범위가 넓기 때문에 실용적이지 못하다. 그러나 음의 감각에도 웨버 페흐너의 법칙*1이 적용되므로 음압의 수치에 대하여 대수치를 사용함으로써 수치적으로나 감각적으로나 사용하기 쉽게 할 수 있다. 음압레벨 *SPL*(Sound Pressure Level)[dB]은 음파에 의해 발생하는 음압과 최소가청음압과의 비(比)에 상용대수를 취한 것으로서 다음 식과 같이 나타낼 수 있다.

$$SPL = 10\log_{10}\frac{P^2}{P_o^2} = 20\log_{10}\frac{P}{P_o} \quad \cdots\cdots (7\text{-}2)$$

P : 음압[N/㎡], P_o : 최소가청음압 2×10^{-5}[N/㎡]

두 음압레벨의 합성과 분해를 계산하기 위해서는 그림 7.7과 7.8을 이용한다.

3) 음의 세기

음의 세기 I(Intensity)[W/㎡]란 한 방향으로 진행하는 음의 파장에 대하여 수직면의 단위면적(=1㎡)을 1초 동안 통과하는 음의 에너지 유량을 말하며, 다음 식과 같이 나타낸다.

$$I = \frac{P^2}{\rho c} \quad \cdots\cdots (7\text{-}3)$$

P : 음압[N/㎡], ρ : 공기밀도[kg/㎥], c : 음속[m/s]

연습문제

〈7-1〉 복수의 소음원이 있을 경우 각각의 음압레벨이 다음과 같을 때 합성음압레벨을 구하시오.

〈7-2〉 암소음레벨이 55dB인 곳에서 양수펌프의 소음레벨을 측정한 결과 60dB이었다. 암소음의 영향을 제외한 양수펌프의 음압레벨을 구하시오.

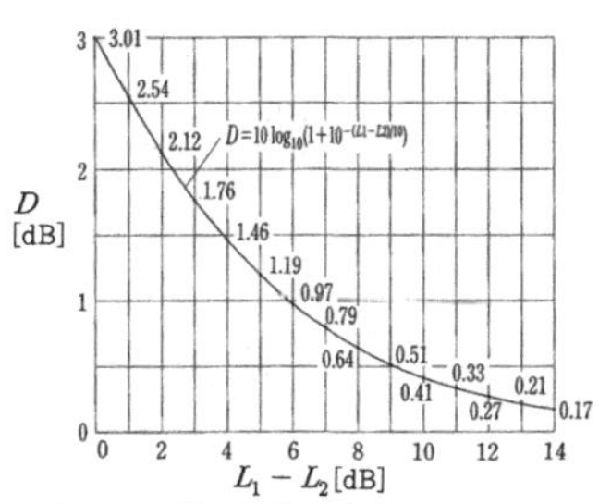

80dB과 76dB 두 레벨의 음이 동시에 주어졌을 때 $L_1=80$, $L_2=76$으로 하면 $L_1-L_2=4$와 곡선과의 교점에서 $D=1.5$ dB를 구할 수 있다. 따라서 합성된 레벨은 80+1.5=81.5dB가 된다.

그림 7.7 레벨의 합성

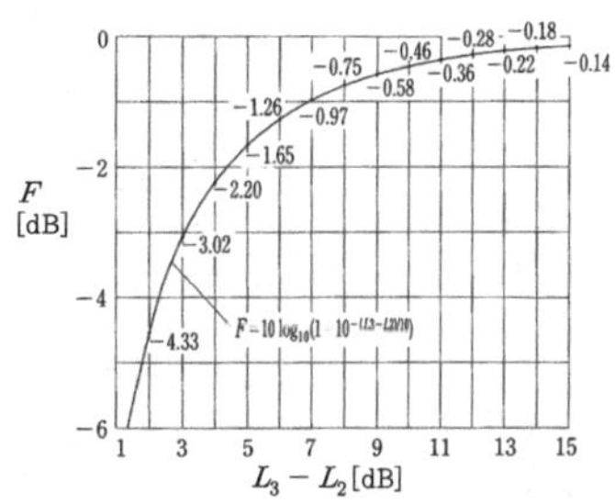

암소음이 63dB인 장소에서 측정했을 때 70dB인 레벨을 나타내는 음원의 레벨은 $L_3=70$, $L_2=63$으로 하면 $L_3-L_2=7$과 곡선의 교점에서 $F=-1$ dB가 구해진다. 따라서 음원의 레벨은 70−1=69dB이 된다.

그림 7.8 레벨의 분해

* 외부로부터의 자극에 대한 사람의 시각이나 청각 등의 반응은 자극량의 대수치에 감각량이 거의 비례한다는 법칙이다.

4) 음의 세기레벨

음의 세기레벨 IL(Intensity Level)[dB]은 음의 세기와 최소가청음압의 세기와의 비(比)에 상용대수를 취한 것이며, 다음 식과 같이 나타낸다.

$$IL = 10\log_{10}\frac{I}{I_o} \quad \cdots\cdots (7\text{-}4)$$

I : 음의 세기[W/㎡], I_o : 최소가청음의 세기 10^{-12}[W/㎡]

또한 식 (7-3)에서 $I_o = \frac{P_o^2}{\rho c}$ 이 되며, 식 (7-3)과 함께 식 (7-4)에 대입하면

$IL = 10\log_{10}\frac{P^2}{P_o^2} = SPL$ 이 된다.

5) 음원의 파워레벨

음원의 파워레벨 PWL (Power Level)[dB]은 음향출력레벨이라고도 하며, 음원이 단위시간(=1초 동안)에 방사하는 에너지와 기준음향출력과의 비에 상용대수를 취한 것이며, 다음 식과 같이 나타낸다.

$$PWL = 10\log_{10}\frac{W}{W_o} \quad \cdots\cdots (7\text{-}5)$$

W : 음향출력[W], W_o : 기준음향출력 10^{-12}[W]

표 7.1 음의 세기와 감각

음의 세기 [W/m²]	음압 [N/m²]	음압 레벨 [dB]	인간의 감각	회화에의 영향	실례
10^{-12}	2×10^{-5}	0	가청(可聽) 한계		
10^{-11}		10			
10^{-10}	2×10^{-4}	20	무음감(無音感)		무향실(無響室), 청각시험실
10^{-9}		30	매우 조용한 느낌	5m 앞의 속삭임이 들린다.	음악 홀
10^{-8}	2×10^{-3}	40	특별히 거슬리지 않는다.	10m 떨어져서 회의가 가능	주택, 회의실, 영화관, 휴게실
10^{-7}		50	소음을 느낌	3m 이내에서 보통의 회화가 가능	큰 사무실, 커피숍, 영업창구
10^{-6}	2×10^{-2}	60	소음을 무시할 수 없다.	3m 이내에서 큰 소리로 회화가 가능	체육관, 고속주행 자동차 안
10^{-5}		70	소음에 적응하는데 시간이 걸린다.	1m 이내에서 큰 소리로 회화가 가능	공조기계실, 주행 중의 차 안
10^{-4}	2×10^{-1}	80	협대역음(狹帶域音) 8시간에 귀막기 권장	0.3m 이내에서 큰 소리로 회화가 가능	지하철역 안
10^{-3}		90	광대역음(廣帶域音) 8시간에 귀막기 권장		철도의 가드레일 밑, 시끄러운 공장
10^{-2}	2	100	광대역음(廣帶域音) 8시간에 청력저하		자동차의 경적
10^{-1}		110			록 밴드
1	2×10	120	청각의 한계		제트기 부근

인간의 감각에 관해서는 음의 주파수나 환경에 따라 다름.

인간이 들을 수 있는 음의 세기 범위는 10^{-12}~1W/㎡로 그 범위가 매우 커서 취급하기에 불편함이 있다. 그러나 대수를 사용하여 나타내면 수치적으로나 감각적으로나 다루기 쉬워진다. 또한 웨버 페흐너의 법칙에도 적합하므로 자극치의 변화 대수치를 취하여 단위를 벨(ble)로 나타낸다. 이는 전화를 발명한 그레엄 벨의 이름에서 붙여진 단위이며, 이를 1/10(데시, deci)한 것을 데시벨(decibel, dB)이라 한다.

6) 음의 크기레벨

인간의 청각이 음의 크기를 판단할 때는 음파의 에너지량뿐만 아니라 주파수에 의한 영향을 크게 받는다. 일반적으로 4,000Hz 부근이 가장 민감하며, 여기에서 멀어질수록 잘 듣기 어려워진다. 따라서 어떤 음의 크기 레벨은 그 음과 같은 크기로 들리는 1,000Hz의 순음의 음압레벨로 하고, 단위는 폰(phon)으로 나타낸다.

그림 7.9는 순음에 대한 등감도곡선이며, 각 음압레벨에 대하여 이 관계를 실험적으로 나타낸 것이다.

7) 음의 감쇠

음원으로부터 멀어지면 음은 점차 작게 들린다. 이는 거리가 증가함에 따라 음의 에너지가 확산되고 공기가 진동에 대해서 저항하기 때문이다. 전자를 거리감쇠, 후자를 저항감쇠라 한다.

지향성이 없는 점음원의 경우 그림 7.10과 같이 음의 에너지는 음원을 중심으로 하여 동심원모양으로 확산된다. 음원으로부터의 거리가 2배로 되면 구의 표면적은 4배가 되므로 단위면적당 음의 에너지유량(음의 세기)은 1/4이 된다. 점음원의 경우 음의 세기는 거리의 제곱에 반비례한다. 공중에 있는 어느 점음원으로부터 r(m)만큼 떨어진 점에서 음의 세기레벨 IL은 다음 식과 같이 나타낸다.

$$IL = PWL - 20\log_{10} r - 11 \qquad (7\text{-}6)$$

따라서 거리가 2배가 되면 음의 강도레벨은 6dB 감쇠한다.

이상적인 선음원일 경우는 거리가 2배가 되면 음의 강도는 1/2이 되고, 3dB 감쇠한다. 그러나 이상적인 면음원일 경우에는 거리에 따른 감쇠가 없다.

표 7.2 음의 크기의 레벨 변화와 감각

변화량	감 각
3phon	작지만 꽤 지각할 수 있다.
5phon	작지만 확실히 알 수 있다.
10phon	크기가 2배로 들린다.
15phon	매우 두드러진 변화로 느낀다.
20phon	처음부터 아주 큰 음으로 느낀다.

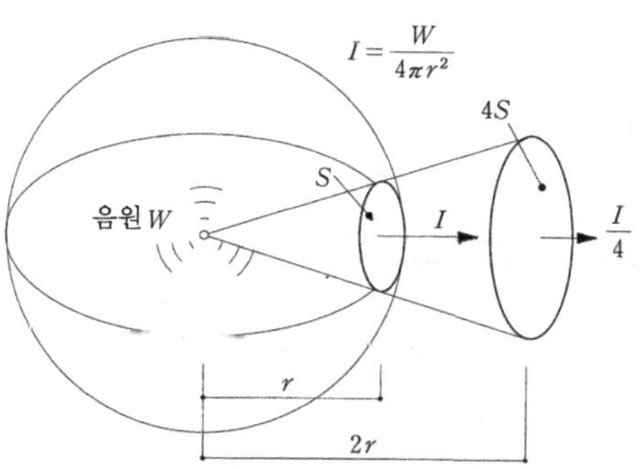

그림 7.10 점음원의 거리감쇠

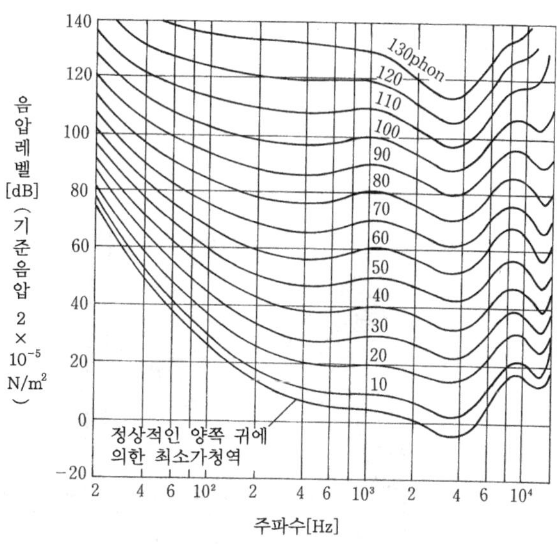

50phon이란 1,000Hz(=1kHz)이며 50dB인 음압을 가지는 음파와 같은 크기로 들리는 음을 말한다.
예를 들어 100Hz인 주파수의 음파라면 60dB인 음압이 없을 경우 50phon과 같은 크기로 들리지 않는다는 것을 알 수 있다.

그림 7.9 순음에 대한 등감도곡선

7.2 차음과 흡음

소음대책이나 실내음향의 설계 등 음환경을 설계할 경우 그곳에 사용되는 각종 재료의 음에 관한 특성이 중요하다. 여기서는 벽면 등의 건축재료에 음파가 투사되었을 때의 특성에 대하여 기술한다.

1. 투사음의 행방

음이 그 파장에 비해 충분히 큰 벽면 등에 투사되었을 때는 그림 7.11과 같이 음에너지의 일부는 벽을 튕겨 되돌아오는데 이를 음의 반사라 한다. 또한 음에너지의 일부는 열에너지로서 벽에 흡수되는데 이를 음의 흡수라 한다. 그리고 남은 음의 에너지는 다시 벽의 반대쪽 공기를 진동시켜 음이 되고 공기 중에 방사되는데, 이를 음의 투과라 한다.

또한 구체(具體)를 직접 두드렸을 경우 진동에너지의 일부는 그대로 벽체 안을 멀리까지 이동시켜 떨어진 벽면에서 다시 음에너지로 방사시킨다. 이렇게 떨어진 곳에서 방사되는 음을 고체전파음 또는 고체음이라 한다.

벽에 투사된 음은 그 주파수에 따라 같은 재질의 벽이라도 그 행방이 크게 다르다(그림 7.12). 따라서 음을 제어할 경우에는 대상음의 주파수에 따라 재질과 형상을 고려해야 한다.

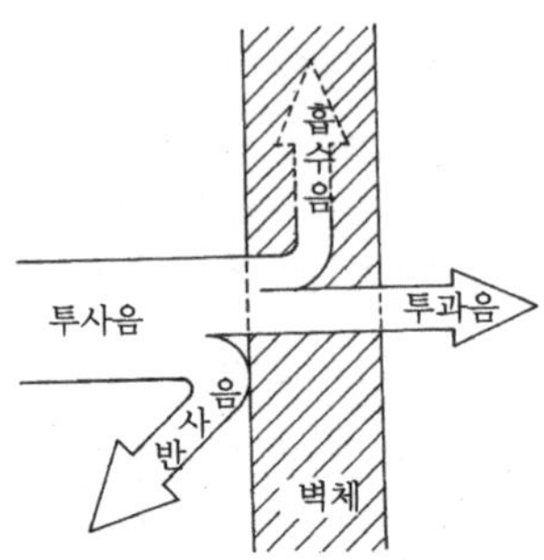

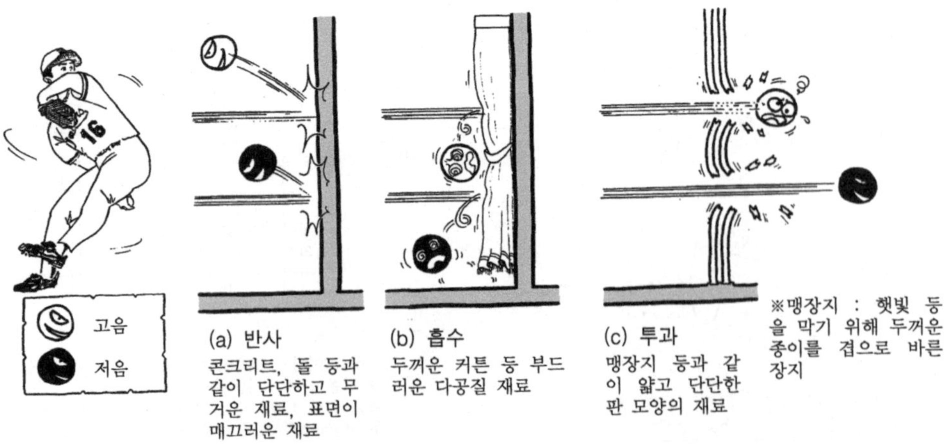

그림 7.12 음과 벽

2. 차 음

1) 투과율과 투과손실

벽면에 음에너지가 투사되면 음에너지는 벽체의 반사, 흡수, 전파에 의해 감소되는데, 일부는 벽체를 투과한다. 이와 같이 투사된 에너지에 대하여 투과한 에너지의 비율을 나타낸 것이 투과율 τ이며, 다음 식과 같이 나타낸다.

$$\tau = \frac{I_t}{I_i} \quad \cdots\cdots (7\text{-}7)$$

I_t : 투과음의 에너지[W/m²], I_i : 투사음의 에너지[W/m²]

또한 투과율의 역수는 음에너지가 통과하기 어려움을 나타내며, 그 상용대수를 취한 것을 음향투과손실 TL(Transmission Loss)[dB]이라 하며, 다음 식과 같이 나타낸다.

$$TL = 10 \log_{10} \frac{1}{\tau} \quad \cdots\cdots (7\text{-}8)$$

2) 단층벽의 투과손실

일반적으로 무거운(밀도가 높은) 재료일수록, 또한 같은 재질이라도 두께가 늘어날수록 투과손실은 커진다. 이를 질량법칙이라 하며, 차음에 관한 가장 기본적인 이론이다.

평면파가 벽에 수직으로 입사할 경우 질량법칙에 의한 투과손실은 근사적으로 다음 식에 의해 구할 수 있다.

연습문제

〈7-3〉 음향투과손실 TL이 40dB일 경우의 투과율 τ를 구하시오.

표 7.3 각종 재료의 투과 손실

구조	명 칭	밀도 [kg/m²]	주파수 [Hz]					
			125	150	500	1000	2000	4000
단일판벽	연판(1)	11.3	26	26	28	32	38	43
	라왕 합판(6)		11	12	16	21	24	22
	석고 보드(9)		10	14	21	27	35	38
	플렉시블 보드(6)		24	23	28	32	36	30
	발포 콘크리트(ACL 판)(100)	50	30	31	28	35	44	46
	발포 콘크리트(ACL 판)(100) 양면 모르타르 바름(6)	81	34	33	35	44	51	57
	콘크리트(180) 양면 플라스터 바름(13)	440	45	43	53	58	66	69
복층판벽	합판(6)+우레탄(50)+합판(6)		13	18	19	16	30	33
	합판(6)+As(100)+합판(6) (목조 간주(間柱, 사이기둥)장식붙임)		11	20	29	38	45	42
	PB(9)×2+As(84)+PB(9)×2 접합붙임(목조 간주(間柱, 사이기둥)장식붙임)		20	28	40	46	50	48
	PB(12)×2+As(100)+PB(12)×2 접합붙임(양면 독립 접합 못)		33	42	50	59	66	58
	ALC 판(100)+As(40)+PB(9)		26	36	39	51	60	–
건구	보급형 알루미늄제 미닫이 창(유리 5mm) 1600W×1300H		20	22	23	18	21	27
	기밀형 알루미늄제 외여닫이 창(유리 3mm) 1300W×1500H		17	19	24	29	33	25
	기밀형 알루미늄제 외여닫이 창(유리 5mm) 1300W×1500H		20	23	29	33	31	34
	보급형 미닫이 알루미늄 건구의 이중, 유리(5–5), As(100)		18	22	26	25	21	32
	보급형 미닫이 창과 목조용 미닫이 창의 이중, 유리(5–5), As(275)		28	32	30	33	32	33
	기밀형 건구의 이중, 유리(5–5), As(150)		27	31	35	39	40	42
	기밀형 외여닫이 알루미늄 건구의 이중, 유리(5–5), As(150)		28	31	35	39	41	42
	기밀형 외여닫이 알루미늄 건구의 이중, 유리(5–5), As(200)		28	34	40	45	50	50
	망판 기밀 유리 철판(2)+As(45)+철판(2)		25	30	34	37	30	35

주) As : 공기층, PB : 석고 보드. 재료명 또는 상기(上記) 기호의 뒤에 있는 수치는 두께를 나타냄(단위 mm).
각종 재료의 각 주파수별의 수치가 투과손실의 값(단위 dB).
((사)일본건축학회 편, 『설계 계획 팜플렛 4 건축의 음환경 설계』(쇼우코쿠사) 참조)

$$TL = 20\log_{10} f\text{m} - 43 \quad \cdots\cdots (7\text{-}9)$$

f : 입사음의 주파수[Hz], m : 벽의 면밀도[kg/m²]

위의 식에 의하면 주파수 또는 벽의 질량이 2배가 될 경우 투과손실이 6dB 증가한다는 것을 알 수 있다*1. 표 7.3에 건축에서 사용되는 각종 재료의 투과손실을 나타낸다.

그러나 그림 7.13에 나타낸 바와 같이 이 질량법칙이 성립되는 것은 중음역뿐이다. 고음역에서는 코인시던스 효과(coincidence effect, 일치효과)에 의하여 투과손실이 저하되기 때문이다.

3) 코인시던스 효과

코인시던스 효과란 벽체에 어떤 주파수 음이 입사했을 때 벽체에 굴곡운동을 일으켜 투과손실이 저하되는 현상을 말한다. 코인시던스 효과에 의하여 투과손실이 저하되는 것을 막기 위해서는 발생하는 주파수를 가능한 한 높게 해야 한다. 이때 벽체재료의 밀도가 높고, 강성이 작으며, 얇을수록 유리해진다.

4) 이중벽의 투과손실

두 벽 사이에 공기층이 있는 이중벽은 같은 밀도를 가진 벽을 2매 겹쳤을 경우보다 높은 투과손실을 얻을 수 있다. 특히 중고음역에서 투과손실에 유리하다. 그러나 2중벽의 연결이 음의 다리*2를 형성하거나(그림 7.14), 벽의 질량과 공기층의 탄성에 의해 공명투과현상을 일으키거나(그림 7.15) 또는 저음역에서는 불리해진다. 이러한 현상을 막기 위해서는 그림 7.16과 같은 방법이 있다.

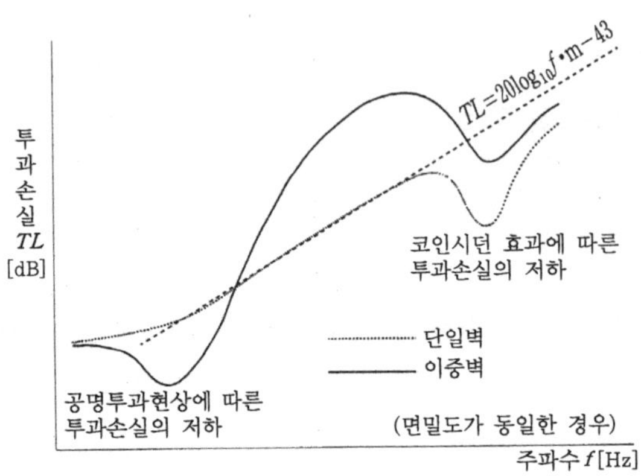

그림 7.13 벽의 구조와 투과손실의 주파수 특성

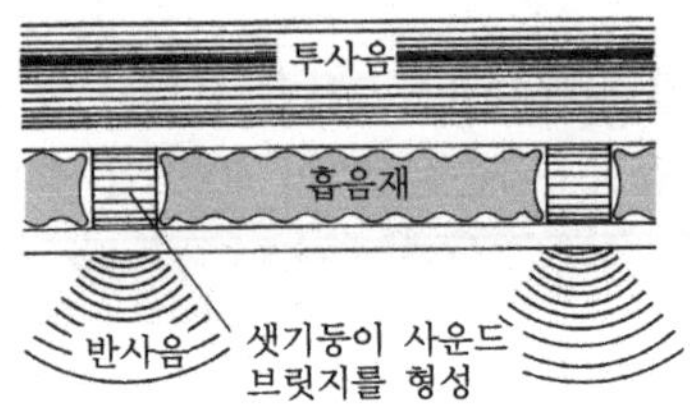

그림 7.14 이중벽에서 음의 다리의 예

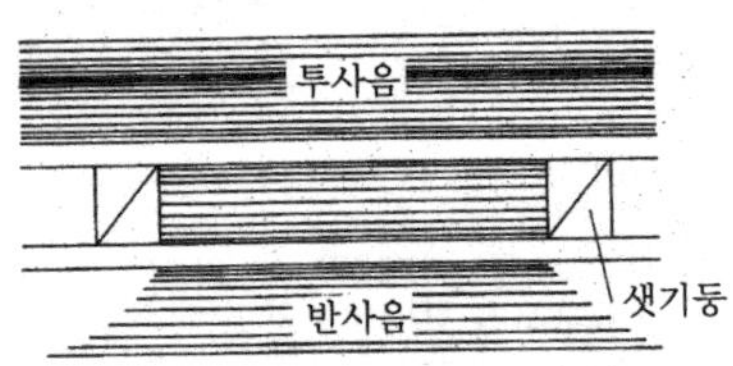

그림 7.15 이중벽의 공명투과현상

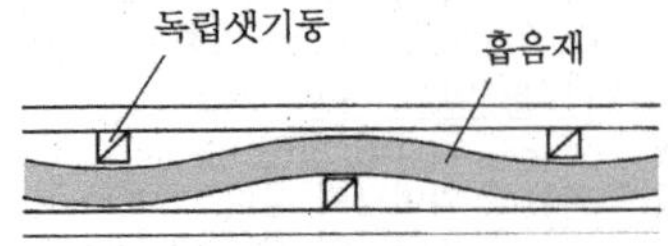

그림 7.16 이중벽에 의한 차음 예

---

*1 면밀도 m일 경우의 투과손실을 TL_1, 면밀도가 2배인 2m일 경우의 투과손실을 TL_2로 하면

$$TL_2 - TL_1 = 20\log_{10}(2f \cdot \text{m}) - 20\log_{10} f \cdot \text{m}$$
$$= 20\log_{10}(2f \cdot \text{m} / f \cdot \text{m}) = 20\log_{10}2 \fallingdotseq 6\text{dB}$$

*2 사운드 브릿지(Sound Bridge)라고도 한다.

3. 흡 음

1) 흡음률과 흡음력

벽면에 음에너지가 투사되면 음에너지의 일부는 벽면에 흡수되고, 나머지 일부는 투과한다. 흡수·투과의 정도를 나타내는 것이 흡음률 α이며, 다음 식에 의해 구할 수 있다.[1]

$$\alpha = \frac{I_i - I_r}{I_i} \quad \cdots\cdots (7\text{-}10)$$

I_i : 벽면에 입사하는 음의 에너지$[W/m^2]$, I_r : 벽면에서 반사하는 음의 에너지$[W/m^2]$

또한 재료가 음을 흡수하는 능력을 나타낸 것을 흡음력이라 한다. 흡음률 α의 벽면이 $S[m^2]$인 면적을 가질 경우 그 흡음력 $A[m^2]$*는 다음 식으로 구할 수 있다.

$$A = \alpha S \quad \cdots\cdots (7\text{-}11)$$

2) 각종 재료의 흡음률

일반적으로 다공질이며 부드럽고 가벼운 재료는 흡음력이 높고, 미끄럽고 딱딱하며 무거운 재료는 흡음력이 낮다. 표 7.4에 각종 재료의 흡음률과 흡음력을 나타낸다.

표 7.4 각종 재료의 흡음률과 흡음력

분류	재료·구조명	밀도 $[kg/m^3]$	두께 [mm]	공기층 두께 $[kg/m^2]$	주파수 [Hz] 125	250	500	1000	2000	4000
다공질재	글라스 울(펠트, 양모)	16~24K	50	0	0.20	0.65	0.90	0.85	0.85	0.85
	글라스 울(펠트, 양모)	16~24K	50	100	0.40	0.90	0.95	0.85	0.85	0.85
	암면(巖綿) (보드)	40~160K	50	0	0.20	0.75	0.95	0.900	0.85	0.90
	암면(巖綿) (보드)	40~160K	50	100	0.55	0.90	0.95	.90	0.85	0.85
판상재	석고 보드		9~12	45	0.26	0.13	0.08	0.06	0.06	0.06
	플렉시블 보드(글라스 울 충진)		3~5	90	0.29	0.15	0.08	0.06	0.06	0.06
	합판		9	45	0.11	0.23	0.09	0.07	0.07	0.08
	합판		9	90	0.24	0.15	0.08	0.07	0.07	0.08
공명기형재	구멍 뚫린 판 ϕ5, 15mm피치 뒷면 보강재 없음		5	45	0.02	0.08	0.20	0.35	0.18	0.12
	구멍 뚫린 판 ϕ5, 15mm피치 GW($20kg/m^3$, 50mm 두께) 뒷면 보강		5	45	0.15	0.36	0.85	0.60	0.31	0.27
	구멍 뚫린 판 ϕ5, 15mm피치 RW($50kg/m^3$, 25mm 두께) 뒷면 보강		5	180	0.32	0.85	0.71	0.61	0.40	0.18
일반재	글라스(오오사카)				0.18	0.06	0.04	0.03	0.02	0.02
	콘크리트 페인트·모르타르 VP				0.01	0.01	0.02	0.02	0.03	0.03
	플라스틱계 타일 마감(콘크리트 기초·바닥)				0.01	0.01	0.02	0.02	0.03	0.03
	파일 카펫(10mm 두께)				0.10	0.10	0.20	0.25	0.30	0.35
	흡음용 커튼 0.25~$0.3kg/m^2$, 2배 주름			50~100	0.10	0.25	0.55	0.65	0.70	0.70
흡음력 $[m^2]$	극장용 의자 모직물 부착				0.13	0.22	0.28	0.30	0.30	0.30
	극장용 의자 비닐 피혁 부착				0.04	0.13	0.22	0.17	0.16	0.11
	인물(모직물 부착의 극장용 의자에 착석)				0.25	0.34	0.41	0.43	0.42	0.41
	인물(목제의자에 착석)				0.10	0.19	0.32	0.38	0.38	0.36
	목제의자(교실용)				0.02	0.02	0.02	0.04	0.04	0.03

주) GW : 글라스 울(펠트, 양모), RW : 록 울(암면)
흡음력은 1좌석당의 것을 나타냄
((사)일본건축학회 편, 『설계 계획 팜플렛 4건축의 음환경 설계』(쇼우코쿠사) 참조)

* 흡음력의 경우 미터세이빈이라 읽는다. 면적과 구별하기 위해 $[m^2$ Sabine]라고 기술하는 경우도 있다.

4. 흡음기구

음이 흡수되는 것은 음이 가지는 에너지가 열이나 운동 등 다른 에너지로 변환되기 때문이다. 이 변환방식에 따라 흡음기구는 다음과 같이 3종류로 분류된다.

1) 다공질형 흡음기구

음의 압력이 투사되면 세공중(細孔中)의 섬유 진동마찰 · 점성저항 등에 의해 열에너지로 변환되어 흡음된다. 흡음률은 고음역일수록 크고, 재질이 두꺼워질수록 흡음률과 흡음범위가 커진다. 또한 공기층을 삽입함으로써 중저음역의 흡음률도 커진다. 이러한 방식의 흡음재료에는 글라스울, 록울, 목모시멘트판 등이 있다.

2) 막 · 판진동형 흡음기구

음의 압력이 투사되면 막 · 판이 진동하여 운동에너지로 변환되면서 흡음된다. 흡음률은 저음역에서 커진다. 이 방식에 의한 흡음재료로는 합판, 석고보드 등이 있다.

3) 공명기형 흡음기구

음의 압력이 투사되면 개구부분의 공기가 뭉쳐지고, 밀폐된 공동부분의 공기가 스프링 역할을 하여 진동한다. 이를 헬름홀츠의 공명기구라 하며, 공명주파수 부근의 음이 투사되면 구멍 부근의 공기가 심하게 진동되어 마찰열에너지로 변화되며 흡음한다. 개공률이 30%를 넘으면 공명흡수가 이루어지지 않는다. 또한 뒷면에 글라스울 등을 충진하면 구멍 내의 공기진동저항이 증가하여 흡음률이 상승한다. 이러한 방식에 의한 흡음재료로는 유공석고보드, 유공시멘트판 등이 있다.

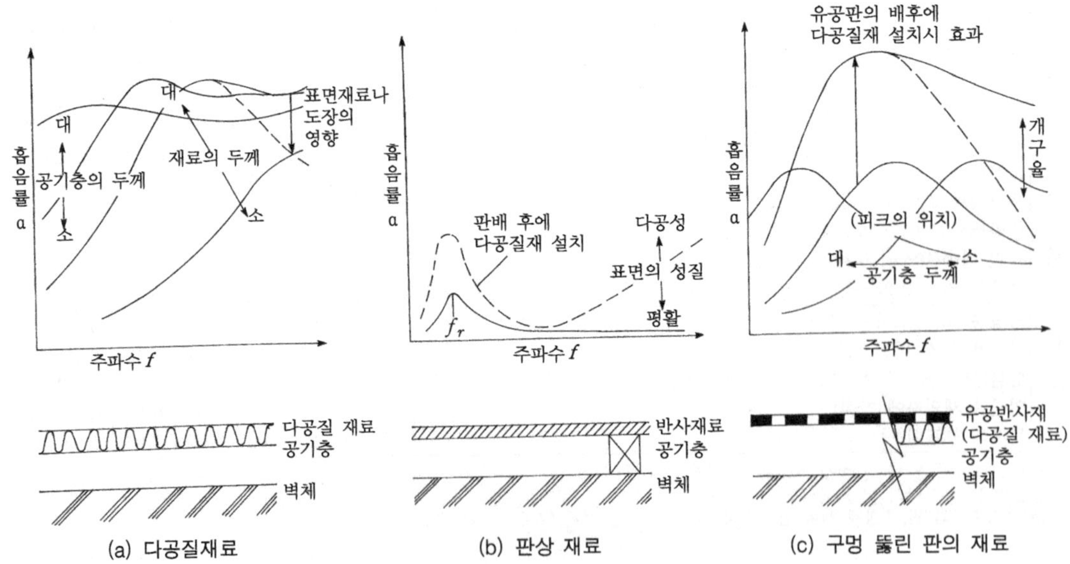

(a) 다공질재료 (b) 판상 재료 (c) 구멍 뚫린 판의 재료

그림 7.17 흡음기구의 벽면구조와 흡음특성

7.3 소음과 진동

같은 음을 들어도 그 음을 듣는 사람에 따라 반응이 크게 다르다. 예를 들어 시원하게 느껴야 할 풍경 소리도 오늘날에는 소음으로 여기는 사람들이 많아 이웃으로부터 불만의 소리를 듣는 경우가 적지 않다. 소음과 진동에 의한 문제는 누구나 불쾌하다고 느끼면 된다.

1. 소음 · 진동과 그 영향

1) 소 음

가장 일반적인 공해로서 대기오염, 수질오염, 토양의 오염, 지반침하, 악취, 진동, 소음 등 7가지가 있다. 이 중 각 지방자치단체에서 가장 많이 발생하는 민원이 소음에 관한 것이다(그림 7.18). 이는 '음'이 감각적으로 다루어지기 쉽고, 주택의 질적인 면이 아직 일정 수준에 도달하지 못하고 있으며, 또한 도심부에서의 인구과밀현상 영향을 주고 있는 것으로 여겨진다.

소음의 발생원은 표 7.5에 나타낸 것처럼 다양한 것을 들 수 있는데, 그 중에는 소음으로 보기 어려운 것도 있다. 또한 그 영향은 표 7.6에 나타낸 바와 같이 일상생활과 깊은 관련을 가지고 있다.

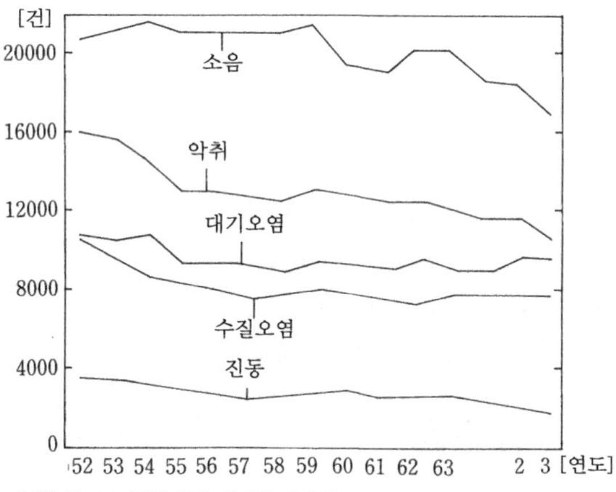

그림 7.18 전형적인 7가지 공해의 종류별 고충건수의 추이

표 7.5 소음의 발생원에 따른 분류

분 류	소 음 원
교통 소음	항공기, 열차, 자동차
생활 소음	아파트 바닥 소음, 급배수, 에어컨의 실외기
영업 소음	공장, 가라오케, 가두선전
공사 소음	토목건설공사
공공적 소음	학교, 집회
자연음	매미 울음소리, 개구리 소리
오락적 소음	J-리그, 야구, 피아노, 오디오
기타	애완견, 폭주족

표 7.6 소음의 영향

분 류	증 상
정서적 피해	안절부절, 불안, 성냄, 초조
수면 방해	수면 부족
생활 방해	회화의 중단, 전화, TV 소리가 들리지 않음
영업 방해	집중력의 저하, 판매의 장해
신체적 피해	귀울림, 난청, 두통, 고혈압, 위장 장해

2) 진 동

물체가 강하게 진동할 때 지반 등의 고체 속을 통하여 멀리까지 영향을 미친다. 진동의 발생원으로는 표 7.7에 나타낸 바와 같은 것들이 있는데, 특히 교통량이 많은 도로나 철도에 의한 진동피해는 범위가 넓으며, 그 대책도 광범위해진다. 한편 가정에서도 고출력화된 모터와 보일러 등과 같은 진동원을 사용하는 경우가 증가되고 있다.

이러한 진동에 의해 불면증, 집중력 저하, 두통, 어지러움 등과 같이 신체적으로 영향을 미칠 뿐만 아니라 건축물에 균열 등을 일으키는 경우가 있다.

3) 저주파 공기진동

저주파 공기진동이란 '저주파공해'라고도 한다. 일반적으로 사람의 귀로는 듣기 어려운 100Hz 전후까지의 낮은 음을 말하고, 대부분 다른 음에 묻혀 느끼지 못하는 경우가 많다. 또한 사람의 귀로는 들을 수 없는 20Hz 이하의 초저주파음에 의한 경우도 있으며, 이로 인하여 피해에 대한 원인 발견이 늦어지는 경우도 많다. 저주파 공기진동에서는 그림 7.19에 나타낸 것처럼 큰 음압을 동반하는 경우도 적지 않다.

이로 인해 창호의 진동 등과 같은 물리적 현상이나 귀에 대한 압박감 또는 신체에 대한 중압감, 두통, 어지러움, 구토, 맥박이 빨라지는 등의 신체적 영향을 일으키는 경우가 밝혀졌는데, 의료기관이 그 원인을 규명하지 못하여 피해를 확대시키는 경우도 있다.

발생원으로는 표 7.8에 나타낸 바와 같은 것들이 있는데, 일반적으로 저주파 공기진동은 감쇠되기 어렵기 때문에 방지대책을 세우기 어려운 경우가 많다. 또한 저주파 공기진동에 관한 법적 규제도 아직 준비되어 있지 않는 등 그 대책이 지연되고 있는 실정이다.

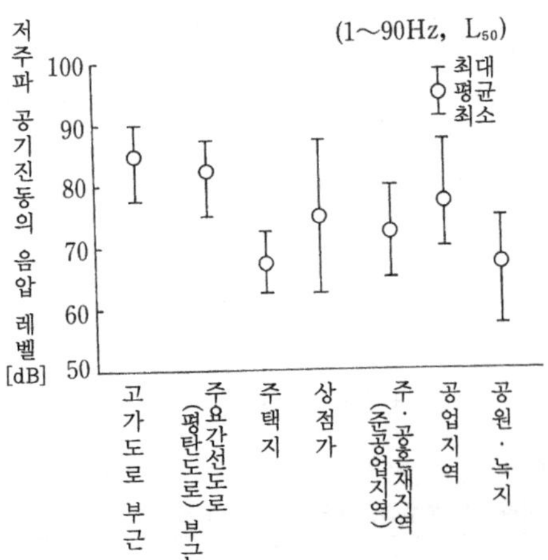

그림 7.19 일반환경 중의 저주파 공기진동의 음압 레벨

표 7.7 진동의 발생원

구 분	진 동 원
공장 기계	프레스 기계, 압축기, 파쇄기, 진동기계
토목건설공사	굴삭기계, 브레카(삭암기(削岩機))
공공 교통	간선도로, 고속도로, 일반 철도, 고속철도
일반 가정	냉장고, 펌프

표 7.8 저주파 공기진동의 발생원

구 분	진 동 원
자연 현상	파도, 지진, 분화, 천둥, 바람 등
공장 기계	압축기, 송풍기, 진동기계, 엔진, 보일러, 펌프 등
교통 기관	철도(터널 돌입시), 도로(교각의 보), 자동차, 항공기 등
일반 가정	석유 보일러, 에어컨의 실외기
기타	댐의 방수, 발파 등

2. 소음 측정

관측하는 장소에서의 소음을 환경소음이라 한다. 이 환경소음 중 소음원을 특별히 정했을 경우 이 음원에 의한 소음을 특정소음이라 하고, 환경소음 중 특정소음이 없을 때의 소음을 암소음이라 한다.

보통 소음측정이라 하면 특정소음레벨을 측정하는 것을 말하는데, 암소음레벨이 클 경우에는 측정에 영향을 받는다. 특정소음과 암소음의 레벨 차이가 10dB 이상이면 암소음의 영향은 무시된다. 레벨 차이가 4dB 이상일 경우에는 표 7.9와 같이 보정하고, 측정대책 소음이 단독일 경우의 레벨을 추정한다. 또한 레벨 차이가 3dB 이하일 경우에는 그 측정에 대한 신뢰도가 낮다고 말한다. 또한 소음의 발생원이 2배가 되었을 경우 음압레벨도 2배가 될 뿐만 아니라 그림 7.7에서 두 음압레벨의 차이에서 보정치를 구하여 높은쪽의 음압레벨에 가산하면 된다. 따라서 같은 레벨의 소음원이 둘일 경우에는 하나인 경우보다 3dB 높아지는 것을 알 수 있다.

1) 측정기기

소음을 측정하기 위해서는 다음과 같은 기기를 사용하는데, 최근에는 디지털신호처리기술이 향상되면서 많은 데이터를 샘플링할 수 있게 되었으며, 데이터 처리속도와 정확도도 향상되었다.

그림 7.20은 소음측정에 사용되는 시스템의 예를 나타낸 것이다.

◆ **a 소음계** 소음계는 무지향성 마이크로폰으로 받은 음압을 미터로 표시하는 장치이며, 측정 정확도에 따라 KS 규격에 의해 보통소음계(JIS C 1502), 정밀소음계(JIS C 1505)로 정해져 있다.

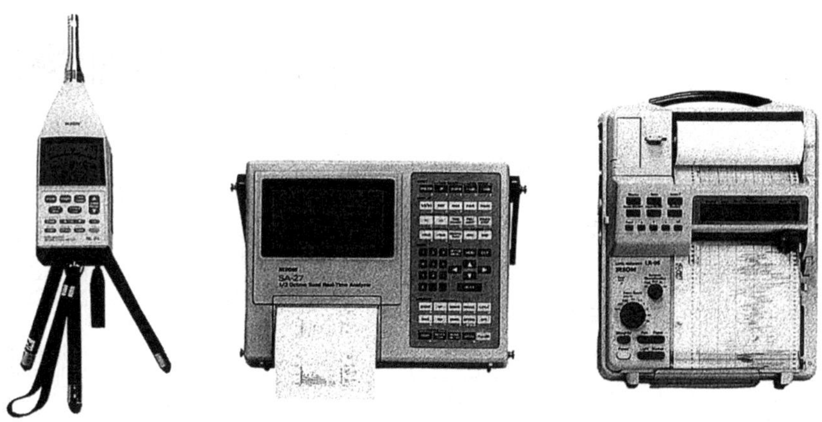

디지털식 보통소음계 1/3옥타브밴드 리얼타임 분석기 아날로그식 레벨레코드

좌로부터 직렬로 접속하며, 소음의 수집 · 분석, 기록을 행한다.

그림 7.20 소음측정기구의 구성 예

표 7.9 소음의 영향에 대한 특정 소음의 보정치 [dB]

특정 소음이 있을 때와 없을 때의 지시치의 차이	3	4	5	6	7	8	9	10 이상
보정치	−3	−2		−1				불요(不要)

소음 레벨의 측정에 있어서, 지시값의 차이가 3dB 이하의 경우에는 측정해도 의미가 없다. 그러나 「바닥충격음 레벨 측정」과 「벽의 차음(遮音)성능의 측정(현장에서의 음압 레벨 차이의 측정)」에서는 지시값과의 차이가 3dB 이어도 보정을 하여도 좋다.

소음계에는 A특성, C특성 및 평탄특성이라 불리는 주파수보정회로가 갖추어져 있다(그림 7.21). A특성은 대부분 인간의 청각에 가까운 특성이며, 소음레벨을 측정할 때 사용된다. C특성은 80Hz 이하의 감도를 내린 것으로 대부분 평탄한 특성이다. 평탄특성은 음압을 지시하는 대로 측정하는 것이다. 또한 A특성을 사용한 측정치의 경우 75dB(A)와 같이 나타낸다. 또한 저주파진동에 대해서는 진동레벨계(JIS C 1510 측정범위는 1~90Hz)에 의해 측정한다.

◆ **b 주파수분석기** 소음대책을 세우기 위해서는 소음레벨 측정만으로는 불충분하며, 소음의 특성을 파악하고, 효과적인 대책을 세우기 위해 소음의 각 주파수대마다 음압레벨을 측정한다. 지시소음계나 정밀소음계와 조합시켜 사용하고, 1/3 또는 1옥타브마다 주파수를 구별하여 분석한다. 표 7.10에 중심주파수를 나타냈다.

◆ **c 레벨 레코더** 소음계 등과 접속시켜 측정된 데이터를 기록지에 기록하는 장치이다. 목적에 따라 종이에 보내는 속도 및 펜 속도를 변경할 수 있다. 최근에는 디지털화된 데이터를 그대로 기록하는 것도 있다.

◆ **d FFT 분석기** 컴퓨터를 응용한 신호처리시스템으로 각 시간마다의 음압레벨 변화를 측정한 후 이 장치로 처리함으로써 그 파형의 주파수 분석을 순식간에 할 수 있다(그림 7.22).*1*2

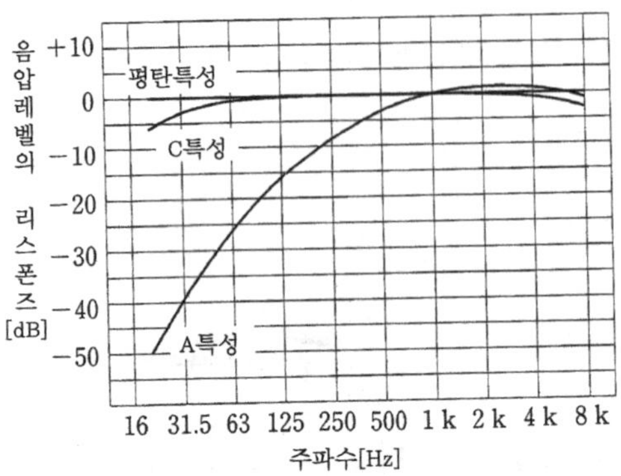

그림 7.21 주파수 보정회로의 특성

표 7.10 1/1, 1/3 옥타브밴드의 중심주파수

옥타브		옥타브		옥타브	
1/3	1/1	1/3	1/1	1/3	1/1
50 63 80	63	400 500 630	500	3150 4000 5000	4000
100 125 160	125	800 1000 1250	1000	6300 8000 10000	8000
200 250 315	150	1600 2000 2500	2000	12500 16000 20000	16000

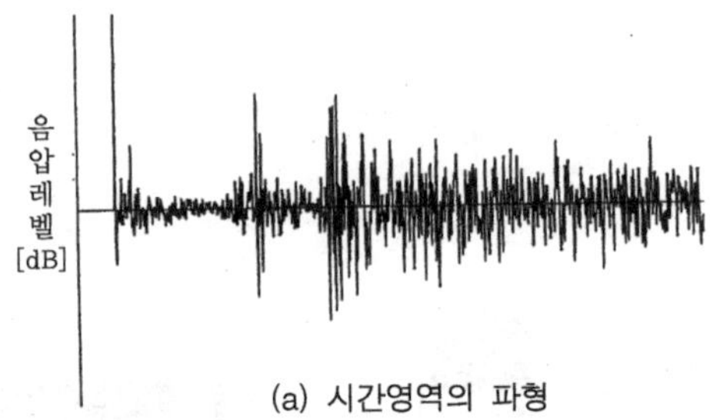

(a) 시간영역의 파형

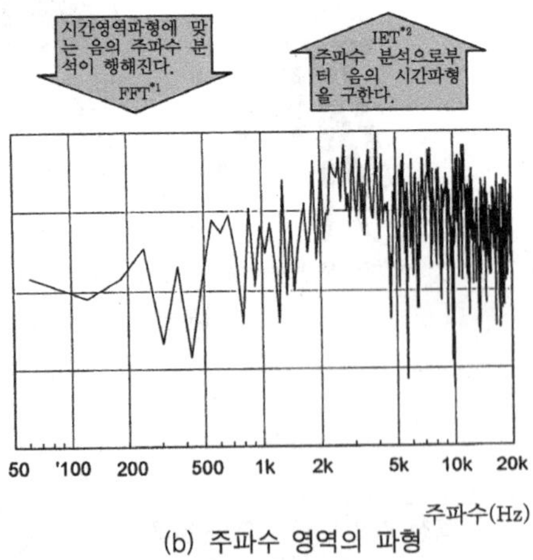

(b) 주파수 영역의 파형

그림 7.22 FFT에 의한 소음분석

*1 Fast Fourier Transform '고속퓨리에변환'의 약칭
*2 Inverse Fourier Transform '역퓨리에변환'의 약칭

2) 소음의 변동성과 측정 · 표시방법

일반적으로 소음레벨은 일정하지 않으며, 늘 변화하고 있다(그림 7.23). 따라서 소음이 변화하는 상황에 따라 다음과 같이 측정 · 표시한다.

- **a 정상소음** 보일러의 진동음과 같이 레벨의 변화가 작고 거의 일정하게 여겨지는 소음을 말한다. 일정 시간마다 여러 번 측정하여 평균치, 변동폭, 최대 · 최소치를 기록한다.
- **b 간헐소음** 양수펌프의 진동음과 같이 간격을 두고 발생하며, 지속시간이 몇 초 이상일 때는 소음이다. 소음이 발생할 때마다 최대치를 측정하고, 측정치가 거의 일정한 경우에는 여러 회를 평균한 평균치를 기록한다. 최대치가 변화하는 경우에는 여러 번의 측정을 거쳐 측정 결과의 에너지 평균치 90% 레인지의 상단치 등을 기록한다.
- **d 변동소음** 자동차소음과 같이 레벨이 불규칙하거나 연속적으로 많은 범위에 걸쳐 변화하는 소음이다. 일정시간마다 충분한 횟수(예를 들면 5초 간격으로 50회*)로 측정하고, 그 누적도수 분포로 중앙치 90% 레인지를 구하거나 다음 식으로 등가소음레벨 L_{Aeq}[dB]을 구한다.[1]

$$L_{Aeq} = 10 \log_{10} \left\{ \frac{1}{n} \left(10^{\frac{LA1}{10}} + 10^{\frac{LA2}{10}} + \ldots\ldots + 10^{\frac{LAn}{10}} \right) \right\} \quad \cdots\cdots (7\text{-}12)$$

n : 샘플수, L_{Ai} : 각 샘플의 측정치[dB]

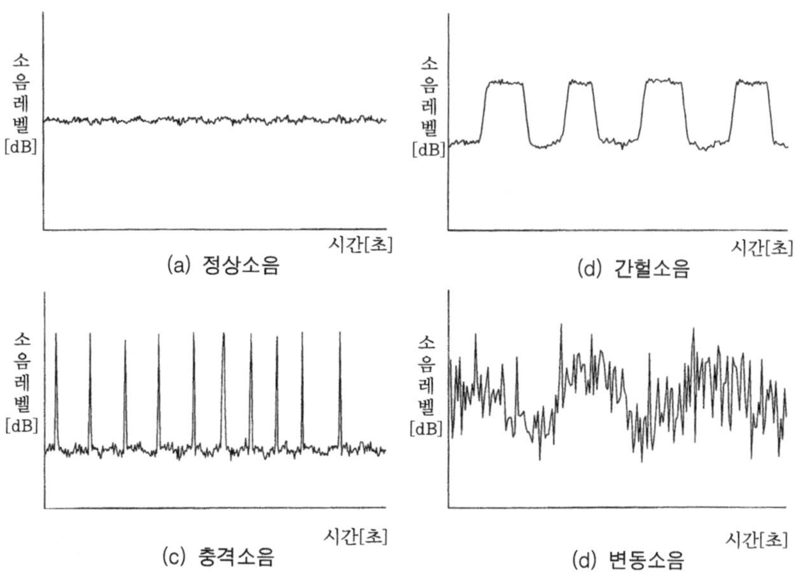

(a) 정상소음 (d) 간헐소음

(c) 충격소음 (d) 변동소음

* 최근에는 정확도 향상을 위해 컴퓨터를 사용하여 측정간격을 매우 짧게 하고(1초 이하) 수백 회에 걸쳐 측정한다.

【예제 1】 어떤 도로 가까이에서 도로교통소음을 5초 간격으로 50회 측정한 결과, 그림 7.24와 같은 결과를 얻었다. 누적도수분포표를 그리고, 중앙치(L_{50}) 및 90% 레인지(L_5, L_{95})를 구하시오.

【해　답】 ① 데이터의 기록 : a란은 측정결과를 나타내며 1단씩 왼쪽에서 10개씩 가로로 기록되어 있다. 즉 1회째의 측정에서 60, 65, 67dB…임을 알 수 있다.

② 각 레벨의 출현횟수를 구한다 : b란의 상단은 a란에 기록한 측정결과에서 각 소음레벨의 출현횟수를 더한 것이다. 즉 59dB는 1회, 60dB는 3회 관측된 것을 알 수 있다.

③ 누적도수의 계산 : b란의 하단은 ②에서 구한 출현횟수를 소음레벨이 낮은 것부터 누적하여 누적도수를 구한다. 마지막 데이터까지 누적하면 당연히 50이 된다.

④ 누적도수곡선을 그린다 : 가로축에 소음레벨을, 세로축에 누적도수를 잡고 b란 하단에 대하여 누적도수곡선을 그린다.

⑤ L_{50}, L_5, L_{95} 를 구한다 : 누적도수곡선과 50% 라인의 교점이 중앙치(L_{50})이며, 그래프에서 656.6dB임을 알 수 있다. 마찬가지로 5% 라인, 95% 라인과의 교점이 각각 90% 레인지 하단치(L_{95}), 90% 레인지 상단치(L_5)이며, 각각 59.5dB, 71.5dB임을 알 수 있다.

연습문제

〈7-4〉 그림 7.24의 소음레벨 측정결과에서 등가소음레벨 L_{Aeq} 를 구하시오.

소음조사표

측정장소	측정년월일	
	측정시간	
	날 씨	맑음 미풍
	측정기	보통소음계
	특 성	A
	측정자	

a란

1	2	3	4	5	6	7	8	9	10
60	65	67	69	66	64	62	63	63	66
70	67	68	66	67	64	68	71	71	72
73	72	69	68	68	72	69	67	65	64
61	64	61	60	62	64	66	67	63	65
64	60	59	61	64	68	71	70	67	66

b란

끝자리 숫자	0	1	2	3	4	5	6	7	8	9
50 dB										一
										1
60 dB	下	下	T	下	正T	下	正	正一	正	下
	4	7	9	12	19	22	27	33	38	41
70 dB	T	下	下	一						
	43	46	49	50						
dB台										

중앙값(L_{50}) 65.6 dB(A)	90% 레벨 59.5 ~ 71.5 dB(A)
비고(음원의 종류 등) 자동차 소음	

그림 7.24 소음레벨의 측정결과 예

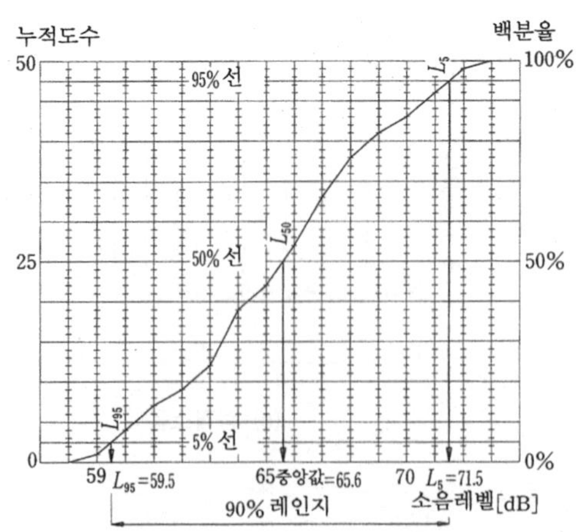

그림 7.25 중앙값과 90% 레인지

3. 소음방지계획의 순서

소음방지계획시에는 소음원을 측정하여 그 전파경로를 파악한다. 그리고 문제가 되는 소음의 성분을 분석하여 필요감쇠량을 산정한다.

① 음원대책 : 소음원의 음이 작아지면 그만큼 소음대책의 필요성도 줄어든다. 음원출력을 작게 함으로써 합리적인 효과를 기대할 수 있다. 공장현장에서 이용되는 컴프레서나 제트여객기 등은 저소음형의 것이 보급되어 있다.

② 배치계획 : 음원이 작은 점음원이고 무지향성인 경우 음의 에너지밀도는 거리의 제곱에 반비례하며 작아진다. 즉 거리가 2배로 되었을 경우 음압레벨로 환산하면 6dB 감쇠, 에너지로 환산하면 1/4이 된다. 소음원을 가능한 한 멀리 배치하도록 한다.

③ 차음계획 : 차음벽 등에 의해 직접 소음이 닿지 않도록 하거나 도달된 소음이 실을 둘러싼 벽면 등에서 허용치까지 감쇠하도록 설계한다. 환기구 등의 틈이 있으면 효과가 급격히 감소하므로 기밀하게 할 필요가 있다. 따라서 공기조화설비 등이 필요한 경우가 많다.

④ 흡음계획 : 실내 표면에 흡음처리를 함으로써 다소의 효과를 기대할 수 있지만, 소음대책으로는 보조적 수단으로 고려해야 한다. 이러한 방식을 사용하면 고체음 등의 저감도 기대할 수 있다.

표 7.11 실내소음레벨의 허용치

실의 종류	소음 레벨 [dB(A)]		
	특급(특별)	1급(표준)	2급(허용)
녹음 스튜디오	25	30	35
콘서트 홀	25	30	35
극장 · 다목적 홀	30	35	40
집합 주택(거실)	30	35	40
단독 주택(침실)	30	35	40
호텔(객실)	35	40	45
병원(개실)	35	40	45
사무실(일반사무실)	40	45	50

((사)일본건축학회 편, 『설계 계획 팜플렛 4건축의 음환경 설계』(쇼우코쿠사) 참고)

(a) 음원출력을 작게 한다.

(c) 음을 차단한다.

(b) 음원을 멀리 배치한다.

(d) 음을 흡수한다.

그림 7.26 소음방지계획의 예

4. 소음의 허용치와 평가

표 7.1에 나타낸 바와 같이 목적에 따라 허용되는 소음레벨은 다르다. 사람을 위주로 소음환경을 규제하고, 평가하는 것으로 다음과 같은 것이다.

1) 환경기준과 규제기준

환경기준이란 일본의 경우 공해대책기본법에 근거하여 1971년에 제정된 것으로 표 8.2와 같이 규제지역을 3부분으로 나누어 기준을 설정하였다. 규제지역은 각 시 · 도지사에 의해 지정된다. 한편 규제기준이란 소음규제법에 근거하여 각 시 · 도지사가 특정 공장과 건설작업으로 발생하는 소음에 대하여 정한 기준을 말한다. 환경기준과는 다르며, 규제기준을 넘는 소음은 인정한도를 넘는 것으로서 위법성이 인정되고 있다.

2) 일본건축학회의 차음성능기준

일본건축학회는 표 7.11에 나타낸 바와 같이 실내소음레벨에 관한 적용 등급을 정하고 있다.

3) NC곡선에 의한 평가

베라네크가 제안한 것으로서 주파수분석 결과로 소음 허용치를 구하는 것이다. 대상 소음의 63~4,000Hz의 각 1옥타브밴드마다의 음압레벨을 측정하고, 그 결과를 그림 7.27에 플로트한다. 여기서 모든 점을 웃도는 최소한의 곡선을 NC값*1이라 하고, 표 7.12를 사용하여 평가한다.

연습문제

〈7-5〉 어느 레스토랑에서 소음의 주파수분석을 행한 결과 다음의 표와 같은 결과를 얻었다. 이에 대하여 다음 문제에 답하시오. 단, 측정은 평탄특성을 이용한 것으로 한다.

① 소음레벨을 구하시오. ② NC 곡선을 이용하여 평가하시오.

연습문제

옥타브 밴드 속의 심주파수 [Hz]	63	125	250	500	1000	2000	4000
측정치 [dB]	40	43	39	38	40	41	37

표 7.12 실내소음의 허용치(Beranek)

실의 종류	NC치
방송 스튜디오	NC-15~20
콘서트 홀	NC-15~20
극장(500석, 확성장치 없음)	NC-20~25
교실(확성장치 없음)	NC-25
집합 주택 · 호텔	NC-25~30
가정(침실)	NC-25~30
병원	NC-30
도서관	NC-30
상점	NC-35~40
레스토랑	NC-45

((사)일본건축학회 편, 『설계 계획 팜플렛 4 건축의 음환경 설계』(쇼우코쿠사) 참조)

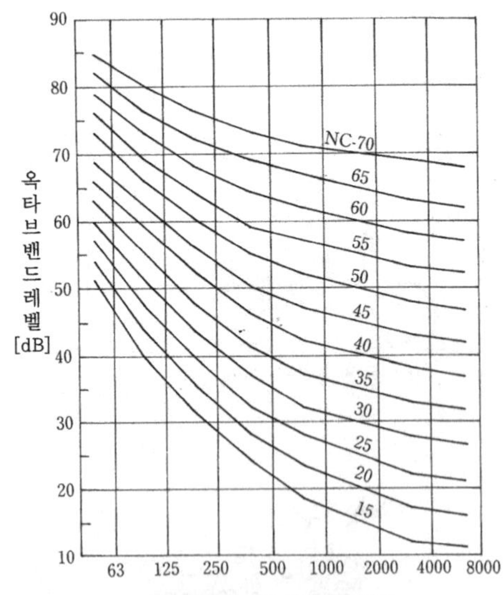

그림 7.27 NC곡선(Beranek)

* noise criterion number

5. 벽에 의한 차음대책

집합주택의 경계벽(界壁)*1을 통해 이웃집 소리가 들려오는 것은 참 괴로운 일이다. 또한 실외의 소음레벨이 높을 경우 외벽에서 음의 침입을 막아야 한다.

1) 벽의 차음성능 측정과 평가(JIS A 1417)

벽의 차음성능을 측정하기 위해서는 그림 7.28에 나타낸 바와 같이 측정기기를 배치하여 다음과 같이 한다.

① 음원 스피커는 벽에 직접 음이 입사하지 않도록 배려하여 원칙적으로 방을 구석에 배치한다.

② 측정점은 음원실·수음실과 함께 일정한 분포가 되도록 5개의 점을 잡는다. 이때 벽체와 개구부, 스피커 주위는 피한다.

③ 125~4,000Hz까지의 6개의 옥타브밴드에 대하여 측정한다. 이때 암소음이 있을 경우에는 표 7.9에 의해 보정한다.

④ 각 옥타브밴드마다 실간 평균음압레벨 차이 D를 다음 식으로 계산한다.

$$D = L_1 - L_2 \qquad (7\text{-}13)$$

D : 실간 평균음압레벨 차이[dB]

L_1 : 음원실내 평균음압레벨[dB], L_2 : 수음실내 평균음압레벨[dB]

단, 각 실의 각 측정점의 최대·최소치의 차이가 5dB 이내인 경우는 다음 식에 의해 실내평균 음압레벨 L을 구한다.

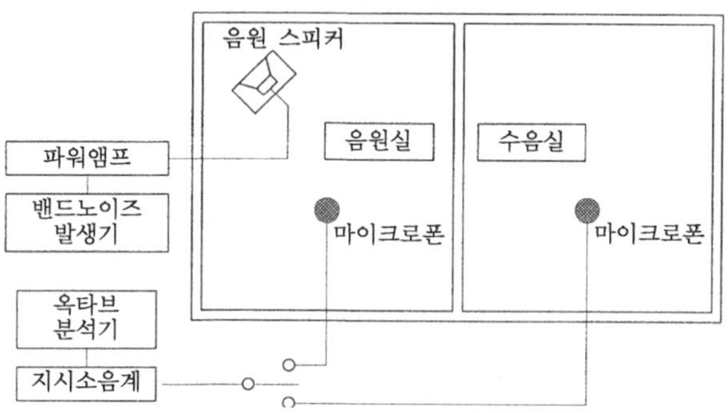

그림 7.28 벽의 차음 성능의 측정방법

표 7.13 실간(室間) 평균 음압 레벨차에 관한 적용등급

건축물	실용도	부 위	적용 등급			
			특급	1급	2급	3급
집합 주택	거실	이웃주호간 경계벽 경계바닥	D−55	D−50	D−45	D−40
호텔	객실	객실간의 경계벽 경계바닥	D−50	D−45	D−40	D−35
학교	보통 교실	실간 구획벽	D−45	D−40	D−35	D−30
단독 주택	프라이버시를 요구받는 경우	자택 내 실간 구획벽	D−45	D−40	D−35	D−30

적용등급에 관해서는 표 7.16 참조.
((사)일본건축학회 편, 『건축물의 차음성능기준과 설계지침』(기보당출판) 참조)

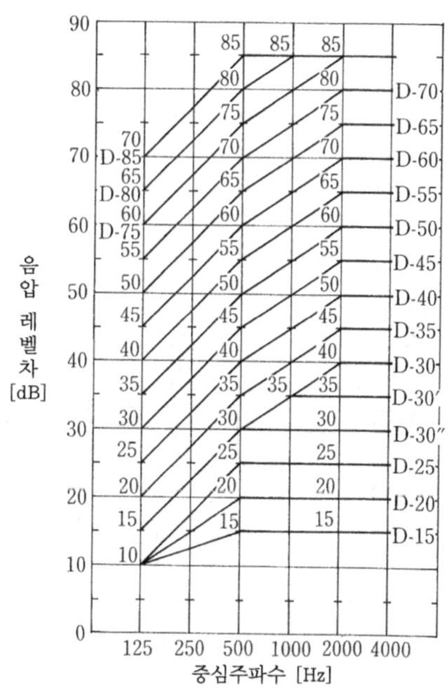

그림 7.29 음압 레벨차에 관한 차음등급

* 집합주택의 각 주호를 나누는 벽. 마찬가지로 바닥일 경우는 계상(界床)이라 한다.

$$L = \frac{1}{n}(L_1 + L_2 \cdots + L_n) \quad \cdots\cdots (7\text{-}14)$$

L_{1-n} : 측정점의 음압레벨[dB], n : 측정점의 수

⑤ 그림 7.29의 결과를 플로트한다. 이때 모든 점이 웃도는 기준곡선*1을 그 벽의 차음등급*2으로 한다.

2) 차음등급

표 7.14는 일본건축학회에 의한 개구부의 차음등급을 나타낸다.

3) 차음설계

일반적으로 철근콘크리트의 경우 대부분 차음성능을 만족시키고 있으나, 문제가 되는 것은 개구부의 차음성능이다. 외부소음이 70dB(A)인 경우 설계실 내의 소음레벨을 40dB(A)로 하고, 실내흡음력을 무시한다면 $D-30$ 이상의 성능을 가진 문이 필요하다. 또한 틈새로 들어오는 소리는 차음상 약점이 되므로 환기구나 환기팬, 에어컨용 슬리브, 문의 기밀성 및 시공에 주의를 요한다.

표 7.13에 각 용도에 대하여 실내의 성능(적용등급)마다 차음등급(D값)의 예를 나타냈다.

4) 경계벽의 차음

건축기준법시행령 제22조의 2에 경계벽에 관한 차음규정이 있다. 이에 적합한 설계 예를 그림 7.30에 나타낸다.

표 7.14 개구부의 차음등급

등급	구분	구성	유리
D-45	이중창 (내부에 흡음재)	AT형 / 알루미늄제 건구 / 공기층	6mm 유리 / 5mm 유리 / 250mm 유리
D-40	이중창 (내부에 두꺼운 커튼)	SAT형 / SAT형 / 공기층	5mm 유리 / 3mm 유리 / 300mm 유리
D-35	이중창	AT형 / 알루미늄제 건구 / 공기층	3mm 유리 / 3mm 유리 / 800mm 유리
D-30	이중창	SAT형 / SAT형 / 공기층	5mm 유리 / 3mm 유리 / 100mm 유리
	이중창	SAT형 / SAT형 / 공기층	5mm 유리 / 3mm 유리 / 300mm 유리
D-30′		AT형	12mm 유리
D-30″		SAT형	12mm 유리
D-25		AT형	5mm 유리
	이중창	보급형 알루미늄제 건구 / 보급형 알루미늄제 건구 / 공기층	5mm 유리 / 5mm 유리 / 300mm 유리
D-20		SAT형	5mm 유리
D-15		알루미늄제 건구 / 스틸제 건구 / 목제 건구	3~5mm 유리

주) AT형 : 에어 타이트 형
SAT형 : 세미 에어 타이트 형
((사)일본건축학회 편, 『건축물의 차음성능기준과 설계지침』(기보당출판) 참조)

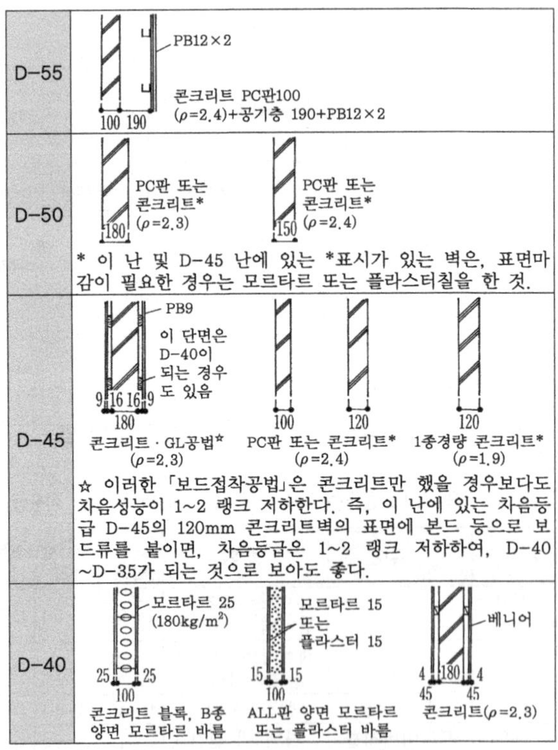

그림 7.30 집합 주택 경계벽의 차음설계 예

*1 각 주파수대역의 측정치에 2dB을 더할 수 있다.

*2 Sound Level Diffence를 줄여서 일반적으로 D값이라 하고, 공기음에 대한 차음성능을 나타내며 그 수치가 작을수록 차음성능이 떨어진다.

6. 바닥의 차음대책

건축기준법에는 경계벽에 관한 차음규정이 있으나, 경계상에 관한 규정은 없다.

1) 표준바닥충격원

바닥의 충격음에 대한 차음성능의 측정방법은 JIS A 1418에 규정되어 있으며, 측정에 이용하는 표준음원으로는 다음과 같이 두 가지를 들 수 있다.

① 중량 바닥충격원(백머신) : 바닥 위 90cm 높이에서 타이어를 자유낙하시키는 것으로서, '아이들 놀이 중 뛰어오르기' 등을 상정(想定)하고 있다.

② 경량 바닥충격원(태핑머신) : 1개 500g의 해머 5개를 4cm 높이에서 서로 10회/초의 비율로 낙하시키는 것으로서, '물체의 낙하음' 등을 상정하고 있다. 카펫 등의 성능평가에도 이용된다.

2) 바닥충격음의 차음성능 측정과 평가

바닥충격음에 대한 차음성능은 그림 7.31과 같이 측정기기를 배치하여 다음과 같이 측정한다.

① 음원은 상층의 대상실 내에 3 또는 5점을 설정하고, 표준충격원에 의해 바닥에 충격을 준다.

② 측정은 하층의 측정실 내에 일정하게 분포하는 5점의 측정점으로 한다.

③ 측정은 소음계의 C특성을 이용하여 옥타브 분석기에 의해 63~4,000Hz의 7개 옥타브밴드에 대하여 측정한다. 암소음이 없는 것이 바람직하지만 영향이 있을 경우에는 표 7.9에 의해 보정한다.

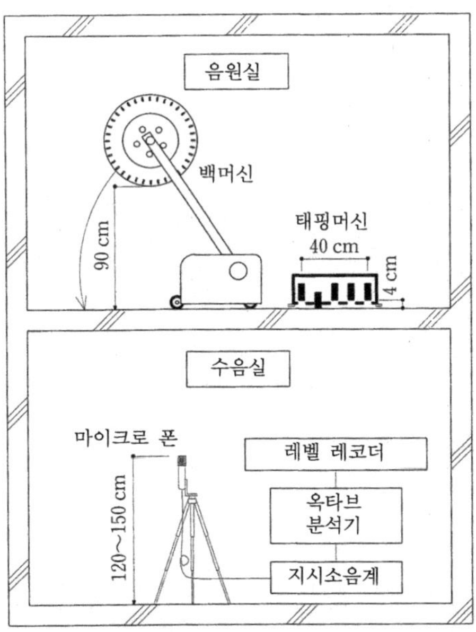

그림 7.31 바닥충격음의 측정장치 구성 예

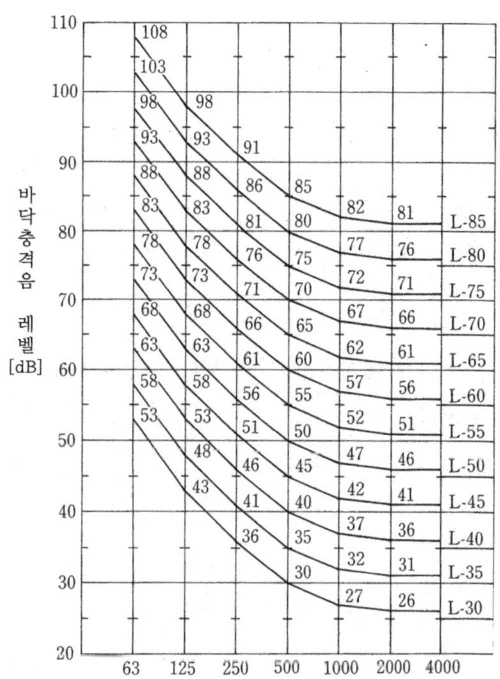

그림 7.32 바닥충격음 레벨에 관한 차음등급

④ 각 옥타브밴드마다 음원의 위치 j에 대한 각 측정점의 바닥충격음레벨 평균치 $\overline{L_j}$ [dB]를 구한다.

$$\overline{L_j} = \frac{1}{n}\sum_{i=1}^{n} L_i \qquad \cdots\cdots (7\text{-}15)$$

계속해서 바닥충격음레벨 L을 구한다.

$$L = \frac{1}{m}\sum_{j=1}^{m} \overline{L_j} \qquad \cdots\cdots (7\text{-}16)$$

m : 음원위치의 수, n : 측정점의 수

또한 중량 바닥충격원에 의한 것을 L_H로, 경량 바닥충격원에 의한 것을 L_L로 나타낸다.

⑤ 측정결과를 그림 7.32에 나타내는 '바닥충격음레벨의 차음등급 기준곡선' 위에 각 주파수마다 점으로 표시하고, 모든 주파수대역 레벨이 밑도는*1 최소 기준곡선을 '바닥충격음레벨에 관한 차음등급*2'으로 한다.

차음등급과 주택에서 실제로 생활하면서 느끼는 부분과의 대응을 표 7.15에 나타낸다.

3) 바닥의 차음성능기준

일본건축학회에서는 차음성능기준을 표 7.16과 같이 정하고 있으며, 또한 바닥충격음레벨에 관한 적용등급을 표 7.17과 같이 정하고 있다.

연습문제

〈7-6〉 어떤 집합주택의 실에서 중량바닥충격음에 의한 바닥 밑의 음압레벨을 측정한 결과 다음 표와 같은 결과를 얻었다. 이 결과에서 바닥의 차음성능을 평가하시오.

연습문제

옥타브 밴드 속의 심주파수 [Hz]	63	125	250	500	1000	2000	4000
측정치 [dB]	69	62	52	51	40	25	15

표 7.15 평가 척도와 주택 내 생활에서의 실제 감각과의 대응 예

차음등급		L-30	L-35	L-40	L-45	L-50	L-55	L-60	L-65	L-70	L-75	L-80
바닥충격음	뛰어다님, 발소리 등	정말로 들리지 않음	조용할 때 들린다	멀리서 들리는 듯한 느낌	들리지만 귀에 거슬리지는 않음	거의 신경쓰이지 않음	조금 신경쓰임	조금 신경쓰임	잘 들려 신경쓰임	대단히 잘 들려 시끄럽다	대단히 시끄러움	시끄러워 참을 수 없음
	의자, 물건의 낙하음 등	전혀 들리지 않음	들리지 않는다	거의 들리지 않는다	샌들의 소리는 들림	실내화 등은 들림	슬리퍼라도 들린다	젓가락 떨어뜨리면 들림	10원 동전으로도 들린다	1원 동전으로도 들린다	위와 동일	위와 동일
	그 외의 예	아이들이 소란스러워도 좋다	조금 뛰어도 괜찮다	별로 신경쓰지 않고 생활 가능	조금 신경쓰임	조금 주의해서 생활한다	주의하면 문제없다	서로 참을 수 있는 한계	아이들이 있으면 불평이 나온다	아이들이 있어도 위쪽이 신경쓰임	주의해도 불만이 나옴	조용한 생활이 필요

표 7.16 일본건축학회에 의한 적용등급의 의미

특급(특별)	학회특별내용	차음성능상 대단히 우수함	특별한 차음성능이 요구되는 사용상태의 경우 적용함
1급(표준)	학회권장표준	차음성능상 바람직하다	통상의 사용상태에서 사용자로부터의 불만이 거의 나오지 않으며, 차음성능상의 지장이 발생하지 않는다.
2급(허용)	학회허용기준	차음성능상 거의 만족한다	차음성능상의 지장이 발생할 때도 있으나 거의 만족한다.
3급(최저치)	-	차음성능상의 최저한도	사용자로부터의 불만이 나올 확률이 높지만 사회적, 경제적 제약 등에서 허용되는 경우가 있다.

표 7.17 바닥충격음 레벨에 관한 적용등급

건축물	실 용도	부 위	적용등급			
			특급	1급	2급	3급
집합주택	거실	인접주호간 바닥	L-40 L-45*	L-40 L-45*	L-50,55	L-60
호텔	객실	각 실간 바닥	L-40 L-45*	L-40 L-50*	L-50 L-55*	L-55 L-60*
학교	보통 교실	교실간 바닥	L-50	L-55	L-60	L-65
단독주택	거실	동일주호 내 2층 바닥	L-50,55	L-55,60	L-65 L-70*	L-70 L-75*

원칙으로는 경량, 중량의 양 충격원에 대하여 적용. 단 * 표시는 중량충격원에만 적용

*1 각 주파수대역의 측정치에서 2dB을 줄일 수 있다.

*2 Floor Inpact Sound Level을 줄여서 일반적으로 L값이라 부른다. 바닥충격음에 대한 차음성능을 나타내고, 그 수치가 클수록 차음성능이 떨어진다.

4) 바닥 설계

일반적으로 중량 바닥충격음의 차음성능은 구조체에 의해 결정되는 경우가 많으며, 실제 설계시에는 슬래브 두께 16cm 이상, 주변고정슬래브 안면적은 24m² 이하로 하는 것이 바람직하다. 한편 경량 바닥충격음은 바닥재에 따라 차음성능이 크게 다르다. 바닥충격음에 대한 각종 마감재에 의한 차음성능의 예를 그림 7.33에 나타낸다. 카펫은 경량 바닥충격음을 줄이기 위한 매우 효과적인 차음재라 할 수 있다.

5) 보 행

실내에서 주로 신발을 신지 않고 생활하는 우리나라 사람에게 있어서 바닥의 보행감은 매우 중요한 요인이라 할 수 있는데, 일반적으로 바닥충격음에 대한 차음성능이 좋은 것일수록 바닥이 가라앉고, 부드러운 느낌을 주며 불안정하다. 따라서 결이 곧은 목질로 된 바닥재일수록 차음성능이 뛰어난데, 최근에는 차음성능을 떨어뜨리지 않으면서 가라앉는 양이 적은 제품이 개발되고 있는 추세이다.

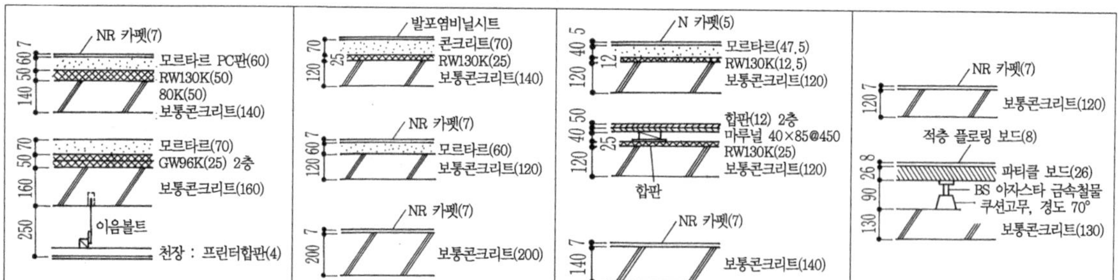

L_L-40	L_L-45	L_L-50	L_L-55
L_H-45	L_H-50	L_H-55	L_H-60

L_L은 경량충격음(Light)에 의한 차음등급을 나타냄
L_H는 중량충격음(Heavy)에 의한 차음등급을 나타냄

: 보통콘크리트
NR 카펫 : 바늘구멍 라바
N 카펫 : 바늘구멍
RW : 암면
GW : 양모(직물)

그림 7.33 바닥충격음에 대한 바닥의 차음성능의 예

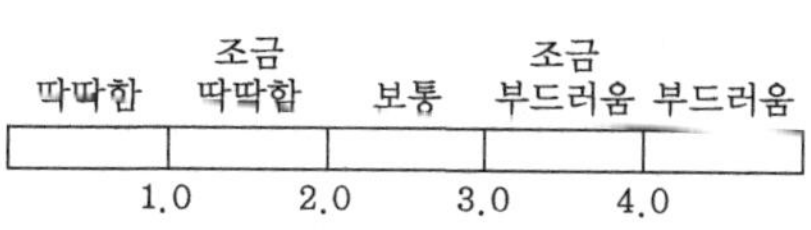

사람의 보행을 상정하여, 성인의 체중에 상당하는 80kgf의 가중을, 발뒤꿈치의 접지면적에 상당하는 φ50mm의 적재판에 줄 경우의 가라앉는 양을 측정한다.

그림 7.34 가라앉는 양에 대응하는 딱딱함의 심리평가의 구분

7. 설비소음대책

1) 설비소음의 원인

건물 외부에 설치된 냉각탑과 송풍기 등의 설비기기로부터 발생되는 음이 주위에 피해를 미치는 경우와 건물 내부에 설치된 급배수관이나 덕트 등으로부터 발생되는 음이 직접 실내에 방출되거나 고체음으로 벽체 속을 전파하여 영향을 미치는 경우가 있다.

전자의 경우는 진동을 동반하는 경우도 있으므로 그에 대한 대책이 필요하다(p.159 참조). 또한 고체음이 되어 전파되는 것은 피해의 범위도 넓어지기 때문에 가능한 한 고체음의 발생을 억제하는 것이 중요하다.

2) 설비소음의 방지

- **a 급배수설비** 급배수관의 매입배관은 가능한 한 피하고, 파이프 샤프트의 배치도 고려한다(그림 7.35). 급수관의 요소에는 워터해머방지기를 설치한다. 변기는 양식이 유리하며, 절수방음형인 것은 1m 거리에서 20dB(A) 정도의 방음효과를 얻을 수 있다.
- **b 기계설비** 냉각탑 등은 저소음형인 것을 택하고, 옥탑 등을 차폐물로 이용하거나 필요에 따라 방음벽을 설치한다.
- **c 덕트설비** 난류의 원인이 되는 복잡한 분기와 단면변화를 피하고, 필요에 따라 흡음챔버를 설치한다(그림 7.36). 덕트나 배관이 구조체를 관통할 경우에는 완충재를 채우거나 고체음 발생을 방지한다.

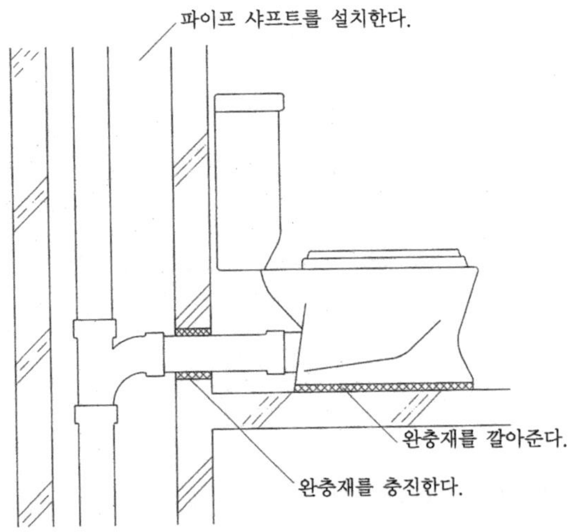

그림 7.35 변기와 배수관의 진동절연 시공 예

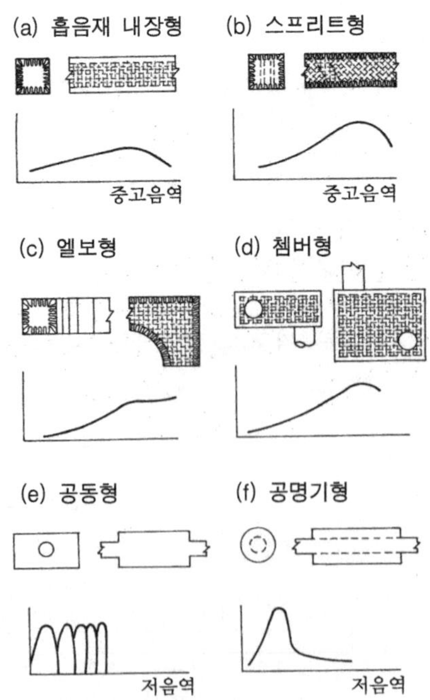

그림 7.36 덕트의 감음장치와 특성 예

8. 진동방지계획

진동은 개인에 따라 느끼는 차이가 크고 환경에 따라서도 많이 다르다. 또한 진동이 건강에 미치는 피해관계도 아직 해명되지 않은 부분이 있다.

1) 규제기준

일본의 공해대책기본법에서 정해진 전형적인 7가지 공해 중에서 가장 늦은 1976년에 규정된 것이 진동규제법이며, 같은 감각공해로 분류되는 소음규제법에 준하고 있다.

진동규제법에 의하면 도지사가 지정한 지역 내에서의 특정 건설작업이나 특정 공장 · 사업소 · 도로교통에 대하여 시간에 따라 규제기준을 정하고 있다(표 7.18). 소음규제법과 마찬가지로 신고의무와 개선권고, 벌칙 등이 정해져 있다.

2) 진동의 측정

진동을 측정하는 데는 진동레벨계(JIS C 1510 측정범위는 1~90Hz)가 사용된다(그림 7.37). 이는 진동 픽업에 의해 진동을 파악하고, 진동레벨계 본체에서 증폭하여 진동감각보정을 가한 진동가속도 레벨을 데시벨[dB]로 표시한 것이다. 이를 진동레벨이라고도 한다.

진동감각보정이란 음의 경우와 마찬가지로 사람이 진동에 대해서 느끼는 감각이 진동방향이나 주파수에 따라 다르기 때문에 전후 · 좌우 · 상하 각 방향의 진동가속도에 주파수마다 가중시킨 것이다. 충격성 진동일 경우에는 그 지속시간의 범위에 대해서도 마찬가지로 하고 있다.

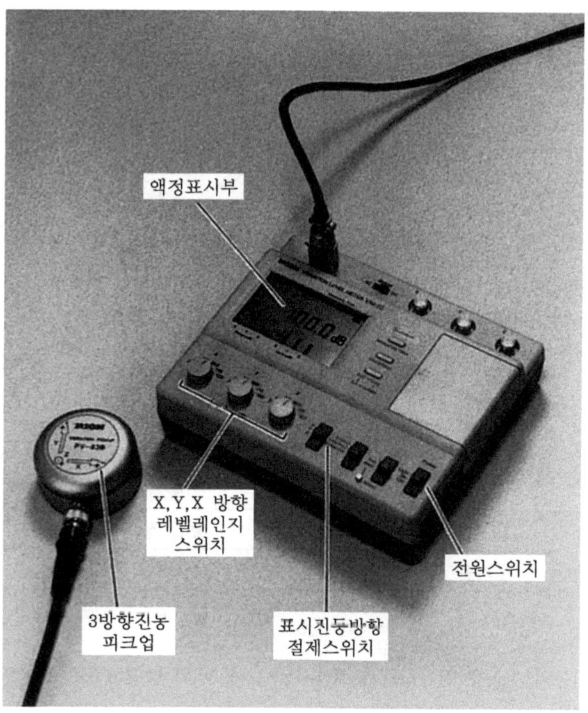

그림 7.37 진동레벨계와 진동피크업

표 7.18 진동규제기준의 예(일본)

기 준	구 역	기준진동레벨 [dB]	
		주 간	야 간
공장진동 규제기준	제1종	60~65	55~60
	제2종	65~70	60~65
도로 교통 진동요청기준	제1종	65	60
	제2종	70	65

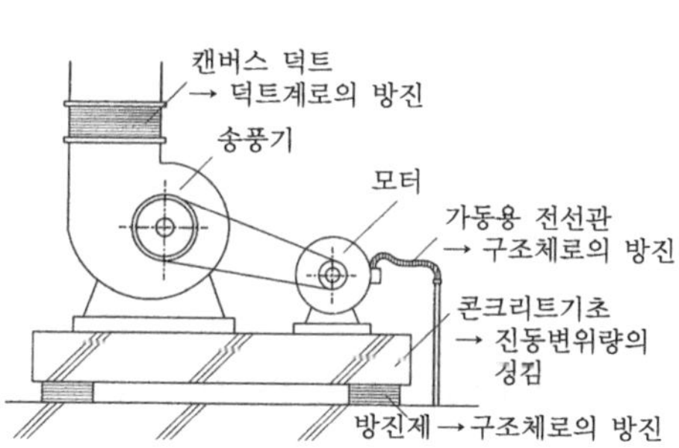

그림 7.38 송풍기의 방진설계 예

3) 진동방지계획의 순서

기본적으로는 소음방지계획의 경우와 동일하지만 다음과 같은 순서로 진동을 제어한다.

① 진동원 대책 : 진동출력을 저감하는 것이 가장 효율적인 방법이다. 또한 진동원과 지반을 절연시키고 지반에 대한 전달력을 저감하는 것도 필요하다.

② 전파경로 대책 : 진동원을 가능한 한 멀리 배치한다. 그러나 지반의 상황에 따라 진동의 전파상황도 크게 다르고, 단순히 거리에 비례하여 감쇠한다고 할 수 없으므로 주의해야 한다. 전파경로 중에 하수도나 지중벽을 설치하는 방법도 있으나, 이들을 효과적으로 설치하기 위해서는 대규모 작업이 필요하기 때문에 현실적으로는 거의 불가능하다 할 수 있다.*1

③ 수진점 대책 : 도달한 진동을 경감시키기 위해서는 수진점(受振店)의 중량과 강성을 늘려 공진을 피하거나 진동원 대책과 마찬가지로 건물을 지반으로부터 절연시켜 진동을 방지하는 것이 효과적이다.

4) 진동방지장치

기본적으로는 진동원과 구조체 사이를 절연시키거나 진동전달률을 떨어뜨리도록 한다. 방진장치로 높은 효과를 얻기 위해서는 방진장치의 스프링 정수를 낮게 하여 고유진동수를 떨어뜨리도록 한다. 방진재료에는 그 재질과 구조에 따라 표 7.19와 같은 종류가 있다.

또한 진동원의 고유진동수를 바꾸지 않고, '이너시아 블록(inertia block)'이라 불리는 '무게'를 진동원으로 부가함으로써 진동변위량을 감소시킬 수 있다.

그림 7.38에 건축설비에서 사용되는 방진장치의 예를 나타낸다.

표 7.19 방진재료의 종류와 성능

분 류	금속 스프링	공기 스프링	방진 고무
형상	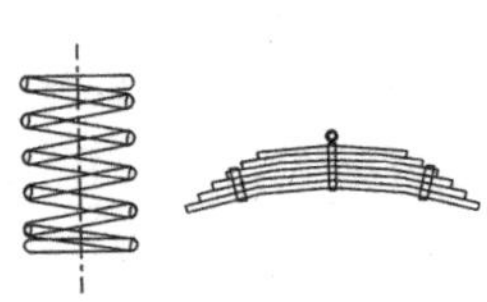 코일 스프링 판 스프링	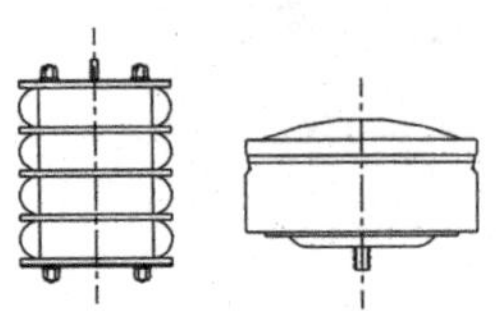 벨로즈형 다이어프램형	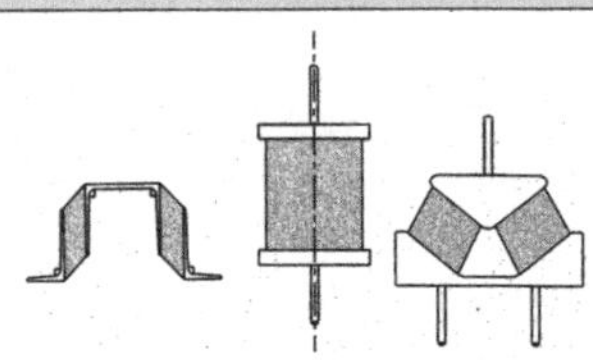 전단형 압축형 복합형
특징	불리한 사용 환경에 적합. 대형기계에 사용. 감쇠가 적기 때문에 서징*2에 의해 고체음의 절연에 문제가 있다.	고유진동수를 적게 할 수 있고, 방진효과는 대단히 크다. 고체음의 방지에도 유효하다. 가중이 변화하여도 고유진동수와 방진효과가 변하지 않는다.	부착하기가 용이하며, 건축설비에도 많이 사용되어지고 있다. 고체음의 방지에 적합하다. 고무의 종류에 따라 내열성과 내유성에 적합하지 않은 것이 있다.
사용진동수	2~10[Hz]	0~5[Hz]	5~100[Hz]
감쇠(減衰)성능	문제가 있다	좋음	좋음
비용	저렴	고가	중간 정도
중량	무거움	무거움	가벼움

*1 진동수가 10Hz, 진동의 전파속도가 200m/초일 경우 진동의 진폭을 반감시키기 위해서는 깊이 5m의 방진하수도가 필요하다.

*2 공진현상의 일종으로서 스프링의 고유진동이 유발되는 현상으로 방진효과가 감소한다.

7.4 실내음향

1. 실내음장의 평가

1) 잔향과 잔향시간

실내에서 발생하는 음을 정지시켜도 잠시 동안은 그 음의 여운이 남는다. 이는 음원에서 발생한 음이 실내에서 반사되면서 점차적으로 감쇠하기 때문이며, 이를 잔향이라 한다. 잔향은 실내음장을 평가하는 데 중요한 역할을 한다.

잔향시간이란 실내에 일정한 세기의 음을 계속 발생하면서 안정한 상태(정상상태)에서 이를 갑자기 멈추었을 때 실내의 음향에너지가 100만분의 1(음압레벨이 60dB 감소)이 되는데 필요한 시간을 말하며, 1/3 또는 1옥타브밴드마다 125~4,000Hz에 대하여 측정한다(그림 7.39).

계산에 의해 잔향시간을 구하기 위해 표 7.20과 같은 식이 제안되었다.

세이빈(Sabine)식과 아이링(Eyring)식은 대부분 같은 식이며, 일반적으로 사용되는 실내 평균흡음률 $\alpha = 0.1 \sim 0.25$ 정도의 범위에서는 같은 결과를 얻을 수 있다.

누트센(Knudsen)식은 대규모 공간에서의 잔향시간의 계산 등 공기에 의한 음의 감쇠를 고려한 것인데, 그림 7.40에 의해 공기에 의한 음의 감쇠계수를 구한 후 잔향시간을 구하는 경우도 있다.

표 7.20 각종의 잔향시간 계산식

제안자	잔 향 식	특 징
세빈	$T = \dfrac{0.161V}{\bar{\alpha}S}$	흡음력이 작고 잔향시간이 긴 실의 계산에 적합하다. 완전흡음인 $\bar{\alpha}=1$이라도 $T=0$이 되지 않는 모순이 있다.
아이링	$T = \dfrac{0.161V}{-S\log e(1-\bar{\alpha})}$	위의 식과 거의 같지만, $\bar{\alpha}$가 큰 경우에는 실제와 정확히 일치한다. 위의 식의 모순을 해결.
누트센	$T = \dfrac{0.161V}{-S\log e(1-\bar{\alpha})+4mV}$	공기에 의한 흡음을 무시할 수 없는 경우(대용적의 실, 흡음력이 작은 실)의 계산에 적합하다.

T : 잔향 시간 [초]　V : 실용적 [m^3]　S : 실내총표면적 [m^2]　$\bar{\alpha}$: 실내 평균 흡음률
m : 단위장(1m) 별의 공기의 흡음에 의한 음의 감쇠계수　$\log_e(1-\bar{\alpha}) \fallingdotseq 2.3\log_{10}(1-\bar{\alpha})$

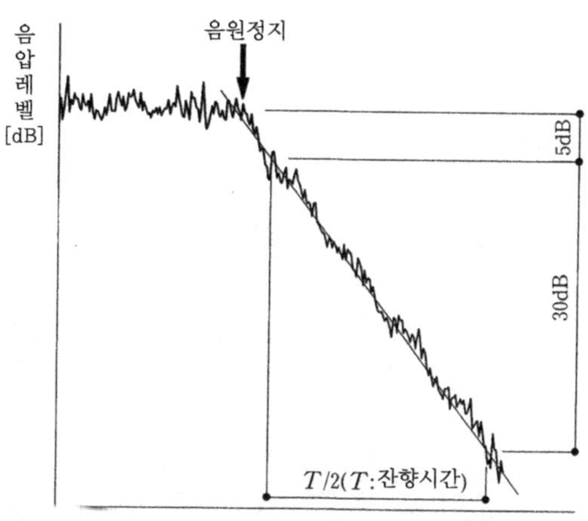

레벨리코더로 60dB인 음압레벨의 감쇠가 기록되지 않을 경우에는 30dB 감쇠에 요하는 시간을 구해 이를 2배한 것을 잔향시간으로 한다.

그림 7.39 잔향시간

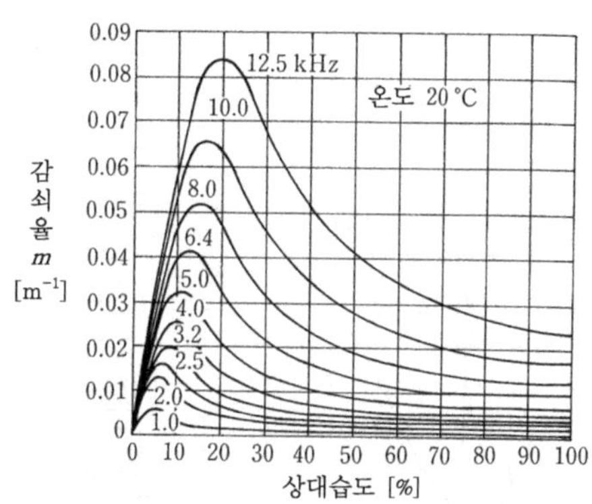

그림 7.40 공기의 흡수에 의한 음의 감쇠율

잔향시간은 실내의 형태와 실의 마감재, 청중의 수, 음의 주파수 등에 의해 변하는데, 일반적으로 실내의 흡음력이 클수록 짧아지며, 실용적이 커지면 길어진다.

잔향은 수음점에서의 음량을 보강하고 음에 풍부함을 더해주는 장점이 있지만 음의 분리성이 깨지지 않기 때문에 강연일 경우에는 대화내용을 듣기 어려운 단점이 있다. 따라서 실의 사용목적에 따라 적당한 잔향시간을 설정해야 한다. 일반적으로 최적 잔향시간은 그림 7.41을 이용하여 구할 수 있다.

2) 음절명료도와 문장요해도

음절명료도는 강당 등에서 강연에 사용하는 실의 음향성능을 평가하기 위한 것으로 표 7.21과 같은 의미 없는 100단어를 발성하여 청취한 비율을 백분율로 나타낸 것이다. 명료도는 음압레벨이 클수록 높고, 잔향시간이 길고 소음레벨이 높을수록 저하된다. 일반적으로 명료도가 85% 이상일 경우에는 양호하며, 70% 이하일 경우에는 대책이 필요하다.

문장요해도는 문장을 발성하고 이해한 비율을 백분율로 나타낸 것으로 같은 조건의 실에서는 명료도보다 높은 값을 얻는 것이 일반적이다. 그림 7.42는 음절명료도와 문장요해도의 관계를 나타낸 것이다. 일본어의 경우는 대부분 직선적인 관계를 나타내고 있는데, 영어의 경우는 음절명료도가 20% 정도만 되어도 높은 문장요해도를 나타내고 있으며, 일본어와는 달리 언어의 흐름 속에서 의미를 이해하고 있음을 알 수 있다.

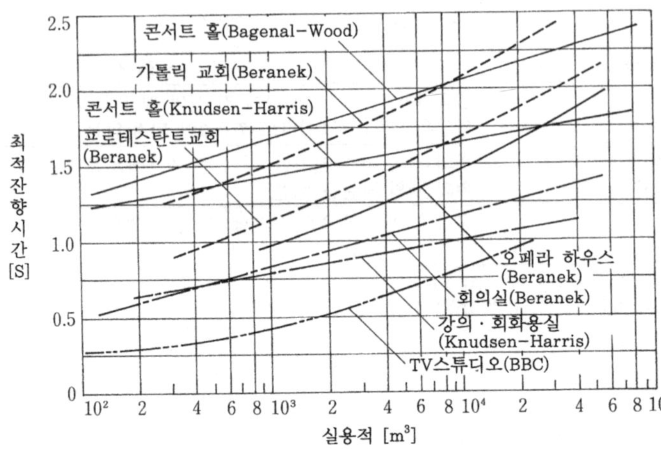

그림 7.41 500Hz의 최적잔향시간과 실용적

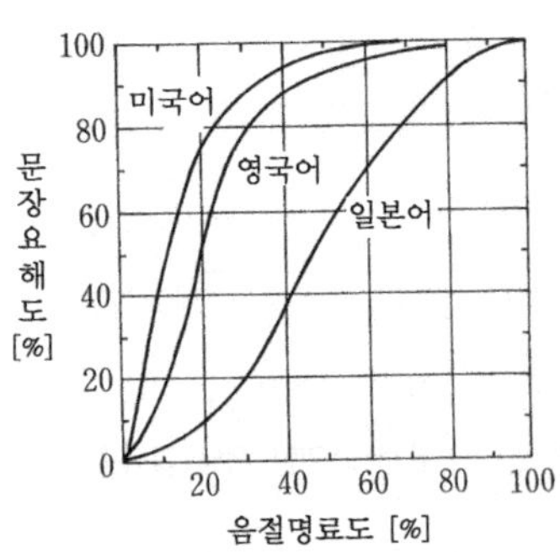

그림 7.42 음절명료도와 문자이해도

표 7.21 단음절 명료도 시험의 음표 예

	1	2	3	4	5	6	7	8	9	10
1행째	키(ki)	바(ba)	류(ryu)	무(mu)	헤(he)	니(ni)	조(zo)	소(so)	챠(cya)	쇼(syo)
2행째	햐(hya)	타(ta)	자(za)	쯔(tsu)	마(ma)	랴(rya)	제(ze)	후(fu)	에(e)	고(go)
3행째	샤(sya)	오(o)	베(be)	케(ke)	다(da)	코(ko)	뉴(nyu)	티(ti)	묘(myo)	도(do)
4행째	데(de)	요(yo)	우(u)	쟈(jya)	교(gyo)	와(wa)	규(gyu)	리(ri)	큐(kyu)	뱌(bya)
5행째	네(ne)	카(ka)	뷰(byu)	비(bi)	호(ho)	로(ro)	포(po)	뱌(bya)	츄(cyu)	뵤(byo)
6행째	쿄(kyo)	스(su)	파(pa)	부(bu)	이(i)	슈(syu)	토(to)	갸(gya)	메(me)	부(bu)
7행째	쥬(jyu)	로(ro)	라(ra)	미(mi)	즈(zu)	시(si)	냐(nya)	죠(zyo)	퓨(pyu)	테(te)
8행째	레(re)	쿠(ku)	루(ru)	노(no)	히(hi)	지(zi)	누(nu)	휴(hyu)	유(yu)	나(na)
9행째	뮤(myu)	베(be)	아(a)	가(ga)	하(ha)	뇨(nyo)	포(po)	모(mo)	묘(myo)	툐(tyo)
10행째	사(sa)	세(se)	구(gu)	야(ya)	캬(kya)	게(ge)	기(gi)	표(pyo)	피(pi)	먀(mya)

2. 콘서트홀의 계획

콘서트홀이란 연주자의 악기에서 나온 소리와 홀이 가지고 있는 고유의 울림을 청중에게 전달하는 기(器)=악기(樂器)라고도 할 수 있다. 우리나라에서는 1980년대부터 본격적인 음악전용 콘서트홀을 설계하게 되었다.

1) 음향계획의 기본

콘서트홀을 계획할 때에는 기본적으로 적당한 잔향, 시간을 확보하고, 음향적 결점이 발생하지 않도록 한다. 잔향시간은 음악의 종류와 홀의 규모에 의해 목표치가 구해진다(그림 7.41). 충분한 잔향시간을 얻기 위해서는 10㎥/석 정도의 용적이 필요하며, 이것으로 천장높이도 정한다. 초기반사음*1은 직접음을 보강하고, 음에 공간적인 확산감을 주기 때문에 매우 중요하다. 여기에는 측면반사판이 큰 역할을 해야 한다. 초기반사음 뒤로 도달하는 다차반사음*2은 모든 방향에서 음이 도달하는 것 같은 느낌을 준다. 다차반사음을 확보하기 위해 홀 전체에 요철을 설치하여 반사음을 확산시키는 등의 배려가 필요하다. 무대 주위에는 충분한 면적의 반사판과 부운(浮雲)*3을 설치하여 연주자가 악기의 음을 쉽게 들을 수 있게 한다. 객석 뒤편은 흡음성을 강하게 하여 반향이 발생하지 않도록 한다. 발코니석을 설치할 경우에는 폭을 높이의 2배 이내로 하고, 발코니 아래 부분에 반사음이 잘 확보 되도록 계획한다.

2) 콘서트홀의 형태

① 아레나형 : 평면 중앙 부근에 무대를 배치하고 그 주위를 객석이 둘러싸는 형식으로, 청중과 연주자에게 친밀한 느낌을 주기 쉽다. 한편 악기의 지향성과 맞지 않는 객석도 일부 있게 되며, 2,000석 이상의 대규모 홀에 적합하다.

표 7.22 콘서트홀의 평면형식 예

형 식	아레나형	부채꼴형	슈박스형
평면도	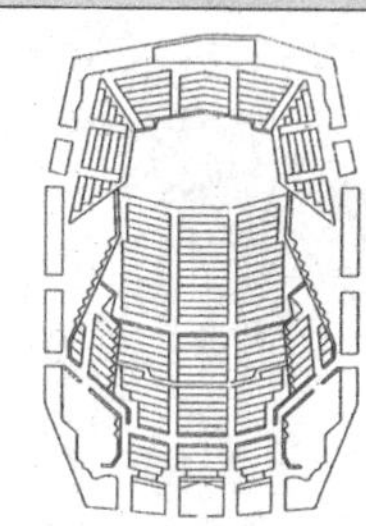	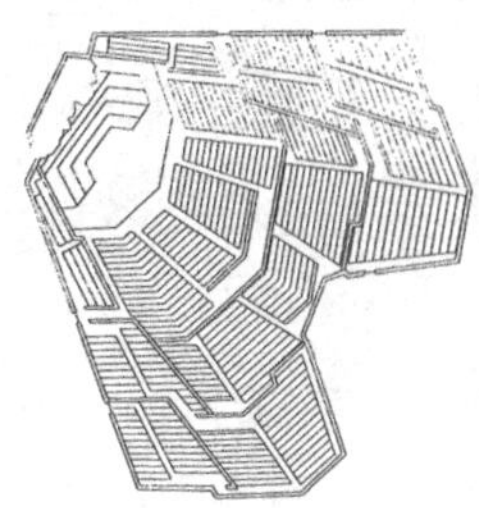	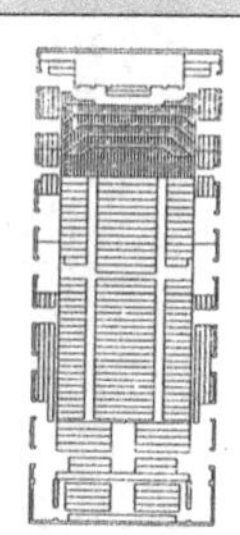
명칭	산토리 홀(동경)	필하모니 홀(뮌헨)	뮤직 페라인즈잘(빈)
준공년	1986년	1985년	1870년
잔향시간	2.1초		2.1초
객석수	2006석	2400석	1680석
홀 용적	21000 m^3		15000 m^3
1석당 용적	10.5 m^3/석		8.9 m^3/석

*1 직접 음이 도달한 후 약 1/20초 이내에 도달하는 반사음
*2 홀 내에서 여러 번의 반사를 반복하여 도달하는 반사음
*3 무대 위에 떨어지는 반사음

② 부채꼴형 : 시각적으로는 장대한 느낌을 주지만 부채꼴 형태의 평면에 의해 생기는 측면반사판이 효과적으로 작용하기 어렵고, 음향적으로도 문제점이 많다. 오페라 등과 같은 무대종합예술에 적합한 형식이라 할 수 있다.

③ 슈박스(shoebox)형 : 폭이 깊은 장방형 플랜에 높은 천장을 가진 형태로 유럽의 전통적인 콘서트홀에 많이 채용되어온 형식이다. 양측 벽에는 열주와 조각을 배치하여 확산음장을 형성하고 있다. 천장이 높아 충분한 용적을 확보하기 쉽고, 측벽으로부터 단시간에 반사음이 도달하는 등 음향적으로 뛰어나다. 1,800석 이하의 규모에 적합하다.

3) 시뮬레이션

화면상에서 계획된 콘서트홀의 음향특성을 검토하기 위해서는 다음과 같은 방법이 있으며, 필요에 따라 각각을 조합하여 이용한다.

① 모형실험 : 오래 전부터 사용되어온 방법으로 실시설계단계에서는 1/20에서 1/10 정도의 모형을 제작하여 실험한다. 노력과 비용이 많이 들지만, 디지털 정보처리기술과 병용하면 정확도가 높은 실험결과를 얻을 수 있다.

② 컴퓨터 시뮬레이션 : 기하학적 음향에 의한 방법과 파동음향에 의한 방법이 있다. 전자는 음을 빛과 마찬가지로 취급하는 것으로서, 기하학적으로 반사음의 경로를 계산한다. 이 방법은 비교적 간단한 반면, 음의 파동으로서의 성질을 무시하고 있기 때문에 저음역에는 부적합하다. 후자는 파동적 성질을 고려한 것으로서 다차반사음에 대해서는 많은 계산을 필요로 하기 때문에 컴퓨터의 용량이 커야 하고 적용범위도 제한되어 있다.

1870년에 음향애호가협회에 의해 건설된 것으로 슈크박스형 홀의 대표적인 존재이다. 음악가에 의한 평가는 매우 높으며, 최상급 홀이라는 칭찬을 얻고 있다. 양측 벽의 발코니 아래에는 금빛 나는 여성상으로 장식되어 있으며, 천장은 10개의 큰 샹들리에가 장식되어 확산음장을 형성하고 있다.

그림 7.43 빈 무지크페라인스잘

3. 음의 특이현상

1) 음의 특이현상

실내음향에서는 반사음 때문에 다음과 같은 특이현상이 발생한다. 대부분 실내음장을 매우 나쁘게 하기 때문에 실의 형상, 흡음설계 등을 할 때 신중한 검토가 필요하다.

◆ a **반향**(echo)　직접음이 들린 후 반사음이 늦게 들리는 경우가 있는데, 이를 반향이라 하며, 음의 명료함을 저하시킨다. 직접음과 반사음의 도달시간 차이는 0.05초 이상(경로차로 하여 340m/s×0.05s=17m 이상) 있는 경우에 발생한다(그림 7.44).

◆ b **울림현상**(flutter echo)　마주보는 벽면이나 천장과 바닥면이 반사성의 재질로 구성되어 있으면서 평행할 경우 두 면 사이에서 발생한 음은 반사를 반복하면서 독특한 음색을 낸다. 이를 플러터에코라 하며, 그리고 의도적으로 이러한 현상이 발생되도록 설계된 '일본닛코토쇼우궁음악당'의 울림이 유명하다. 이를 방지하기 위해서는 평행면을 흡음성 재질로 마감하거나 평행 벽면이 생기지 않도록 배치한다(그림 7.45).

◆ c **음의 초점**(sound focus)과 **데드스폿**(dead spot)　빛과 마찬가지로 반사성이 크고 오목하게 둥근면에서 반사한 음이 어느 점에 집중하여 다른 음보다 크게 들리는 경우가 있는데, 이를 음의 초점이라 한다. 또한 반대로 반사음이 도달하지 않기 때문에 음이 잘 들리지 않는 장소도 있는데 이를 음의 데드스폿이라 한다.

◆ d **속삭이는 회랑**(whispering gallery)　반사성이 높고 큰 곡률로 이루어진 곡면 벽은 그 곡면의 벽면을 따라 음의 반사가 반복되며, 작은 음이라도 멀리까지 전달할 수 있다. 이를 속삭이는 회랑이라 하는데, 런던의 세인트폴 성당의 대규모 돔의 복도가 이러한 현상으로 유명하다.

$(l_1+l_2+l_3)-l_s \geq 17$m가 되면 하나의 음도 둘로 들린다.

그림 7.44 반향의 예

폐쇄적이거나 무기적인 반사성 재료로 구성된 도시에서 공동 스폿을 어디에서든 볼 수 있다.

그림 7.45 공동현상이 발생하기 쉬운 공간

4. 음에 의한 효과

음에 대한 인간의 특성과 심리적 작용 때문에 건축물에서의 음장컨트롤과는 다른 효과가 발생한다.

1) 매스킹 효과

목적음이 방해음(매스커, masker)에 의해 잘 들리지 않는 현상을 매스킹 효과(masking effect)라 한다. 이는 매스커의 발생에 의해 목적음을 청취할 수 있는 최저음의 세기값(최저가청치)이 상승하기 때문이다. 일반적으로 매스킹 효과는 음의 진동수가 가까울수록 발생하기 쉽고, 저음은 고음을 듣기 어렵게 한다(그림 7.46).

소음에 의해 대화가 중단되는 것도 이 때문인데, 반대로 심리적으로 기분 좋은 음을 흐르게 하여 소음에 신경이 덜 쓰이도록 계획하는 경우도 있다.

2) 환경음악

어떤 장소에 분위기를 조성하거나 사람의 정신을 릴랙스(relax)시키기 위해 조용한 음악, 즉 백그라운드 뮤직(background music)을 사용하고 있다. 최근 새소리나 강물 또는 파도소리처럼 자연음이 정신을 릴랙스시키는 효과가 높다는 것이 나타났다. 또한 리드미컬한 음악은 작업능률을 향상시키고 스포츠 트레이닝을 효율화시키는 효과가 있어 적극적으로 도입되고 있다. 이와 같이 마인드 리프레시(mind refresh)나 컨트롤을 목적으로 한 음을 환경음악이라 한다. 도시 내에 인공 연못을 만들면 심리적 효과에 의해 리프레시(refresh)뿐만 아니라 그 밖의 소음을 매스킹 효과에 의해 경감시키는 효과도 있다(그림 7.47).

그림 7.46 매스킹 효과의 예

그림 7.47 도시의 오아시스

VIII. 도시환경

8.1 도시의 열환경

1. 히트아일랜드 현상

1) 히트아일랜드 현상과 그 영향

도시 내외의 지역에 따라서 평균기온에 차이가 있다는 것은 이미 19세기 중반경부터 알려져 왔다. 그러나 근대에서 현대에 이르기까지 도시에서는 기능성과 효율이 우선시되고, 도시기후에 대한 고려가 거의 이루어지지 않았다. 그 결과 도시의 기온이 주변 지역에 비해 매우 높고, 온도분포도를 보면 도시가 섬 모양으로 떠올라 있는 히트아일랜드(heat island, 열섬) 현상이 생기게 되었다(그림 8.1).

도시 내외의 온도차는 하루 중 밤이 가장 크고 낮에는 작게 나타나고 있다. 예를 들면, 맑고 조용한 야간에는 동경이나 오사카 등과 같은 대도시의 중심부는 외곽에 비해 4~5℃ 이상 고온이 된다. 따라서 도심부에서는 겨울철에 가장 추운 날(일일 최저기온이 0℃ 이하)이나 서리가 내리는 날이 감소되는 것을 볼 수 있으며, 반대로 여름철에는 하루 중의 이상고온이나 열대야(일일 최저기온이 25℃ 이상)가 증가되어 그 영향이 심각한 편이다.

히트아일랜드 현상에 의해 도심부에서는 상승기류가 생기고 주변으로부터 차가운 공기를 유인함으로써 순환풍이 발생한다. 그림 8.2와 같이 도심부의 대기가 상승하면 해안가에 있는 공업지대에서 질소산화물(NO_X), 아황산화물(SO_X), 탄소산화물(CO_X) 등과 같은 대기의 오염이 주거지역으로 흘러들며, 이들이 상공에서 자외선에 의해 화학반응을 일으키고 광화학스모그가 되어 근교에 영향을 미친다.

또한 건축물로 둘러싸인 도시 내의 폐쇄적 공간에서는 풍속이 감소하기 때문에 열과 오염물질이 발산되기 어려워져 도시 내의 환경은 더욱더 악화된다.

한편 히트아일랜드 현상으로 상승된 오염공기는 상공에서 유해가스가 되어 녹화지대로 하강함으로써 수목과 식물들을 말라버리게 하는 국소적인 피해도 발생한다. 이는 녹지대나 내륙의 하천이 콘크리트나 아스팔트 부분보다 온도가 낮아지기 때문에 발생하는 것으로서, 이를 쿨아일랜드(cool island) 현상이라 한다.

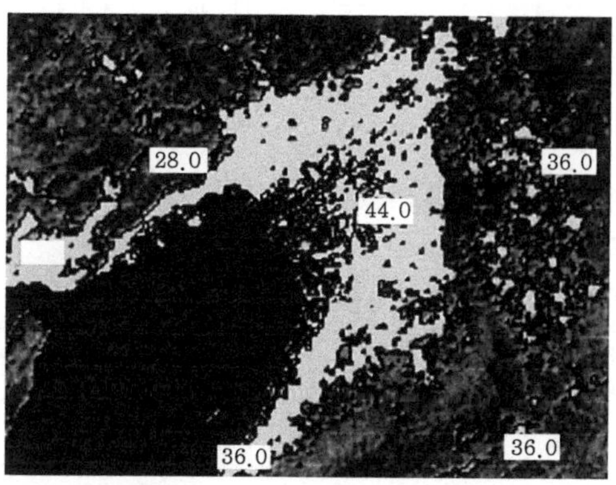

그림 8.1 여름철 도시의 표면온도의 예

2) 히트아일랜드 현상의 요인

도시의 기온을 상승시키는 요인에는 다음과 같은 것을 생각할 수 있다(그림 8.3).

① 도시인구의 증가에 따른 에너지소비량의 증가(냉방과 난방, 조명, 자동차, 공장에서의 생산활동 등에 의한 배열이 대기 중에 방산되어 기온 상승을 초래한다)

② 토지피복의 대폭적인 변화(콘크리트구축물과 아스팔트에 의한 도로포장 등 열용량이 큰 재료가 주간에 일사열을 흡수 · 축열한다)

③ 녹지와 투수면의 감소(잠열의 냉각효과가 매우 작아진다)

④ 건축물의 밀집과 고층건축의 증가에 의한 지표면의 복잡화(풍속이 감쇠하고, 일사를 흡수하는 면적이 대폭 증가. 동시에 이들 상호간에 장파장방사를 수열(受熱)하여 냉각하기 어려워진다)

⑤ 미세한 먼지 등에 의한 도시의 온실화(특히 밤과 새벽까지 도시가 더워진다)

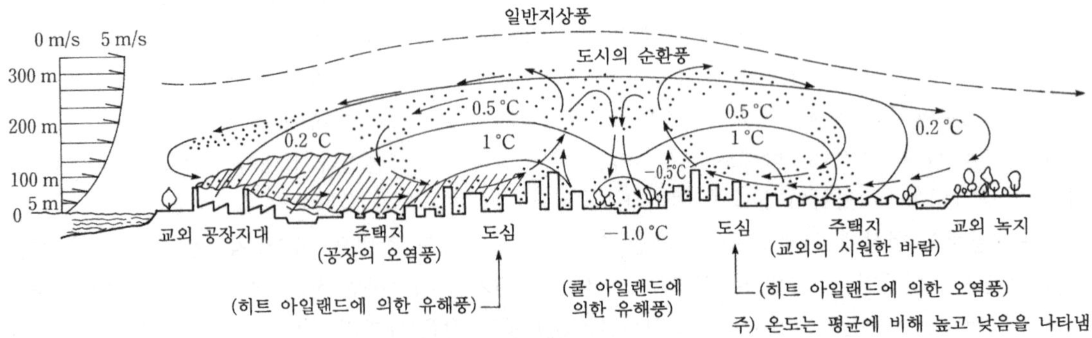

그림 8.2 히트 아일랜드와 쿨 아일랜드

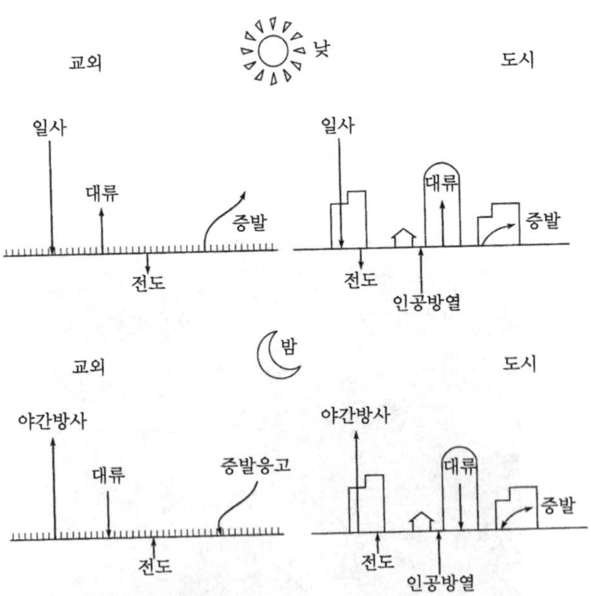

그림 8.3 히트 아일랜드 현상의 요인

3) 리모트센싱

그림 8.4는 위성으로부터의 리모트센싱 데이터에 의한 화상인데, 오사카의 중심부나 고베, 교토의 중심부 등 도시활동이 활발한 지역의 기온이 섬과 같이 되고 뚜렷하게 높아지는 것을 알 수 있다.

리모트센싱(remote sensing)이란 원격탐사라고도 하며, 항공기나 인공위성 등을 이용하여 행해진다. 지표를 뒤덮고 있는 삼림, 초목, 나대지, 물가, 시가지 등의 토지피복 상태를 각각의 분광 특성의 차이에 따라 화상데이터로 제공하며, 직접 대상물을 보지 않고도 탐지하거나 그 내용을 평가하는 방법이다. 관측밴드는 랜드샛인 MSS(멀티 스펙트럼 스캐너)로 가장자리(0.5~0.6㎛), 빨강(0.6~0.7㎛), 근적외 I(0.7~0.8㎛), 근적외 II(0.8~1.1㎛)의 4가지로 구성된다.

식물은 엽록소를 다량 함유하고 있기 때문에 엽록소 고유의 반사스펙트럼을 관측할 수 있다. 식물이 녹색으로 보이는 것은 가시광의 영역에서는 파랑과 빨강의 반사율이 작고, 녹색의 반사율이 비교적 크기 때문이다. 인간의 눈에 보이지 않는 적외선영역에서 녹색 부분의 3~4배의 반사율을 가지고 있으며, 이러한 특성은 식물에서만 볼 수 있기 때문에 식물조사에 적외선 사진이 자주 사용되고 있다(그림 8.5).

항공기나 인공위성의 리모트센싱 데이터와 식물 고유의 분광반사 특성과의 대응관계를 이용하여 도시와 그 주변지역의 녹지율을 구할 수 있다. 리모트센싱의 가장 큰 이점은 넓은 범위를 높은 곳에서 동시에 관측할 수 있다는 것이며, 필요한 정보를 분포패턴의 형태로 수집할 수 있다는 것이다. 이 방법을 이용하여 도시 표면온도의 분포상태를 관측하고, 지표면의 상태로부터 열수지를 파악할 수 있다. 이들 정보를 활용하여 살기 좋은 도시를 제안하는 것이 가능해지고 있다.

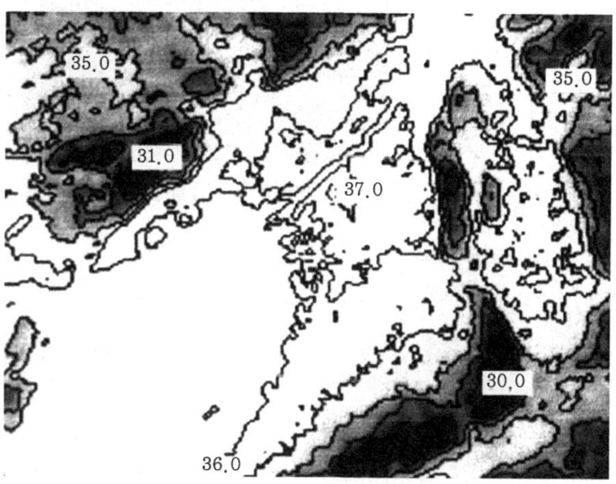

그림 8.4 리모트센싱 데이터에 의한 화상

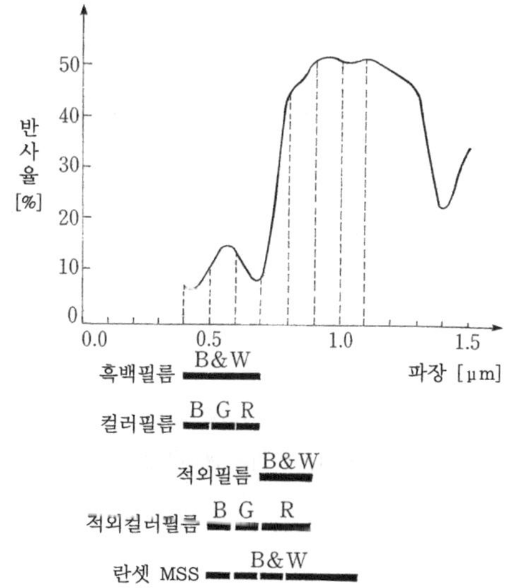

그림 8.5 식물의 분광반사특성과 센서의 관계

2. 녹지의 효과

식생으로서 녹지의 효과는 다음과 같은 것을 생각할 수 있다(그림 8.6).

① 기후 완화와 대기의 정화, ② 사면지의 보호, ③ 화재시의 연소방지

④ 미관과 경관에 의한 정신적인 안정과 재충전 장소 제공, ⑤ 동물 등에 생활의 장을 제공

이들은 주로 녹지가 가지는 식물 특유의 증산작용과 식생에 의한 토양의 습윤화 등에 의해 가져오는 경우가 많다. 녹지의 비율과 기온과의 사이에는 그림 8.7과 같이, 녹지율이 증가함에 따라 기온이 저하가 되는 것으로 알려져 있다. 또한 나뭇잎이 열을 받으면 대부분의 열은 잎 속이나 겉으로부터 잠열에 의해 방출된다.

또한 숲은 추위와 더위를 완화시키는 효과를 나타내며, 겨울철 지표의 동결 깊이는 숲 속의 경우 숲이 아닌 곳의 약 1/2 정도가 된다. 잔디에 의한 반사방지 효과는 그림 8.8과 같이 초봄에는 충분히 자라지 않으므로 거의 효과가 없지만, 충분히 자란 한여름에는 모르타르나 흙 등에 비해 표면온도에서 약 10℃ 정도 낮아지는 것을 알 수 있다. 그림 8.9와 같이 잔디를 지붕 슬래브 위에 심음으로써 표면온도의 상승을 억제하고, 그 내부의 공기온도 변화를 감소시키는 효과도 기대할 수 있다.

식물에 의한 자연의 차양효과로서 수목이 생육하여 잎이 무성해짐으로써 지표에 그림자를 만들 뿐만 아니라 여름철의 강한 일사가 실내에 들어오는 것을 막으며 또한 반사도 방지하는 효과가 있다.

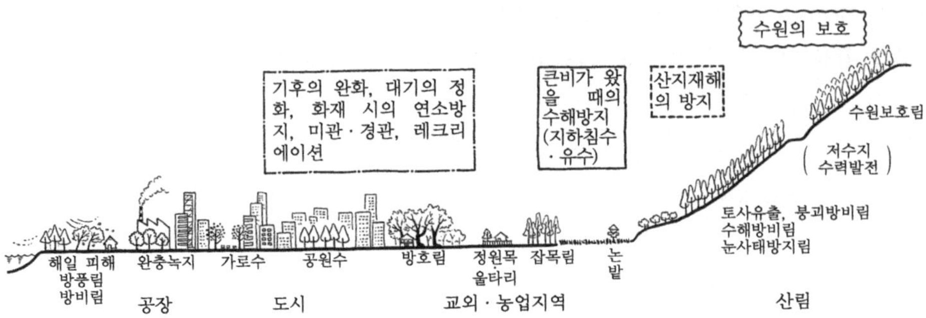

그림 8.6 지역환경에서 식생의 기능

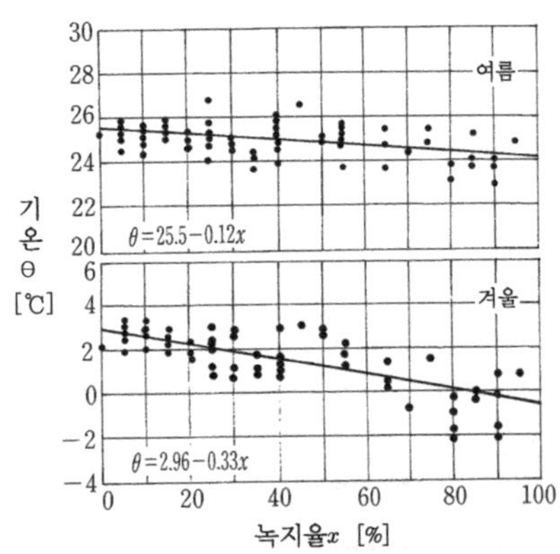

그림 8.7 녹지율과 기온 관계의 관측례

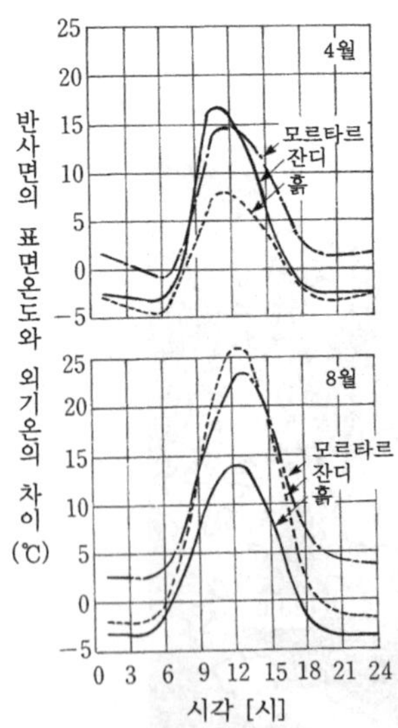

그림 8.8 잔디의 반사방지효과

그림 8.9 지붕슬래브의 잔디

8.2 도시의 공기환경

1. 대기오염과 산성비

1) 대기오염과 그 대책

1960년대 이후 도시화와 공업화에 따라 자동차와 공장, 화력발전소 등에서 질소산화물, 탄산가스, 아황산가스, 미립자 등으로 이루어진 인공배출물이 대기로 방출되는 양이 크게 증가되어 대기를 구성하고 있는 물질이나 상태에 큰 변화를 가져왔다. 이와 같이 대기의 질에 큰 변화가 생김으로써 대기가 오염되는 현상을 대기오염이라 한다.

이러한 오염은 도시뿐만 아니라 지구대기의 기본적인 조성에도 변화를 가져오며, 이를 백그라운드 오염이라 한다(그림 8.10). 또한 탄산가스에 의한 온실효과나 대기 중에 부유하는 입자 또는 액체미립자인 에어졸의 우산효과 등에 의해 도시 전역이 커다란 돔을 씌워놓은 것처럼 되고, 오염물질이 그 속에서 정체하여 부분적으로 높은 농도의 광화학스모그와 같은 오염을 초래하는 경우가 있다(그림 8.11).

대기오염은 바람에 의해 이동하며 대기의 움직임에 의해 확산된다. 특히 지표면으로부터 약 1,000m 높이까지 대기경계층이라 불리는 부분에서 광역적인 확산현상이 일어난다. 이 대기경계층 중에는 도시생활에 가장 관계가 깊은 지표에서 100m 정도의 접지기층(接地氣層)의 상태나 그 위의 외부경계층(에크먼층) 등에 큰 영향을 일으킨다(그림 8.12).

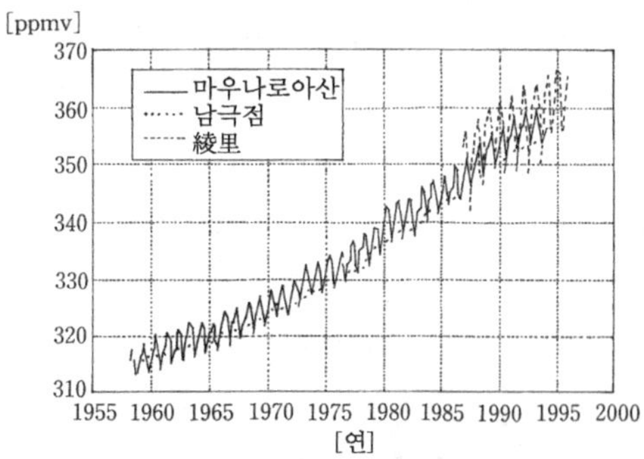

그림 8.10 이산화탄소농도의 변화

표 8.1 대기오염과 관련된 환경기준

대기오염물질	허 용 치
이산화황	1시간치의 1일평균치가 0.04ppm 이하, 또한 1시간치가 0.1ppm 이하
이산화질소	1시간치의 1일평균치가 0.04~0.06ppm의 영역 내, 또는 그 이하
이산화탄소	1시간치의 1일평균치가 10ppm 이하, 또한 1시간치의 8시간 평균치가 20ppm 이하
광화학 옥시턴트	1시간치가 0.06ppm 이하(일반적으로 0.12ppm 이상이면 주의보, 0.24ppm 이상에서 경보발령)
부유입자 형태의 물질	1시간치의 1일평균치가 0.10mg/m^3 이하, 또한 1시간치가 0.20mg/m^3 이하

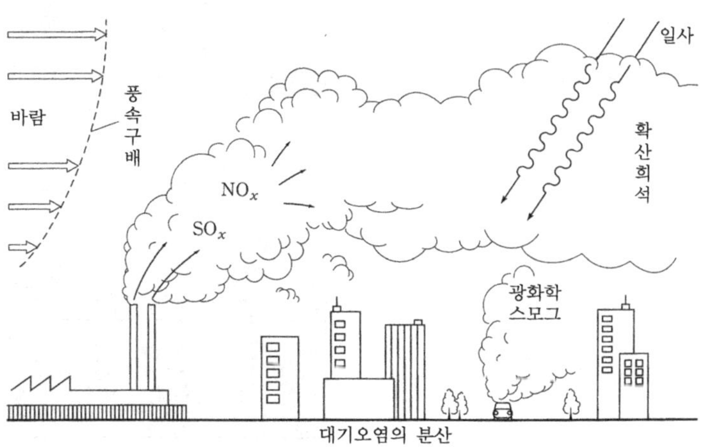

그림 8.11 대기오염의 분산

한편 대기환경을 보전하는 것은 사람들의 건강을 보호하고 생활환경을 지킨다는 점에서 매우 중요하므로 표 8.1과 같은 목표가 정해져 있다. 일본의 경우 공해대책기본법에 의해 공장 등에서는 탈황장치를 설치하고, 그 총량에 의한 규제를 중심으로 공해방지기술의 활용하고 있다. 또한, 연료의 가스화, 에너지절약화 등도 포함하여 총합적으로 배출량을 감소시키는 노력을 하고 있다. 그리고 대도시 지역에 적합한 자원절약, 에너지절약형 산업으로의 전환을 모색하고 있다.

자동차에 대해서는 배기가스 중에 포함된 질소산화물과 일산화탄소 등의 유해한 물질을 제거하는 기술개발, 공공교통기관의 충실한 정비에 의해 마이카로 도심부에 진입하는 것을 적극 지양하고, 철도역이나 지하철역에서 갈아타는 방식의 백 앤드 라이드 시스템 방식 추진, 트랙터미널의 정비에 의해 자동차 교통량을 전체적으로 감소시키는 방향 등 대기오염의 방지대책을 적극적으로 전개할 필요가 있다.

2) 산성비와 그 대책

원래 비나 눈은 대기 중의 오염물질을 제거하는 중요한 자연정화작용이다. 그러나 화석연료를 사용함에 따라 발생하는 아황산화물, 질소산화물, 염산, 산성 에어졸 등이 구름 속에서 빗방울에 흡수되면 pH 5.6 이하의 산성비와 눈이 된다. 이를 산성비라 하고, 습성대기오염이라고도 한다. 산성비는 때때로 pH 2~4의 매우 강한 산성을 나타내는 것도 있으며, 인체에 대해서는 눈·목이나 피부에 자극을 주고 금속이나 건물을 부식시키는 작용을 한다. 또 대리석과 콘크리트 등도 조금씩 녹여 그리스의 아크로폴리스에 있는 신전 등과 같은 문화재의 붕괴도 큰 문제가 되고 있다(그림 8.13). 또한 그림 8.14는 우리 주변에 있는 물질의 산성도를 나타내는 것이다. 산성비에 의해 토양이 산성화되면 식물 및 토양 속의 미생물에 의한 활성이 현저히 저해되고 이들 생육에도 큰 영향을 미친다. 하천과 호수 등과 같은 집수역(集水域)이 산성화됨으로써 수생생물인 플랑크톤이나 어류의 대량으로 죽는 피해가 발생하고 있다. 일본에서도 대도시의 대기오염에 의해 주변 지역의 삼림이 파괴되는 등의 영향이 속출하고 있다.

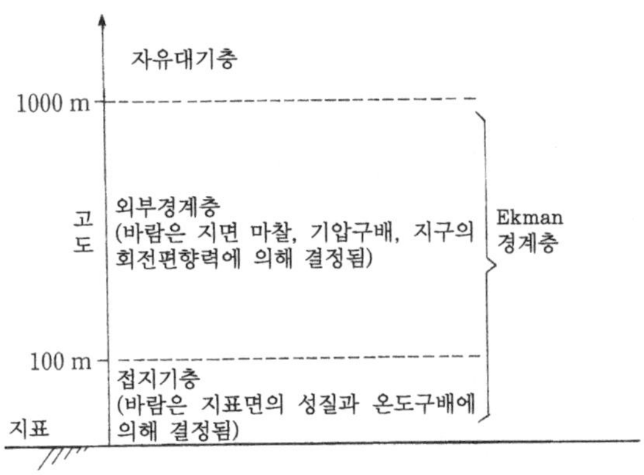

그림 8.12 지면 부근의 대기층

그림 8.13 아크로폴리스(그리스)

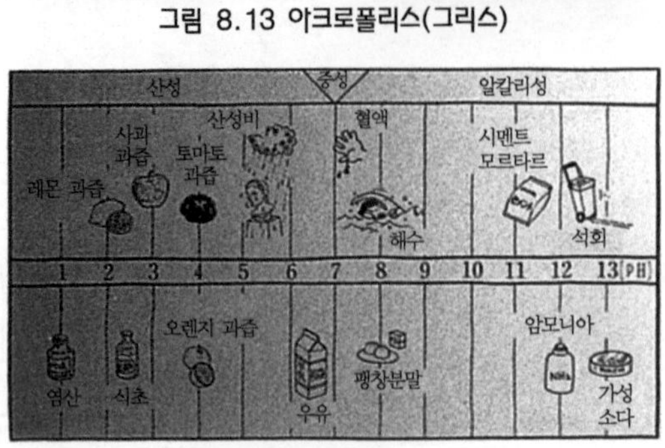

그림 8.14 산성도의 기준

2. 고층건축과 풍해

1) 고층건축에 의한 빌딩풍의 영향

도시에서는 건축물에 의한 요철이 크기 때문에 일반적으로 풍속은 약하지만, 고층건축물에 의해 그 주변에 국소적으로 강풍이 발생하는 경우가 있다. 이는 지표 부근에서 풍속이 큰 상층의 바람을 고층건축물이 큰 벽면에 받아 그 풍량만큼 주변에 불기 때문에 일어난다. 이를 빌딩풍이라 한다.

그림 8.15와 같이 바람은 고층건축물에 닿으면 높이의 60~70% 부분에서 상하, 좌우로 나누어진다. 이를 분기점이라 하며, 이 분기점에서 건축물의 벽을 따라 아래나 좌우로 흐르는 바람은 박리류나 경사풍, 역류 등 복잡한 흐름이 되어 지상에서 불게 된다. 건축물이 높으면 높을수록 또한 폭이 넓을수록 그 영향은 커진다. 한편 건축물의 각이 예리할수록 박리류가 커진다(그림 8.16).

빌딩풍의 영향으로는 다음과 같은 것을 생각할 수 있다.

① 보행자 등의 인체에 미치는 영향

② 주변 가옥 등 건축물에 미치는 영향

'돌풍 때문에 걷기가 어렵다', '기온이 내려가 춥다'와 같이 사람의 행동과 생활에 대한 장애와 '유리가 깨진다'와 같이 건축물이나 그 부대시설에 대한 안전상의 장애, '진열품이 날아가다'와 같이 상점 등의 영업행위에 대한 장애가 발생하고 있다.

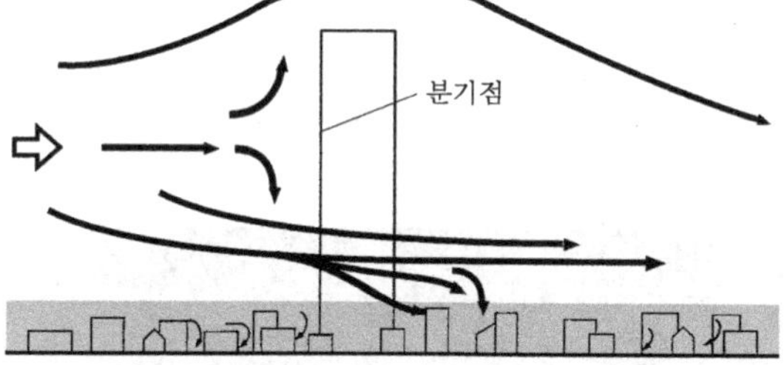

그림 8.15 고층건축물에서의 바람의 분기점

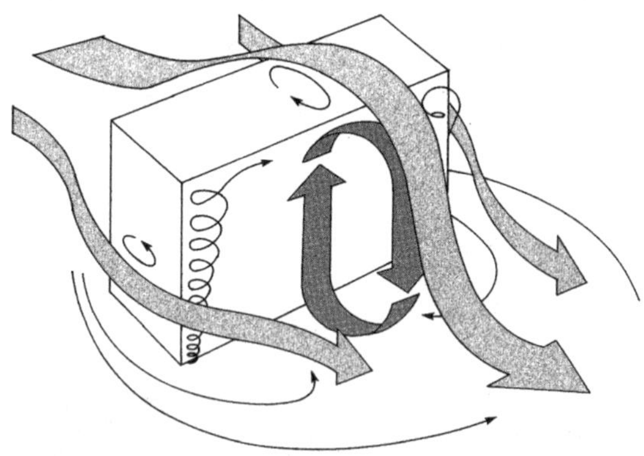

그림 8.17 건물 주변의 공기 흐름

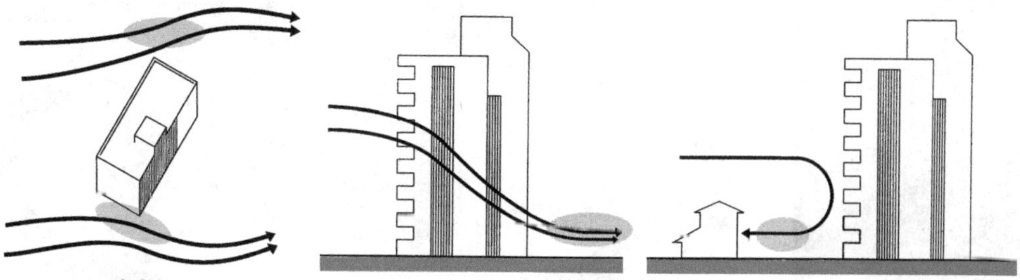

그림 8.16 빌딩풍 현상의 예

2) 풍해대책

이와 같은 빌딩풍의 영향에 대해서는 건축물 자체를 연구하는 방법과 수목 등 건축물 이외의 연구에 의해 그 영향을 완화하는 방법이 있다.

- **a 건축물 자체를 연구하는 방법** 건축물의 평면을 가능한 한 원형에 가깝게 하고, 각을 없애거나 둥글게 하는 것이 효과적이다. 또한 외장의 마감재를 거친 것으로 하고, 표면에 요철을 만들어 바람을 약하게 하거나 건축물의 다리 부분에 넓은 저층 부분과 차양을 설치하는 것도 효과가 있다. 또한 그림 8.18과 같이 건축물의 중간부분에 구멍을 만들어 바람의 영향을 약화시킨 건축물이 건설되기도 한다.
- **b 건축물 외부를 연구하는 방법** 방풍용 네트나 펜스를 설치하여 풍속이 증가되는 것을 억제하거나 식재를 이용하여 바람을 막는 방법 등이 있다. 이것은 건축물 자체의 형상 변화로서 유효한 대책이 어려울 경우에 사용하는 방법으로서, 빌딩풍이 발생하더라도 가능한 한 그 피해가 최소한으로 그칠 수 있도록 하는 것이다. 이 방법은 바람의 일부를 차단하고, 그 배후에 풍속이 감소된 부분을 만들어내는 방법으로써 방풍효과는 펜스의 소재와 수목의 가지 및 잎이 차지하는 면적과 그 크기에 의해 결정된다.

3) 풍동실험

빌딩풍을 예측하기 위해서는 많은 데이터를 수집하며, 신뢰성이 높은 그림 8.19와 같은 풍동실험이 자주 이용되고 있다. 풍동실험은 먼저 계획건축물과 그 주변의 지형, 건축물 등을 가능한 한 정확하게 모형화한다. 다음으로 풍동 중에 대상지역의 자연풍을 시뮬레이션한 기류를 발생시키고, 이때 발생하는 모형 건축물 주변의 풍향·풍속 측정, 건축물 벽면의 풍압 측정, 건축물 전체에 작용하는 풍력 측정, 바람에 의한 건축물의 진동 측정 등을 실시한다.

그림 8.18 중공화에 의한 대책

그림 8.19 풍동실험의 예

8.3 도시의 빛환경

1. 고층건축물에 의한 일조저해

1) 초고층건축물의 일영

도시로의 인구집중은 필연적으로 고층건물을 만들어내게 되었다. 일본의 경우 1964년 건축기준법이 개정됨에 따라 이전까지의 최고높이 31m라는 제한이 삭제되고, 기술의 진보와 함께 건축물은 초고층화되기에 이르렀다. 건축물의 높이가 증가하면 그 만큼 멀리까지 일영의 영향은 커진다. 예를 들면 높이 약 300m인 요코하마의 랜드마크 타워는 동지 오전 8시일 경우의 일영이 약 2,000m, 일영이 가장 짧아지는 정오에도 약 500m가 된다. 그러나 오전 8시부터 9시의 일영 끝의 평균 속도는 매초 약 32cm이고, 다만 일영이 통과하는 것만으로 장시간 동안 일영이 되지는 않는다. 건축물의 바닥 형상과 크기가 같을 경우 일정 높이를 넘으면 장시간 일영의 범위는 높이에 관계없이 일정해진다(그림 8.20).

일본의 초고층건축물은 특정 구획에 있는 것과 총합설계제도에 의한 것이 많으며, 공지율이 높기 때문에 신주쿠나 오사카처럼 빌딩숲을 이룬 초고층건물군이 있는 지구는 천공률과 천공비가 비교적 큰 수치가 된다.

2) 고층건축물의 복합일영

일영규제는 단독 부지에 대한 규제가 있고, 일영규제의 대상구역에서는 각각의 건축이 단독으로 이 규제를 받는다. 그러나 각각의 고층건축물이 이 규제를 만족하더라도 이들이 연속되면 그 북쪽에 장시간에 걸쳐 일영의 영향을 받게 된다. 그 이유는 p.97에서 기술한 바와 같이 건물의 동(棟)이 동서 방향으로 길 경우 장시간 일영의 영향범위가 넓어지기 때문이다(그림 5.22 참조). 또한 보통 장시간 일영이 되는 범위는 건축물의 주변이지만 여러 고층건축물이 있는 경우 건축물에서 떨어진 지점에 오전과 오후의 일정시간 동안 일영을 받아 장시간 일영이 되는 지점이 나타난다(그림 5.24 참조).

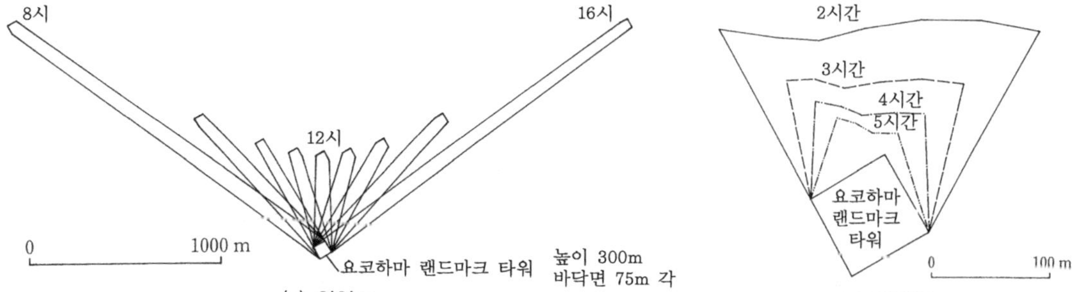

(a) 일영도 (a) 일영도

그림 8.20 초고층건축물의 일영

3) 고가도로에 의한 일영

자동차전용도로와 입체교차는 도시교통을 원활하게 하기 위해 빼놓을 수 없는 것이다. 이를 위해 주요 간선도로의 대부분은 2층, 3층의 고층도로로 이루어져 있다. 이들 도로의 주변은 소음, 배기가스와 함께 일조의 저해가 거주환경을 악화시키고 있다. 한편 동서방향으로 위치한 고가도로는 그 북쪽 건축물에 무한히 긴 고층건축물이며, 하루 종일 일영의 영향이 미치게 된다(그림 8.21).

전신주와 전선으로 상징되듯이 일본의 도시시설은 줄지어선 스카이라인 등의 시각적 관점 등을 고려하지 않고 부설되어왔다. 전선의 일부가 공동구 속에 매설되기는 최근에 와서야 이루어지고 있다. 자동차도로도 이와 마찬가지로 지하를 이용한 입체교차로 하여 도시 내에서 고가도로를 없애고, 보행자 중심의 살기 편한 거리로 만드는 것이 바람직하다.

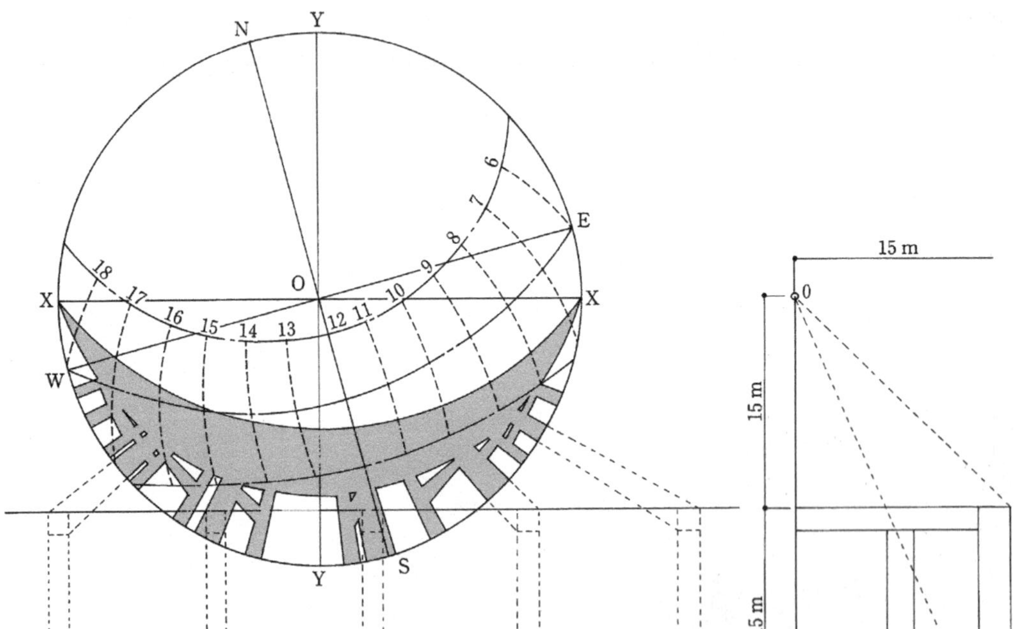

그림 8.21 고가도로의 일영시간 검토

2. 빛의 피해

1) 반사광에 의한 피해

사무소 건축 등과 같은 상업건축에서는 실내의 열부하를 감소시키고, 에너지절약과 디자인측면에서 미러유리(열선반사유리)가 많이 사용되고 있다. 미러유리는 태양열과 빛의 반사율이 높기 때문에 이를 사용한 건축물의 남쪽 건축물은 북쪽으로부터도 태양광을 받게 된다(그림 8.22). 물론 미러유리를 사용함으로써 얻는 이점도 있지만 열부하가 높아지거나 상품 및 가구가 퇴색하는 등의 피해도 발생된다. 다수의 미러유리가 곡면을 형성하면 열이 집중되어 화재가 발생할 가능성도 있으므로 위험하다.

2) 야간조명의 피해

상업건축과 옥외 스포츠시설의 조명은 광속 및 휘도가 커서 야간에는 인근 주택에 사는 사람들의 수면을 방해하는 등의 피해를 끼치는 경우가 있다. 한편 가로등을 이용하여 야간에 도로상의 일정조도를 확보하는 것은 교통사고 및 범죄방지의 관점에서 필요하다. 따라서 어느 정도의 밝기까지 야간의 실내에서 허용되는지에 대해서 알 필요가 있다. 네덜란드의 한 주택가에서 조사한 결과에 의하면 커튼을 닫은 실내의 안쪽에서 0.1lx 이하의 조도일 경우 문제가 없는 것으로 알려졌다*. 따라서 이 수치를 만족하도록 수평방향으로의 배광을 억제하고, 노면의 조도가 확보될 수 있는 조명을 택해야 한다.[1]

도시는 대기의 청정도도 나쁘고 야간의 인공조명이 밝기 때문에 2등성 정도까지 밖에 별이 보이지 않는다. 밤하늘의 별빛을 올려다보는 것은 정서적으로도 기분 좋은 일이며, 과도한 조명에 의해 이를 막는 것은 일종의 빛의 피해라고 할 수밖에 없다. 상업시설의 네온사인은 에너지절약이라는 관점에서도 재고할 필요가 있다.

그림 8.22 2개의 태양

그림 8.23 역사적 건물의 라이트업

* 石井幹子 '環境照明디자인' 가고시마출판회 1982 p.62에서

3. 라이트업의 효과

야간의 옥외조명은 상업활동과 기능, 안전상의 필요성 및 도시의 미관을 위해서 오래 전부터 사용되어 왔다. 이탈리아에서는 16세기 말에 '루미나리에'라 불리는 장식조명이 거리를 아름답게 장식했다. 프랑스에서는 17세기 중반 루이 14세 시대에 건축물로부터 비스듬하게 램프를 달아 거리를 비추어 파리 시내를 밝게 비추었다. 오일램프에서 가스램프, 전기를 이용한 조명과 가로등으로 발전함에 따라 조도는 점차 밝아졌으나 주위가 전체적으로 밝아진 탓에 조명 자체의 존재감은 차츰 작아지게 되었다. 가로등은 통행이나 광장의 미관상 중요한 요소이므로 램프의 디자인과 그 장소의 환경연출에 대해서 충분히 고려하여 사용해야 한다.

역사적으로 건물의 라이트업(light up)이 시작된 것은 20세기에 들어서부터이다. 우리나라의 경우도 교량이나 역사적 건물이 라이트업되었다(그림 8.23, 8.24). 라이트업은 다음과 같은 이유에서 주간과는 전혀 다른 건축물의 표정을 만들어낸다.

① 주광과 연색성이 다른 고압 나트륨등이나 메탈할라이드램프로 조명한다.

② 조명의 방향성이 강하므로 콘트라스트가 매우 강하고, 아래에서 비추면 음영도 역전된다.

③ 강조하고자 하는 부분에만 조명을 설치하여 강조할 수 있다.

연말이 되면 백화점이나 호텔에서 장식하는 크리스마스 조명이 거리를 더욱 화려하게 만든다(그림 8.25, 8.26). 조명과 라이트업에 대해서 에너지절약이라는 관점에서 많은 비판도 따르지만 빛에 의한 공간연출은 도시경관상 중요한 몫을 차지하고 있다.

그림 8.24 역사적 건물의 라이트업

그림 8.25

그림 8.26 화이트 일루미네이션

8.4 도시의 음환경

1. 도시의 소음과 환경보전의 목표

1) 도시의 소음과 그 영향

도시소음의 발생원에는 다음과 같은 것이 있다.

① 공장 및 사무소 등으로부터 나오는 소음

② 건설작업에 따르는 소음

③ 자동차나 철도, 비행기 등의 교통기관으로부터 나오는 소음

④ 노래방이나 심야영업에 따른 소음

⑤ 확성기 소음과 생활소음 등의 인근소음

생활소음이란 TV나 라디오의 소리, 악기소리, 애완동물의 울음소리 및 자동차의 공회전 소리 등 일상생활의 다양한 장면에서 발생하는 소음을 말한다. 발생원인이 다양한 점에서 누구나 피해자가 될 수도 있고, 가해자가 될 수도 있다.

도시에서 사는 주민들을 가장 많이 괴롭히는 소음은 자동차에 의한 교통소음이며, 그 중에서도 심야에 질주하는 폭주족들의 굉음은 수면을 방해할 뿐만 아니라 심각한 사회문제로 대두되고 있다. 그 다음으로 공장소음, 건설공사음의 순이며, 피아노, 에어컨 등에서 내는 소리도 심각한 소음이 되고있다. 이와 같이 생산활동이나 사업활동 등 인간의 활동과 함께 발생하는 소음에 의해 사람들의 건강과 생활환경에 피해가 발생하는 경우가 있다. 소음에 의해 피해로는 불쾌함과 초조함 같은 정신적인 것과 자율신경 및 내분비에 영향을 미치는 신체적인 것 등을 들 수 있다.

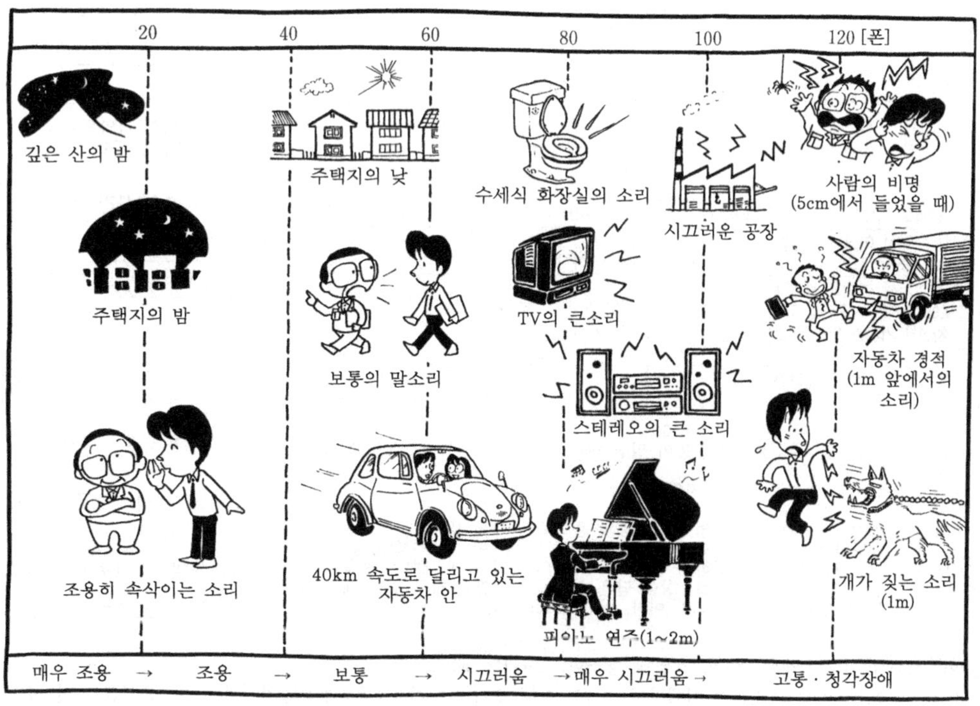

그림 8.27 일상생활에서 경험하는 음의 소음레벨(폰)

소음에 의한 피해는 음성과 음악 등의 전달을 방해하거나, 귀에 고통 또는 상해를 주기도 하는 직접적인 영향뿐만 아니라 생활환경에도 많은 영향을 미치며, 이해관계와 감정 등에 의해 복잡한 문제로 인식되고 있다.

2) 환경보전의 목표와 경위

그림 8.27은 일상생활에서 경험하는 소리의 소음레벨을 나타낸 것인데, 조용하고 쾌적한 생활환경을 유지하고 지키기 위해 바람직한 수준으로서, 일본의 경우 소음과 관련된 환경기준이 정해져 있다(표 8.2).

이들은 1967년 공포된 '공해대책기본법'*1을 근거로 하여 1971년에는 환경소음(일반지역 및 도로에 면한 지역)과 관련된 환경기준이 정해져*2, 1975년에는 항공기소음 및 신간선 철도소음에 의한 환경기준이 정해졌다. 이들 기준은 요양시설이 집합하여 설치된 지역 등 특히 안정을 요하는 지역(AA지역)과 주거전용지역(A지역), 주거지역(B지역), 상업계 및 공업계 지역(C지역) 등 각 용도지역별로 소음의 규제치를 정해 지역 전체의 소음레벨을 평균적으로 내리는 것을 목표로 하고 있다.

또한 소음규제법(1968년) 및 진동규제법(1976년)에 의해 건설작업 및 공장의 소음·진동이 규제되어 있다. 그리고 간선도로의 도로변 정비에 관한 법률도 자동차교통량이 특히 많은 지역의 소음을 규제하고 있다.

이와 같이 도시계획 및 건축관계 법규를 포함하여 고려된 용도지역별 규제치는 각 지역마다 시간별로 그 허용소음레벨을 정하고 있으며, 총합적인 소음레벨 조절에 도움을 주고 있다.

표 8.2 소음과 관련된 환경기준

(a) 환경 소음

(i) 일반지역

지역의 종류	35	40	45	50	55	60dB(A)	
AA		야간 40 이하		주간 50 이하			
A 및 B			야간 45 이하		주간 55 이하		
C				야간 50 이하		주간 60 이하	

(ii) 도로에 면하는 지역

지역의 구분	50	55	60	65	70dB(A)	
A지역 중에서 2차선 이상의 차선을 가지는 도로에 면하는 지역		야간 55 이하	주간 60 이하			
B지역 중에서 2차선 이상의 차선을 가지는 도로에 면하는 지역 및 C지역 중에서 차선을 가지는 도로에 면하는 지역			야간 60 이하	주간 65 이하		
A, B, C지역에서 간선교통을 담당하는 도로에 근접하는 공간				야간 65 이하	주간 70 이하	

주 1 주간은 6:00~22:00, 야간은 22:00~6:00
2 AA지역은, 요양시설, 사회복지시설 등이 밀집하여 설치되는 등, 특별히 정적을 필요로 하는 지역
3 A지역은 전용주거지역으로 설치된 지역
4 B지역은 주로 주거용으로 설치된 지역
5 C지역은 상당수의 주거와 함께 상업, 공업 등의 용도로 설치된 지역
6 간선교통을 담당하는 도로란 고속도로, 국도, 지방도, 4차선 이상의 시도(市道) 등
7 간선교통을 담당하는 도로에 근접하는 공간에서 개별의 주거 등에 대하여 소음의 영향을 받기 쉬운 면의 창을 중심으로, 창을 닫은 상태에서 생활을 하고 있을 때는 실내로 투과하는 소음의 기준(주간 45dB 이하, 야간 40dB 이하)가 적용된다.

(b) 항공기 소음

지역의 종류	기준치
Ⅰ	70WECPNL 이하
Ⅱ	75WECPNL 이하

지역의 종류
Ⅰ. 주로 주거의 용도로 설치된 지역
Ⅱ. Ⅰ 이외의 지역으로서 통상의 생활을 보전할 필요가 있는 지역

(c) 고속(신간선) 철도 소음

지역의 종류	기준치
Ⅰ	70dB(A) 이하
Ⅱ	75dB(A) 이하

지역의 종류
Ⅰ. 주로 주거의 용도로 설치된 지역
Ⅱ. 상·공업의 용도로 설치된 지역 등 Ⅰ 이외의 지역으로서 통상의 생활을 보전할 필요가 있는 지역

(d) 그 외의 소음·진동·저주파 공기진동

대부분의 지역주민이 일상생활에 지장이 없을 정도

*1 1993년 11월 19일에 시행된 '환경기본법'에 흡수되는 형태로 폐지되었다.
*2 1999년 4월 1일에 새로운 기준이 시행되어 소음측정 및 평가가 시간율소음레벨중앙치에서 등가소음레벨로 변경됨과 동시에 기준치 등도 표 8.2와 같이 개정되었다

3) 소음대책

소음을 제어하기 위해서는 발생원이 무엇인지 확실히 알고 그 음의 성질을 잘 아는 것이 필요하다. 이를 위해 소음의 일반적인 측정법으로서 '소음레벨측정법 JIS Z 8731'이 규정되어 있다. 또한 소음 방지책으로는 다음과 같은 사항을 고려할 수 있다.

① 발생원에 대한 방진 · 소음 등에 의한 음원상의 대책

② 전파경로에 대한 대책으로 발음체의 차음과 방음벽 설치

③ 음원측과 그 음을 받아들이는 측에서의 흡음처리

최근에는 진행하는 음파와 역위상의 음을 발생시킴으로써 소음을 제거하는 기술 등이 개발되고 있다.

도시에서의 광역적인 소음대책으로는 공장, 자동차, 항공기 등의 발생원으로부터의 감소를 목표로 다음과 같은 것이 필요하다.

① 공장 · 사업소 등에 대하여 환경보전목표와 그 밖의 조례규칙 등을 지키도록 지도한다.

② 자동차의 소음규제를 강화한다.

③ 항공기의 저소음화를 추구한다.

또한 소음으로부터의 환경보존으로는 다음과 같은 대책이 필요하다(그림 8.28).

① 공장 · 사업소 등은 주택과 떨어진 곳에 입지시킨다.

② 간선도로 주위에는 녹지와 공원을 배치하고 방음효과가 큰 건축물을 건설한다.

③ 공항 주위에는 민가의 방음공사를 추진하여 녹지 등을 정비한다.

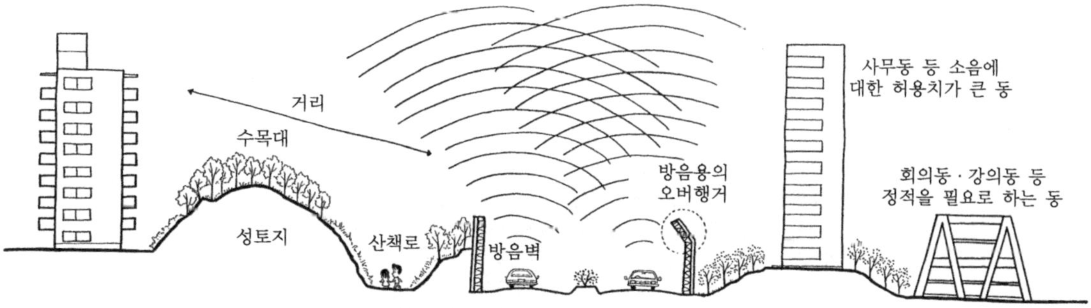

그림 8.28 자동차경음방지에 대한 연구

2. 음환경의 창조

날로 소음이 심각해지고 있는 도시에서 적극적으로 음환경을 계획하기 위해서는 기분 좋은 소리를 만들어낼 필요가 있다. 종래의 도시계획 및 환경디자인에서는 오로지 시각적인 부분을 중요시하는 경향이 강했고, 청각적 또는 음향적인 접근은 거의 이루어지지 않았다. 그러면서도 음은 매우 높은 공공성을 가지고 있기 때문에 각 환경에서 맡아야 할 역할과 환경조건 등을 고려하여 창조적인 이용이 이루어져야 할 필요성이 높아지고 있다.

예를 들어 유럽의 정원에 설치된 워터 오르간이나, 독특한 공간을 이용하여 정숙과 침묵을 연출한 일본의 소리발생장치(그림 8.29), 물 떨어지는 소리를 지중에서 금속적으로 들리게 하는 수금굴(그림 8.30) 등 오래 전부터 음을 연출해 온 것을 현대적인 공간창조에 이용할 필요가 있다. 또한 큰 곡률의 반사면을 가지며, 소리가 몇 번이나 반사되어 작은 음이 멀리에서 들려오는 조용한 복도 및 반사음이 몇 번이나 공명반사하는 명동현상 등도 음환경의 창조라는 면에서 충분히 이용할 가치가 있다.

이러한 역사적인 음의 문화와 음의 도구, 음향효과를 갖춘 건축구조 등은 음환경 창조의 큰 힌트가 된다고 생각할 수 있다. 음의 연출로서의 BGM 및 음이 내는 장치, 또한 자연의 음원 예를 들면 바람으로 소리를 내는 조각 또는 구조체인 음향조각이나 냇가의 물소리 등을 볼 수 있는 곳을 연출하는 것이 거리 만들기의 일환으로 도입되어 사회적인 수요도 점차 높아지는 것을 볼 수 있게 되었다. 이와 같은 음에 의한 공간 창조를 사운드 스케이프(sound scape)라 하고, 음환경의 창조원리로서 각각 제안되고 있다.

그림 8.29 전통적인 음의 발생장치

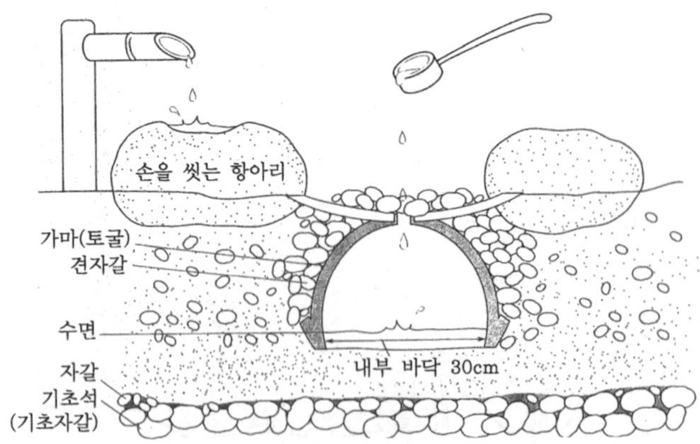

그림 8.30 전통적인 음의 발생장치

8.5 도시의 물환경

1. 도시 · 건축 · 사람을 둘러싼 물

1) 지구레벨에서의 물 순환

지구상의 물의 전체 양은 약 $1.38 \times 10^9 km^3$이며, 그 중 97.5%가 해수이다. 담수(淡水) 중 약 70%는 얼음 형태로 존재하고 약 30%가 지하수이다. 하천, 호수, 토양 중의 수분은 담수(淡水)의 0.38%에 지나지 않는다. 해수와 대지의 물은 태양열로 증발하여 대기 중에 구름 · 안개 · 수증기의 형태로 존재하고, 다시 비 · 눈이 되어 대지에 내린다. 그림 8.31은 연간 수분증발과 강수량을 나타낸 것인데, 그 양은 지구 전체량의 0.032%이다.

금성에는 물이 존재하지 않고, 화성보다 먼 혹성에서는 얼음으로 밖에 물이 존재하지 않는다. 태양으로부터의 거리가 적당한 지구만이 태양계에서 물이 상태 변화할 수 있는 환경에 있다. 이러한 물의 순환과정에서 물은 우주공간에 열을 방산하고, 지구를 적당한 온도로 유지하며, 동식물을 비롯하여 모든 생명을 기르고 있다.

2) 인체의 생리와 물

성인의 경우 몸의 2/3는 수분으로 이루어져 있다. 그 수분의 2/3가 세포 중에 있으며, 나머지 1/3은 혈액 · 임파액 등과 같은 세포 외의 수분이다. 혈액의 90%, 대뇌의 80%가 수분이다. 인체는 음료수나 음식물을 섭취하여 하루 평균 2.1리터의 물을 보급하며, 체내에서 대사작용에 의해 0.3리터의 물을 만들어내고, 호흡 · 땀 · 대변 · 소변으로 같은 양을 체액으로 방출하고 있다(그림 8.32). 따라서 물의 오염은 인체의 생명유지와 관련된 중대한 문제라 할 수 있다.

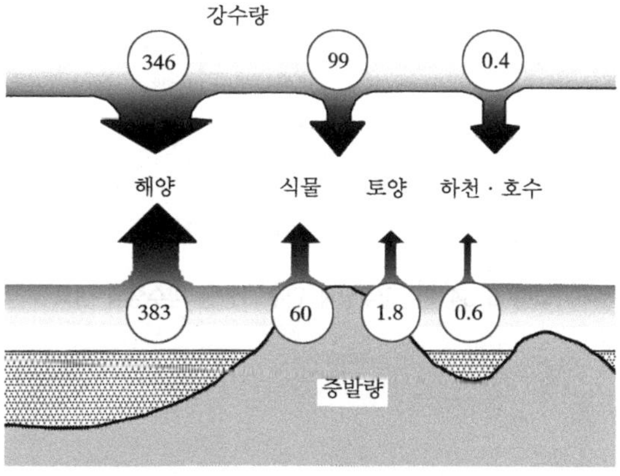

그림 8.31 연간 증발량 · 강수량

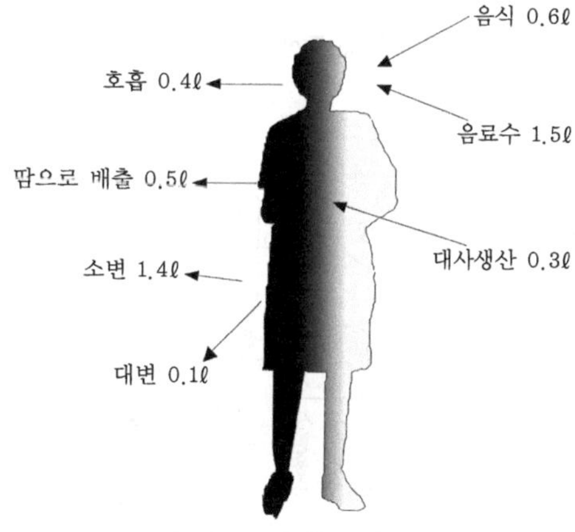

그림 8.32 인체의 1일 물 수지

3) 치수 · 이수 · 친수

인간은 도시와 지역 및 개개의 건축 중에서 물을 다양하게 조절하며 이용하고 있다. 인간과 물의 관계는 치수 · 이수 · 친수라는 언어로 나타낼 수 있다.

- **a 치수(治水)** 치수란 홍수 · 진파(津波) · 고조(高潮)에 의한 피해의 방지이다. 일본의 강수량은 연간 평균 약 1,800mm이며, 세계 평균 약 2배이고 하천의 폭이 좁고 급류가 많아 홍수의 피해가 많다(그림 8.33). 사방이 바다로 둘러싸이고 태풍의 습격을 받으며 지진도 자주 발생하기 때문에 고조와 진파에 의한 피해도 많다. 따라서 일본에서는 현재에 이르기까지 치수에 많은 노력을 들여왔다. 현대적 문제로는 골프장과 스키장 등의 개발로 숲이 깎여나가고 산림의 보수력이 감소되고 있으며, 산간부의 택지개발과 도로포장 등으로 불침투면이 확대되어 철포수(鉄砲水)가 발생하고, 도시 전체가 불침투면이 되어 집중호우시에 도시형 홍수가 발생하는 경우 등을 들 수 있다.
- **b 이수(利水)** 이수란 생활용수 · 공업용수 · 농업용수로서의 물의 이용과 발전 · 수운(水運)을 말한다. 일본에서는 강수량은 많으나 인구가 많기 때문에 1인당 강수량이 그다지 많지만은 않다(그림 8.34). 또한 대부분 조기에 바다로 흘러들어가므로 수자원은 귀중하다(그림 8.35). 삼림 · 대지의 보수력을 높이고 수원을 풍부하게 하며, 생활배수 및 공장배수를 적절히 처리함으로써 상수도 수원의 수질오염을 방지하고, 빗물이용시스템을 확대하는 등 수자원을 보전하기 위한 유의사항이 많다.
- **c 친수(親水)** 친수란 사람과 물과의 접촉을 말한다. 사람은 건축 · 지역 · 도시의 다양한 장면에서 흐르는 물, 비치는 물 등 물을 이용하여 경관을 창출하고 공간을 연출하며, 수영 · 물놀이 등과 같은 레크리에이션을 즐기고 평온함과 맑음 등의 정신적인 영향을 받고 있다.

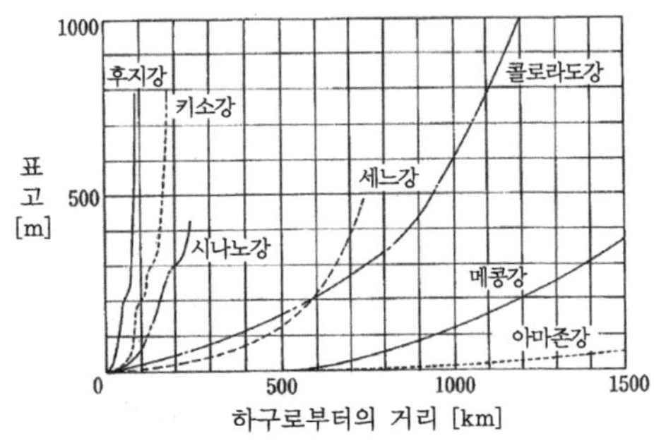

그림 8.33 하천의 구배

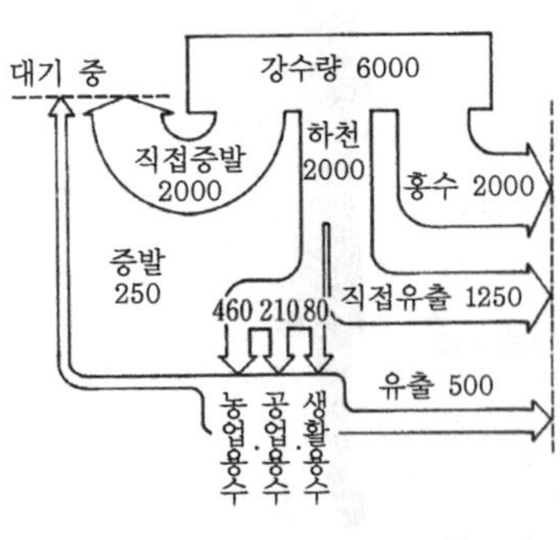

그림 8.35 일본의 물 수지(단위 : 억m³)

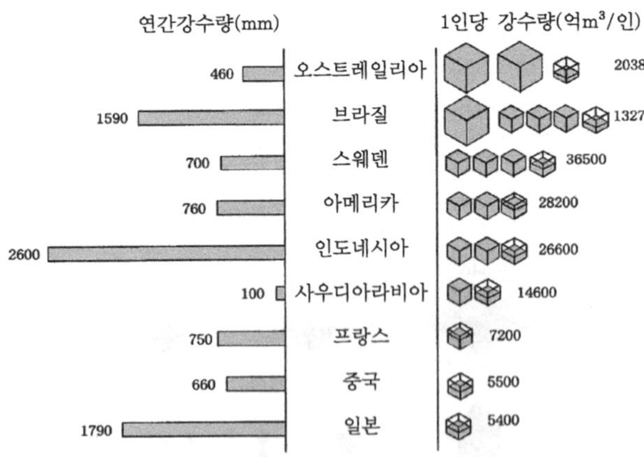

그림 8.34 연간강수량과 인구 1인당 강수량의 비교

2. 도시의 물 순환

1) 상수도의 수질

상수란 음료수를 말한다. 그림 8.36에 나타낸 바와 같이 호수나 하천의 수원에서 취수한 원수는 정수장에서 처리하여 가압하고 수도관으로 공급한다.

상수는 수도법에 의한 수질기준을 만족해야만 한다. 그러나 여름철, 비파호나 인번소 등을 수원으로 하는 지역에서는 수돗물에 곰팡이냄새가 발생한다. 이는 호수에 인이나 질소를 함유하는 배수가 유입되어 부영양화하고, 곰팡이냄새가 원인이 되는 물질을 만드는 플랑크톤이나 방선균이 증가하기 때문이다. 곰팡이냄새에 대해서는 오존에 의한 고차처리가 효과적인데, 근본적인 방법으로는 세제나 기름을 흐르지 않게 하고, 오수는 처리 후 흘려보내는 등 수원의 수질악화를 막는 것이 가장 중요하다.

수돗물 중의 트리할로메탄은 원수 중의 프민질(유기오염물질)이 염소와 수소 등의 할로겐과 결합한 발암물질이다. 프민질은 토양속이나 생활배수, 하수처리수 중에 존재하므로 이들을 취수한 상수의 원수에도 포함되어 있으며, 소독을 위해 사용하는 염소와 반응하여 트리할로멘탄이 발생한다. 또한 직접 상수도의 수원이 되는 경우는 없으나 하이테크 공장에서 배출한 트리클로로에틸렌 등*과 같은 유해물질이 지하수를 오염시킨다는 심각한 사태도 문제시되고 있다.

2) 하수도의 흐름

주택이나 사무소 · 공장 등에서 사용된 물은 오수 · 잡배수 · 특수배수로 방출된다. 오수란 분뇨를 포함한 것이고, 잡배수란 욕실 · 주방 등에서 흘러나온 일반배수, 특수배수란 공장 등에서 배출되는 유해물질을 포함한 배수를 말한다. 그림 8.37(a), (b)에 나타낸 바와 같이 하수도가 설비된 지역에서 배수는 하수도를 통해 종말처리장으로 가고 처리되어 하천이나 바다로 방출된다.

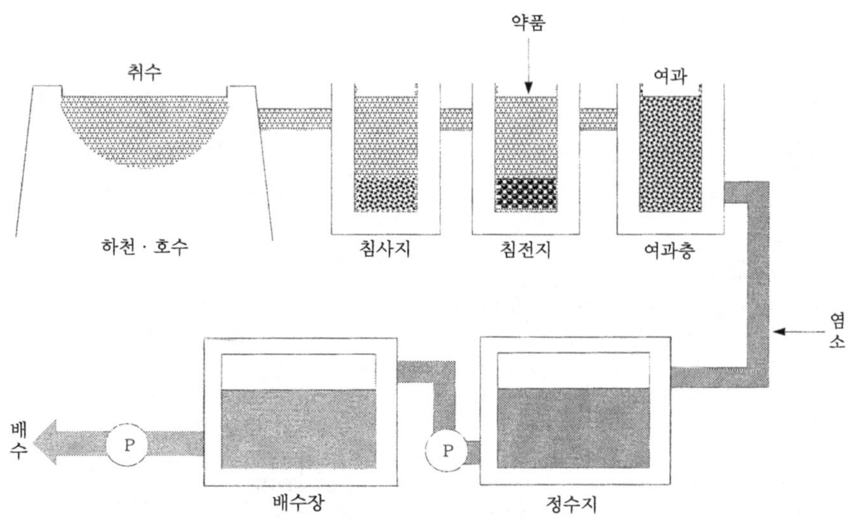

그림 8.36 상수도의 조직

* 트리클로로에틸렌, 테트라클로로에틸렌은 LSI 등의 기반 세정에 사용되는 것으로 발암성의 여지가 있다. 수질오탁(염)방지법에 의해 이러한 물질의 지하로의 침수의 금지와, 지사의 지하수에 대한 상시 감시가 의무화되어 있다.

(a)는 오수, 잡배수를 흘려보내는 하수도에 빗물을 합류시키는 방식이며, (b)는 빗물을 합류시키지 않는 방식이다. 하수도가 없는 지역에서는 분뇨정화조의 설치가 의무화되어 있으며, 부지 내에서 처리한 물을 하천 등에 방류한다. 일반 지역에서는 규모가 작은 정화조의 경우 (c)와 같이 오수만의 단독처리로 충분하지만, 잡배수가 미처리된 채 하천으로 유입되어 수원을 더럽히게 되어 바람직하지 못하다. 처리대상인수가 500명 이상인 시설에서는 (d)와 같이 합병처리방식의 정화조로 해야 한다. 또한 수질오탁방지법에 의해 공장 등으로부터의 배수 중 유해물질과 관련된 배수기준은 표 8.3과 같이 되어 있다.

3) 하수도의 문제점

합류식 하수도는 강우시 유량의 95%가 빗물이고, 분류식일 경우보다 처리장의 부하가 높아진다. 또한 호우시에는 처리능력을 넘기 때문에 오수를 포함한 빗물을 하천으로 방류하게 되어 문제가 많다. 하수도는 대량이고 부하도 높으며 유해물질을 함유할 우려가 있는 공장배수를 받아들이기 때문에 시설도 거대화되고 공장측의 사정에 따라 부분적으로 유휴화하고 있는 경우도 있다.

한편 하수도의 목적 중 하나는 콘크리트와 아스팔트에 의해 빗물이 지중에 침투하기 어려운 도시에서 홍수를 방지하기 위해 빗물을 빠르게 흘려보내는 것이다. 그러나 1시간당 강우량이 50mm를 넘는 호우시에는 지역에 따라 하수도에서 물이 넘쳐 도시형 홍수를 초래하는 경우가 있다. 또한 일상적으로는 하수도의 이음부분에서 흘러들어오는 지하수가 맑은 날의 처리하수량 전체의 20% 이상이나 되어 불침투역이 많은 도심부의 귀중한 지하수가 손실되고 있다.

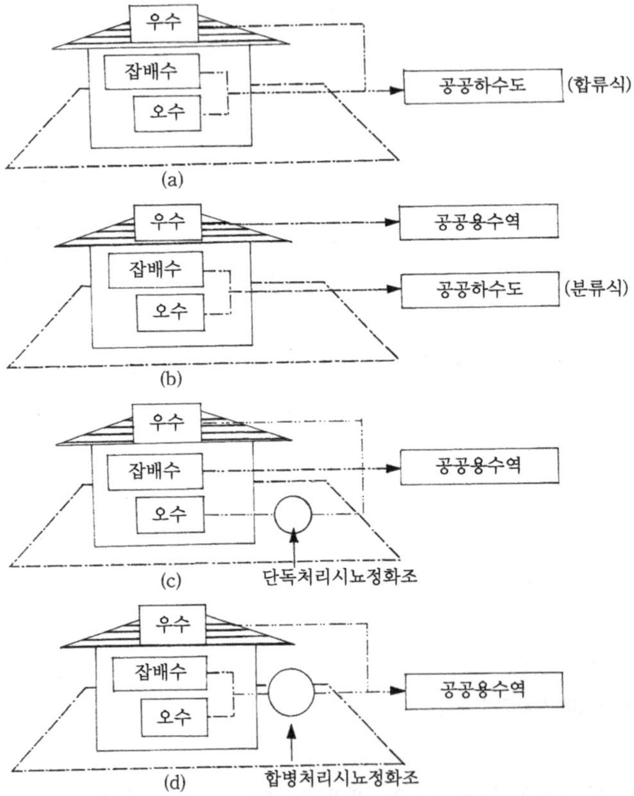

그림 8.37 배수방식

표 8.3 유해물질과 관련된 환경기준

유해물질의 종류	허용한도
카드뮴, 납, 비소 및 비소화합물	0.1 mg/l
산화클론 화합물	0.5 mg/l
시안 화합물 유기인 화합물	1 mg/l
수은 및 알킬수은, 기타 수은 화합물	0.005 mg/l
알킬수은 화합물	검출되지 않을 것
PCB	0.003 mg/l
클로로메탄	0.2 mg/l
사염화탄소	0.02 mg/l
트리클로로에틸렌	0.3 mg/l
테트라클로로에틸렌, 벤젠	0.1 mg/l

3. 지역의 물 순환

1) 빗물의 지하침투

지역 물순환에 있어서 가장 첫 번째 사항은 침투성 포장이나 빗물침투 트렌치를 사용하여 빗물을 지중에 흘려보내는 것이다(그림 8.38). 지하침투에 의해 지하수위의 저하를 막고, 녹지를 보전하며, 지표면으로부터의 수분 기화에 의해 히트아일랜드화를 억제하며 지반침하 및 도시형 홍수도 방지할 수 있다.

2) 빗물의 이용

식수, 목욕, 세면, 취사, 세탁 등에 사용되는 물 이외에는 상수 정도의 수질을 필요로 하지 않는다. 현재 이미 화장실 세정수, 공조용 냉각수, 방화용수, 세차 · 살수용 물로서 또는 소독을 통해 풀장, 목욕, 비상용 식수로서 빗물이 이용되고 있다. 지붕면적이 16,000m² 인 어느 돔은 연간 약 13,000m³의 물을 그라운드살수 및 화장실 변기 세정에 사용하고 있다(그림 8.39). 도심부에서의 빗물 이용의 확대는 강우시 대량의 빗물이 하수관으로 흘러들어가는 것을 막는다는 치수 기능으로 이어지고 있다.

3) 개별하수처리

현재 하수도보급률은 전국적으로 평균 약 50%이며, 100%를 목표로 건설이 진행되고 있다. 그러나 하수도는 앞서 기술했듯이 몇몇 문제점을 가지며, 지역수 순환의 관점에서 바람직하지 못하다.

개별하수처리는 주택 · 집합주택 · 학교 · 공장 등의 부지 내에서 배수를 처리하고 지하로 침투시키거나 하천으로 방류하거나 하는 것이다. 처리방법은 하천을 오염시키지 않도록 규모의 대소를 불문하고 오수 · 잡배수의 합병처리로 해야 한다. 처리수는 화장실세정수로 이용할 수도 있다. 이러한 처리수의 이용은 이미 기술한 빗물의 이용과 함께 상수 · 하수에 대해 중수이용이라 한다.

그림 8.38 침투시설의 시공 예

(a) 건축물의 외관

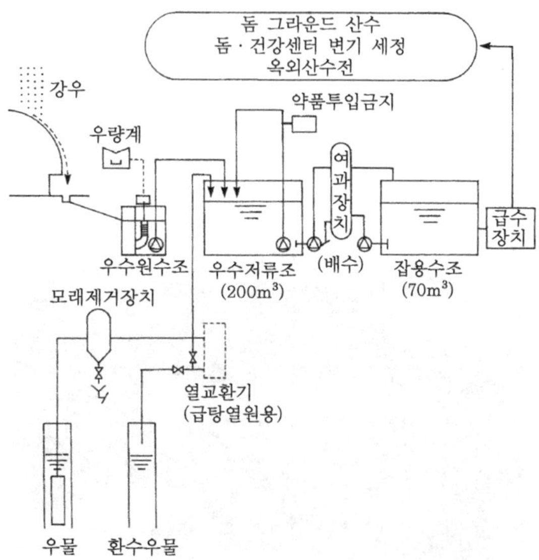

(b) 빗물이용시스템

그림 8.39 이즈모 돔의 우수 이용

4. 친수공간의 창조

1) 물의 형태

물은 인간의 생활환경 중에서 기체 · 액체 · 고체의 3가지 형태로 상태변화한다. 기체상태의 물(수증기)는 사람의 온냉감에 영향을 미치며, 외부기후 및 실내기후를 크게 좌우한다. 액체상태의 물은 안개 · 구름 · 비 · 하천 · 도랑 · 호수 · 바다 등의 형태로 존재한다. 물은 정적인 상태에서는 수평을 유지하고 빛을 반사 · 투과하며 물체를 비춘다. 물에 닿음으로써 촉각에도 작용하고 움직이는 물은 소리를 동반한다. 고체 상태의 물은 눈과 얼음 형태로 존재하며 아름다운 풍경과 계절감을 준다.

2) 건축과 물

고대에서 현재에 이르기까지 물은 건축공간의 내외에 의식적으로 디자인되어 왔다. 이들은 건축물 자체를 물로 비추는 것, 건축물에 물이 있는 풍경을 시각적으로 도입하는 것, 건축물 내부에 분수와 시냇물 등의 수공간을 연출하는 것 등이 있다.

인도의 타지마할궁전, 스페인의 알함브라궁전 밀톨즈코스트, 평등원 봉황당(그림 8.40) 등은 모두 수면으로 비치는 모습이 아름다운 예이다. 수면은 문자 그대로 수평면을 형성하고, 건축물과의 경계에 명확한 페이스라인을 주며, 시각적인 안정감을 준다. 건축물과 그 비치는 모습은 실제 공간과 비치는 공간이라는 커다란 공간 속의 초점에 위치하고 눈에 띄는 모습으로 존재한다.

그림 8.40 평등원 봉황당

그림 8.41 서본원사비운각

일본의 경우 헤이안시대에 완성된 침전조에서는 상류 귀족의 경우 1마을(사방 약 120m)의 부지 내에서 동쪽으로 인공 계류인 유수를 흐르게 하고, 남쪽 중앙의 섬이 있는 큰 연못을 만들어 바다로 세웠다. 근세에 지어진 서본원사(西本願寺)의 비운각은 연못으로 비치는 모습이나 누각 안에서 보는 풍경이나 모두 아름답다(그림 8.41). 창건 당시에는 연못의 마주보는 곳에서 작은 배로 건너다니고, 배로 들어오는 것이 유일한 접근방식이었다.

교토의 고뢰천(高瀨川)의 하천을 따라 지어진 TIMES I·II는 부티크 및 레스토랑이 있는 작은 상업빌딩이다. 하천 주위의 3면을 콘크리트로 깔고 자연미를 잃은 채 하천 주위의 건축물이 하천을 등지고 세워지는 것이 일반적인 경향이었던 것에 비해, 이 건물은 하천면과의 레벨차이가 20cm 정도인 곳에 데크를 설치하여 친수성을 높이고 있다(그림 8.42).

도야마현의 태각산(太閤山)랜드는 아이들의 레크리에이션 시설로 원내의 각 부분이 물의 형태를 강하게 의식하여 계획된 것이다. 전망 타워에는 안개발생 장치가 있고, 조금 높은 언덕 위에 지어진 타워의 발밑이 안개로 덮여 있다. 연못을 건너는 긴 다리는 부교(浮橋)의 형태를 취하고 있으며, 분수광장에서는 아이들이 환성을 지르며 뛰어다닌다(그림 8.43).

지하도는 무미건조해지기 쉬워 조명과 물로 연출하면 효과적이다. 지하도에 샘·연못·냇가를 만드는 것은 일반적으로 되어 있다. 그림 8.44는 지하도에 설치된 아쿠아매직이라 불리는 물 바퀴로 지나가던 사람들이 종종 발을 멈추고 바라보곤 한다.

그림 8.42 TIMES I·II

그림 8.43 태각산랜드의 분수광장

그림 8.44 아쿠아매직

3) 워터 프런트

해안선이나 하안의 물 근처(워터 프런트)의 자연은 아름답다. 이근(利根)의 주옥(舟屋) 등과 같은 어촌의 풍경도 바다에 사는 사람들의 생활이 응축되어 있어 아름답다. 그러나 도시 근교의 물 근처는 공업화 속에서 살풍경인 공장과 창고 등에 묻혀 친수성을 잃었다. 1980년대 이후 드디어 이들 지역이 상업·문화지역으로 다시 태어나기에 이르렀다(그림 8.45, 8.46).

오타루에서는 1960년대 후반에 유통면에서 기능이 저하된 운하를 매립하고, 도로폭을 넓히는 계획이 입안되어 그 이후 20년에 걸쳐 시비를 둘러싼 논쟁을 계속했다. 결국 운하의 반은 매립하고 나머지는 친수유보도(그림 8.47)를 정비하는 것으로 결정했고, 1990년에 완성하였다. 이를 계기로 관광객이 급증하고 있다. 또한 近江八幡, 柳川 등 각지의 수로 재생 및 수경이 행해져 관광스폿과 시민의 휴식 장소가 되어 있다(그림 8.48).

그림 8.45 시사이드를 갖춘 마리존

그림 8.46 하쿠다 베이사이드 프레이스

그림 8.47 오카다 운하

그림 8.48 근공팔번입번굴

연습문제 해답

〈2-1〉 그림 2.6(b)에서 건구온도 23℃, 습구온도 19℃를 연결하여 기류 0.5m/s와의 교점을 보면 20℃가 되어 쾌적범위이다.

〈2-2〉 습공기선도에서 건구온도 20℃, 습구온도 18.5℃인 교점을 오른쪽에 수평으로 그어 글로브온도 26℃를 나타내는 직선과의 교점에서 상당습구온도 20.5℃를 구해, 그림 2.6(b)에서 글로브온도 26℃와 상당습구온도 20.5℃를 연결하는 직선과 기류 0.5m/s인 곡선의 교점에서 수정유효온도 23℃가 된다.

〈3-1〉 예제1에서 열관류율은 2.57W/(㎡ · K).

열관류량 $Q = 2.57 \times 40 \times (20-0) = 2{,}056\text{W}$, 실내측에서 옥외측으로 2,056W 이동한다.

〈3-2〉 $$K = \frac{1}{\frac{1}{9} + \frac{0.04}{1.3} + \frac{0.18}{1.1} + \frac{0.03}{0.051} + \frac{0.005}{0.18} + \frac{1}{41}} = 1.06\ W/(\text{m}^2 \cdot \text{K})$$

식 (3-9)에 $K = 1.06$ 을 대입하면 열관류량 Q는

$$Q = 1.06 \times 40 \times (20-2) = 763.2\text{W}$$

〈3-3〉 예제 4에서 $K = 2.04$ W/(㎡ · K)이다. 식(3-10)에 각 값을 대입하면

$$t_1 = 25 - \frac{2.04}{9} \times (25+5) = 18.2℃$$

습공기선도(그림 2.16)에서 실온 25℃, 습도 60%인 공기의 노점온도는 16.7℃이다. 따라서 결로는 발생하지 않는다.

〈4-1〉 식 (4-2)에서 $K = 10 \times 2 = 20(\text{mg/h})$

$P_a = 0.15,\ P_o = 0.05$ 이므로 $Q = 20 \div (0.15 - 0.05) = 200\text{m}^3/\text{h}$

또한 식 (4-1)에서 $n = 200 \div (20 \times 2.5) = 4$ 회/h

〈4-2〉 식 (4-3)에서 $k = 68 \times 340 = 360\text{W}$

$t_a = 25℃,\ t_o = 20℃,\ Q = 340 \div 0.34(25-20) = 200\text{m}^3/\text{h}$

또한 식 (4-1)에서 $n = 200 \div (40 \times 2.7) = 1.9$ 회/h

〈4-3〉 먼저 개구부를 합성한다.

$$\therefore\ \alpha A = \sqrt{\frac{1}{\left(\frac{1}{0.4 \times 1.6}\right)^2 \times 2}} = 0.453$$

(1) 중력환기에 대하여 고려하면

$$Q = 0.453 \times \frac{\sqrt{2 \times 9.8 \times 2.7 \times (22-4)}}{273+22} = 0.81\text{m}^3/\text{s}$$

(2) 중력환기에 대하여 풍속을 다음과 같이 가정하여 생각하면

$v = 1\text{m/s}$일 때 $Q = 0.453 \times 1 \times \sqrt{0.8 - (-0.5)} = 0.52\text{m}^3/\text{s}$

$v = 2\text{m/s}$일 때 $Q = 0.453 \times 2 \times \sqrt{0.8 - (-0.5)} = 1.03\text{m}^3/\text{s}$

이상에서 $v = 1\text{m/s}$ 일 때에는 중력환기가 풍력환기에 비해 크고, 환기경로는 b~a로 향하는 것을 알 수 있다. 또한 $v = 2\text{m/s}$ 일 때에는 풍력환기가 중력환기에 비해 크므로 환기경로는 a~b로 향하게 된다. 이와 같이 두 환기방향이 반대일 경우에는 서로 상쇄하게 된다. 또한 같은 방향일 경우에는 서로 증가하게 된다.

〈5-1〉 동지일의 균시차는 그림 5.13에서 1.86분이다. 식(5-12)를 변형하여 일본표준시 T'를 구한다.

$$T' = T - e - 4(L - 135) = 10\text{시} - 1.86\text{분} - 4 \times (134 - 135)\text{분} = 10\text{시}2\text{분}8\text{초}$$

〈5-2〉

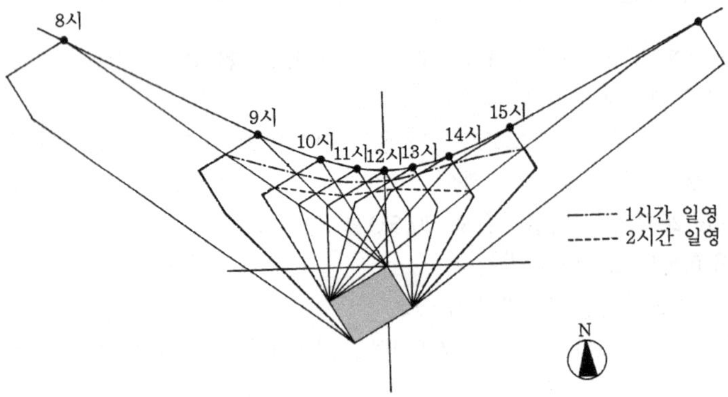

〈5-3〉 북위37°에서 4시간 일영을 얻기 위한 전면인동계수는 그림 5.26에서 2.0이다. 인동간격 $d = 2.0 \times 15 = 30\text{m}$

〈5-4〉 O점은 건축물 A에 의해 9시부터 11시까지 건축물 B에 의해 13시부터 14시 30분까지 일영이 된다.

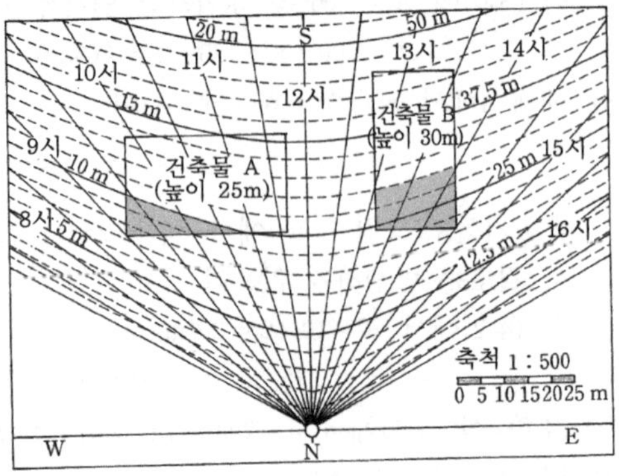

〈6-1〉 (1) 직접주광률의 계산

① 입체각투사율 U : 창을 점선과 같이 좌우로 나눈다.

왼쪽부분 $U_1 : X_0 = \dfrac{X}{Z} = \dfrac{6}{4} = 1.5,\quad Y_0 = \dfrac{Y}{Z} = \dfrac{3}{4} = 0.75$ 　따라서 $U_1 = 4.5$

$U_2 : X_0 = \dfrac{X}{Z} = \dfrac{6}{4} = 1.5,\quad Y_0 = \dfrac{Y}{Z} = \dfrac{1}{4} = 0.25$ 　따라서 $U_1 = 0.7$

왼쪽의 입체각투사율 U_a는 $U_a = U_1 - U_2 = 4.5 - 0.7 = 3.8\%$

오른쪽부분 $U_1 : X_0 = \dfrac{X}{Z} = \dfrac{2}{4} = 0.5,\quad Y_0 = \dfrac{Y}{Z} = \dfrac{3}{4} = 0.75$ 　따라서 $U_1 = 2.5$

$U_2 : X_0 = \dfrac{X}{Z} = \dfrac{2}{4} = 0.5,\quad Y_0 = \dfrac{Y}{Z} = \dfrac{1}{4} = 0.25$ 　따라서 $U_1 = 0.4$

오른쪽의 입체각투사율 U_b는 $U_b = U_1 - U_2 = 2.5 - 0.4 = 2.1\%$

따라서 전체 입체각투사율 U는 $U = U_a + U_b = 3.8 + 2.1 = 5.9\%$

② 창의 투과율 $\tau = 0.91$, 보수율 $m = 0.80$, 창면적유효율 $R = 0.79$

③ 직접주광률 $D_d = U\tau mR = 5.9 \times 0.91 \times 0.80 \times 0.79 = 3.39\%$

(2) 간접주광률은 문제 1과 같이 $D_r = 0.97\%$

(3) 따라서 전체 주광률은 $D = D_d + D_r = 3.39 + 0.97 = 4.36\%$ 가 된다.

〈6-2〉 소요조도 $E = 700\text{lx}$, 바닥면적 $A = 80\text{m}^2$, 램프광속 $F = 6{,}000\text{lm}$, 조명률 $U = 0.59$, 보수율 $M = 0.70$ 이들을 소요대수를 구하는 식에 대입하여,

$$N = \frac{EA}{FUM} = \frac{700 \times 80}{6{,}000 \times 0.59 \times 0.70} = 22.65 \fallingdotseq 23\text{대}$$

조명기구의 배치를 고려하여 기구대수 N을 $N = 3 \times 8 = 24$대 로 한다. 또한 설계조도는 식 (6-6)에서

$$E = \frac{FNUM}{A} = \frac{6{,}000 \times 24 \times 0.59 \times 0.70}{80} = 743.4 \fallingdotseq 740\text{lx} \qquad \text{(설계조도)}$$

또한 초기평균조도는 $E_o = \dfrac{E}{M} = \dfrac{743.4}{0.70} = 1{,}062\text{lx}$ 가 된다.

다음으로 기구간격최대한을 $S_A = 2.7\text{m}$, $S_B = 2.8\text{m}$ (기구의 데이터에서)로 하고, 기구간격이 S 이하로 벽제와의 간격이 기구간격의 1/2 이하가 되도록 배치를 고려하여 그림과 같이 정한다.

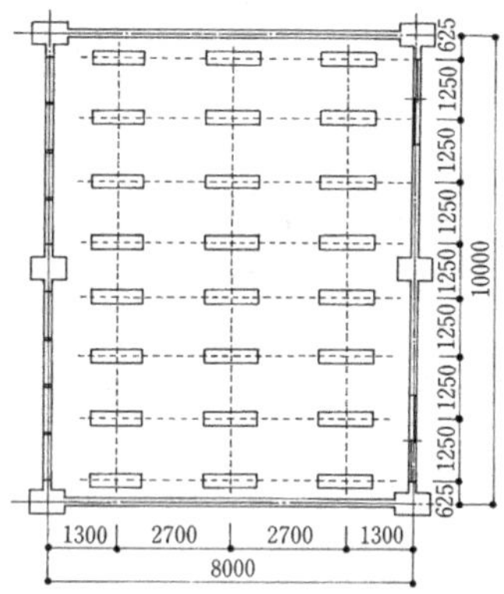

기구간격 횡방향 1.25m, 종방향 2.7m(기구배치도에서).

또한 $S_A > 1.25\text{m}$, $S_B > 2.7\text{m}$,

따라서 조도분포는 양호하다.

〈7-1〉 그림 7.7을 사용하여

① $L_1 - L_2 = 0$에서 $D = 3\text{dB}$ 따라서 $80\text{dB} + 3\text{dB} = 83\text{dB}$ 답 : 83dB

② 3개 이상 음원이 있을 경우에는 큰 레벨부터 순서대로 합성한다.

90dB와 89dB에 대하여

$L_1 - L_2 = 1$에서 $D = 2.5\text{dB}$ 따라서 $90\text{dB} + 2.5\text{dB} = 92.5\text{dB}$

다음은 92.5dB와 88dB에 대하여

$L_1 - L_2 = 4.5$에서 $D = 1\text{dB}$ 따라서 $92.5\text{dB} + 1\text{dB} = 93.5\text{dB}$ 답 : 93.5dB

③ 90dB와 80dB에 대하여

$L_1 - L_2 = 10$에서 $D = 0.4\text{dB}$ 따라서 $90\text{dB} + 0.4\text{dB} = 90.4\text{dB}$

다음은 90.4dB와 78dB에 대하여

$L_1 - L_2 = 12.4$에서 $D = 0.2\text{dB}$ 따라서 $90.4\text{dB} + 0.2\text{dB} = 90.6\text{dB}$

답 : 90.6dB

이 결과에서 소음원이 다수 있어도 하나인 것이 다른것에 비해 충분히 큰 경우는 다른 소음원의 영향은 거의 없는 것을 알 수 있다.

〈7-2〉 그림 7.8을 이용하여

$L_3 - L_2 = 5$에서 $F = -1.7\text{dB}$ 따라서 $60\text{dB} + 1.7\text{dB} = 58.3\text{dB}$

답 : 58.3dB

〈7-3〉 $TL = 40\text{dB}$ 를 식 (7-7)에 대입하여

$$40 = 10\log_{10}\frac{1}{\tau} \qquad \log_{10}\frac{1}{\tau} = 4$$

$$\frac{1}{\tau} = 10^4 \qquad \therefore \tau = 10^{-4} = \frac{1}{10{,}000} \qquad \text{답 : } \tau = 10^{-4}$$

이는 $TL = 40\text{dB}$ 인 건축재에 음이 투사될 경우 투과하는 음에너지는 입사하는 음에너지의 1만분의 1임을 의미하고 있다.

〈7-4〉 식 (7-1)에 대입하여

$$L_{Aeq} = 10\log_{10}\left\{\frac{1}{50}(10^{59/10}\times 1 + 10^{60/10}\times 3 + \cdots\cdots + 10^{72/10}\times 3 + 10^{73/10}\times 1)\right.$$

$$= 10\log_{10}\left\{\frac{1}{50}(10^{5.9}\times 1 + 10^{6}\times 3 + \cdots\cdots + 10^{7.2}\times 3 + 10^{7.3}\times 1)\right.$$

( ) 안에서 10^6을 이용하여

$$= 10\log_{10}\left\{\frac{10^6}{50}(10^{-0.1}\times 1 + 10^{1}\times 3 + \cdots\cdots + 10^{1.2}\times 3 + 10^{1.3}\times 1)\right.$$

다음 표에서 ( )안을 계산하여

$$= 10\log_{10}\left\{\frac{10^6}{50}\times 274.8\right\} \fallingdotseq 67\text{dB(A)}$$

10^x	$10^{-0.1}$	$10^{0.0}$	$10^{0.1}$	$10^{0.2}$	$10^{0.3}$	$10^{0.4}$	$10^{0.5}$	$10^{0.6}$	$10^{0.7}$	$10^{0.8}$	$10^{0.9}$	$10^{1.0}$	$10^{1.1}$	$10^{1.2}$	$10^{1.3}$	합계
10^x의 값	0.79	1.00	1.26	1.59	2.00	2.51	3.16	4.00	5.01	6.31	7.94	10.00	12.60	15.85	19.95	—
도수	1	3	3	2	3	7	3	5	6	5	3	2	3	3	1	50
합계	0.8	3.0	3.8	3.2	6.0	17.6	9.5	20.0	30.1	31.6	23.8	20.0	37.8	47.6	20.0	274.8

〈7-5〉 ① 그림 7.21에서 각 옥타브밴드의 A특성에 의한 보정량을 구하고, 측정치에 가산하여 보정치를 구한다. 다음으로 각 옥타브밴드의 보정치를 그림 7.7을 사용하여 합성한다. 단, 최대치에서 크게 떨어져 있는 값(굵은 글자로 나타낸 보정치)에 대해서는 영향이 작으므로 무시해도 좋다.

옥타브밴드 중심주파수[Hz]	63	125	250	500	1000	2000	4000
측정치[dB]	40	43	39	38	40	41	37
A특성에 의한 보정량[dB]	−26	−16	−9	−3	0	+1	+1
보정치	14	27	30	35	40	42	38

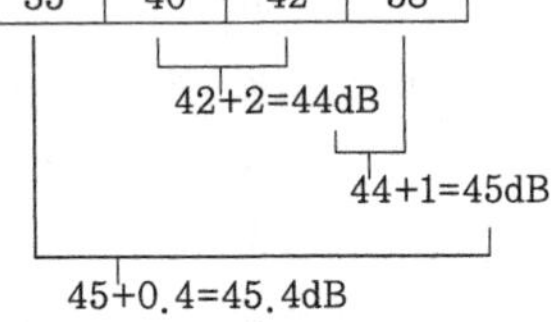

답 45.4dB

② 측정치를 그림 7.27의 NC곡선 위에 플로트한다(그림 1). 이 결과 모든 점을 밑도는 것은 NC-45인 곡선임을 알 수 있다. 또한 표 7.12의 소음 허용치에 대해서 검토하면 레스토랑의 적용치는 NC-45이며, 이를 만족하고 있음을 알 수 있다.

〈7-6〉 측정결과를 그림 7.32의 '바닥충격음레벨에 관한 차음등급' 위에 플로트한다(그림 2). 이때 500Hz이고 L-50을 1dB 넘는데, 측정치에서 2dB 감소함을 알 수 있으므로(p.156*1참조) L-50의 성능을 가지는 바닥구조로 판단할 수 있다. 또한 표 7.17에서 집합주택의 실에서 중량충격원 L-50의 성능은 일본건축학회의 적용등급 1급에 상당하는 실용상 문제가 없는 차음성능을 가지는 바닥구조라고 할 수 있다.

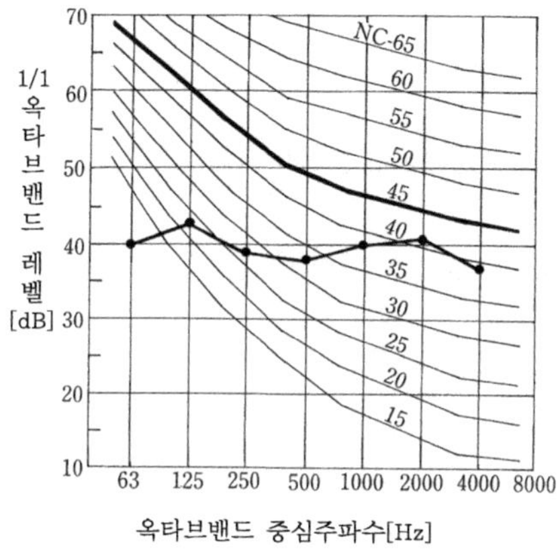

그림 1

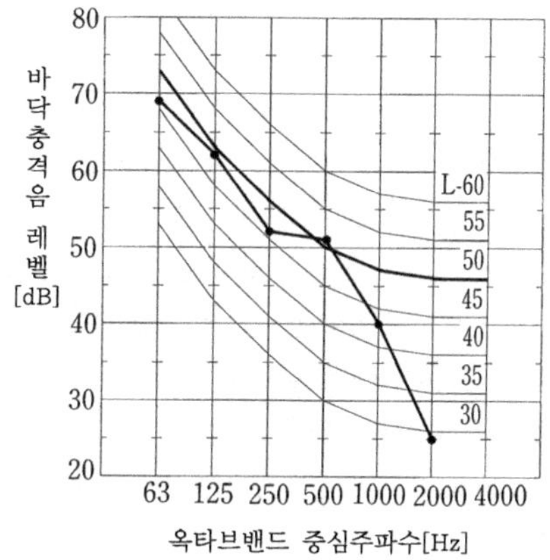

그림 2

부표 1. 단위의 접두어

단위의 배수	접두어	읽는 법
10^{18}	E	엑사
10^{15}	P	페타
10^{12}	T	테라
10^{9}	G	기가
10^{6}	M	메가
10^{3}	k	킬로
10^{2}	h	헥타
10	da	데카
10^{-1}	d	데시
10^{-2}	c	센티
10^{-3}	m	밀리
10^{-4}	μ	마이크로
10^{-9}	n	나노
10^{-12}	p	피코
10^{-15}	f	펨토
10^{-18}	a	아토

부표 2. 그리스 문자의 읽는 법

대문자	소문자	읽는 법
A	α	알파
B	β	베타
Γ	γ	감마
Δ	δ	델타
E	ε	입실론
Z	ζ	제타
H	η	이타
Θ	θ	시타
I	ι	이오타
K	κ	카파
Λ	λ	람다
M	μ	뮤
N	ν	뉴
Ξ	ξ	쿠시
O	o	오미클론
Π	π	파이
P	ρ	로우
Σ	σ	시그마
T	τ	타우
Υ	υ	웁실론
Φ	φ	파이
X	χ	카이
Ψ	ψ	프사이
Ω	ω	오메가

참고문헌

1. 大村次郷,「地下につくられた町・カッパドキア(月刊たくさんのふしぎ通巻64号)」, 福音館書店.
2. 窰洞考察団,「生きている地下住居」, 彰国社.
3. 若山滋 / TEM研究所,「世界の建築術－人はいかに建築してきたか」, 彰国社.
4. 本多勝一,「カナダ＝エスキモー」, 朝日新聞社.
5. 秋岡芳夫 監,「建築の発明発見物語」, 国土社.
6. 斎藤和雄 編,「環境科学－健康と環境」, 朝倉書店.
7. 水越充治・山下脩二,「気候学入門」, 古今書院.
8. 高橋浩一郎,「気象なんでも百科」, 岩波ジュニア新書.
9. 倉嶋厚,「暮らしの気象学」, 草思社.
10. 浅井富雄・内田英治・河村武監,「気象の事典」, 平凡社.
11.「気象のしくみ」, ライフ人間と科学シリーズ タイムライフブックス.
12. 西内光・桑田晃,「日本気候環境図表」, 保育社.
13. ライアル・ワトソン / 木幡和枝訳,「風の博物誌」, 河出書房新社.
14. 武内和彦,「環境創造の思想」, 東京大学出版会.
15. 竹内清秀・近藤純正,「地表に近い大気」, 東京大学出版会.
16. 国立天文台 編,「理科年表 平成7年版」, 丸善.
17. 今井与蔵,「絵とき建築環境工学」, オーム社.
18. 小玉祐一郎,「住まいの中の自然」, 丸善.
19. 牛山泉,「さわやかエネルギー風車入門」, 三省堂選書.
20. 鈴木秀夫・山本武夫,「気候と文明・気候と歴史」, 朝倉書店.
21. 鹿島出版会 編,「建物の断熱と結露防止の知識」, 鹿島出版会.
22. 毎日新聞地方部特報班 編,「気候図ものがたり」, 毎日新聞社.
23. 吉阪隆正,「吉阪隆正集1 住居の発見」, 勁草書房.
24. A. ラポポート / 山本正三・佐々木史郎・大獄幸彦訳,「住まいと文化」, 大明堂.
25. 宇宙からの眼編集委員会,「宇宙からの眼」, 朝倉書店.
26. 清家清・本間博文・八木幸二,「住居Ⅰ 住生活論」, 放送大学教育振興会.
27. (社)日本建築学会 編,「建築設計資料集成 1.環境」, 丸善.
28.「学研の図鑑 天気・気象」, 学習研究社.
29. (社)日本建築学会 編,「建築学便覧1 計画 第2版」, 丸善.
30. 坂本守正 他,「改訂新版 環境工学」, 朝倉書店.
31. 児島武男 他,「現代建築環境計画」, オーム社.
32. 斎藤平蔵 他,「大学講座 建築計画」, オーム社.
33. 伊藤克三 他,「大学講座 建築環境工学」, オーム社.
34. 田中俊六 他,「最新 建築環境工学 改訂版」, 井上書院.
35. 斎藤年忠 他,「建築環境工学の技術」, 明現社.
36.「新・世界大百科事典 昭和62年版」, 平凡社.
37.「世界大百科事典 昭和52年版」, 平凡社.

38. 「環境科学大事典」, 講談社.
39. 佐藤鑑, 「新訂 建築学大系 22 室内環境計画」, 彰国社.
40. 彰国社 編, 「自然エネルギー利用のためのパッシブ建築設計手法事典」)絵内正道執筆部分), 彰国社.
41. 木村建一 編, 「建築環境学1」, 丸善.
42. 藤井正一, 「住居環境学入門 第2版」, 彰国社.
43. 渡辺要, 「建築計画原論Ⅲ」, 丸善.
44. (社)日本建築学会 編, 「設計計画パンフレット24 日照の測定と検討」, 彰国社.
45. 田中授・柳瀬正敏, 「これだけは知っておきたい 日照計画の知識」, 鹿島出版会.
46. (社)日本建築学会 編, 「建築環境工学用教材 環境編」, 丸善.
47. (社)日本建築学会 編, 「設計計画パンフレット30 昼光照明の計画」, 彰国社.
48. (社)日本建築学会 編, 「照明設計の計算法」, 丸善.
49. 松下電工, 「照明設計資料」.
50. 松下電工, 「照明の基礎」.
51. 松浦邦男, 「建築照明」, 共立出版.
52. (社)日本建築学会 編, 「建築物の遮音性能基準と設計指針」, 技報堂出版.
53. (社)日本建築学会 編, 「設計計画パンフレット4 建築の音環境設計」, 彰国社.
54. 田辺健雄 他, 「新建築学大系33 劇場の設計」, 彰国社.
55. 滝沢健児・今田和成 編, 「集合住宅の設計要点集」, 彰国社.
56. 建設省建築研究所 監, 「住宅の防音と調音のすべて」, 建築技術.
57. 建築思潮研究所 編, 「建築設計資料48 コンサートホール」, 建築資料研究社.
58. 桜井美政 他, 「建築環境工学概論」, 明現社.
59. 小島武男 他, 「現代建築環境工学」, オーム社.
60. 長友宗重, 「建築設計講座 建築の音響技術」, 理工図書.
61. L. L. Beranek, 「音楽と音響と建築」, 鹿島出版会.
62. 清水建設テクニカルグループ 編, 「建築の音響対策」, 丸善.
63. 新環境管理設備事典編集委員会 編, 「騒音・振動防止機器活用事典」, 産業調査会.
64. 汐見文隆, 「低周波公害のはなし」, 晩聲社.
65. 大阪弁護士会 編, 「騒音トラブル Q and A」, 都市文化社.
66. 尾島俊雄, 「熱くなる大都市」, 日本放送出版協会.
67. 尾島俊雄 他, 「新建築学体系9 都市環境」, 彰国社.
68. 木村建一 他, 「新建築学体系8 自然環境」, 彰国社.
69. 紀谷文樹 他 編, 「建築環境設備学」, 彰国社.
70. 小原二郎 監・松下電工ライフスケッチ研究室, 「インテリアのアメニティ設計」, 松下電工.
71. 風工学研究所 編, 「新・ビル風の知識」, 鹿島出版会.
72. 沼田真, 「都市の生態学」, 岩波新書.
73. 大阪市立環境科学研究所 環境教育総合研究チーム, 「私たちのくらしと環境」, 大阪市環境保健局 環境部 環境管理課.
74. 「環境 GUIDE」, 阪市環境保健局 環境部 環境管理課.
75. 石井幹子, 「環境照明のデザイン」, 鹿島出版会.
76. 小林亭, 「移ろいの風景論 五感・ことば・天気」, 鹿島出版会.
77. 産業調査会 編, 「パブリックデザイン事典」, 産業調査会デザインセンター.

78. (社)日本建築学会 編,「設計計画パンフレット29 建築と都市の水環境計画」, 彰国社.
79. 小林勇,「恐るべき水汚染 合成化学物質で破壊される水環境」, 合同出版.
80. 押田勇雄 編 ソーラーシステム研究グループ,「都市の水循環」, NHKブックス 428.
81. (社)日本建築学会 編,「建築環境工学実験用教材」, 丸善.

■ 原典目録

1) 吉田作松・篠木誓一,「日本における月平均天日射量およびその年々の変動度のマップ作成, 天気25巻」(1978), 375~398頁.
2) 気象庁,「日本気候図」(1970), より簡略化して作成.
3) A. Pharo Gagge, Yasunobu Nishi, G. Ralph, G. Hevins : The Role of Clothing in Meeting FEA Energy Conservation Guidelines, ASHRAE Transaction, No.2417.
4) ASHRAE : Handbook of Fundamentals(1972).
5) 保温保冷工業便覧編集委員会 編,「保温保冷工業便覧」, 全国保温保冷工業協会.
6) 渡辺要 編,「防寒構造」, 理工図書.
7) (社)日本建築学会 編,「建築設計資料集成 1.環境」, 丸善.
8) (社)日本建築学会 編,「設計計画パンフレット30 昼光照明の計画」, 彰国社.
9) (社)日本建築学会 編,「設計計画パンフレット16 採光設計」, 彰国社.
10) 松捕邦男,「各種窓ガラスの透過特性について」(日本建築学会論文報告集 No.63).
11) Hopkinson, R.G., Longmore, J. : Permanent supplementary artifical lighting of interiors, Trans. IES, London, Vol.24, No.3.
12) ESO Recommendation R 226.
13) C. M. Harris : JASA 35, No.1.
14) 鈴木, 前崎,「緑地の都市気温におよぼす影響」, 日本林学会編講演集.
15) 梅干野, 竜谷, 清家,「スポット実験による環境材料の表面温度分布の解析」, 日本建築学会大会, 学術講演梗概集.

[건축 텍스트 편집위원회]

■ 편집위원장

마에다 사치오(前田幸夫)

■ 편집위원

우에마츠 기요시(植松清志)
우에무라 노리토(植村典人)
오오니시 마사요시(大西正宜)
간노 시게루(神野 茂)
오쿠보 이타루(小久保到)
마스이 히사오(增井久夫)

■ 집필자

오오니시 마사요시(大西正宜)
세키미즈 히토요시(積光一吉)
츠지오 이쿠오(尾育功)
이데오 다카시(出雄 隆)
미즈사카 히로시(水坂 寛)
야마구치 시게오(山口繁雄)

알기쉬운 건축환경

2005년 1월 25일 1판 1쇄 발행
2025년 3월 10일 1판 9쇄 발행

저 자 건축 텍스트 편집위원회
편 역 김유숙 김찬수 도진석 문기훈 안혁근 안현태
이면극 이영욱 정유근 정인영 최상현 최길동
발 행 처 기문당
주 소 서울시 성동구 무학봉 28길 4-1
전 화 02) 2295-6171~2
팩 스 02) 6971-8188
홈페이지 www.kimoondang.com
ISBN 978-89-7086-673-4 93540